煤炭职业教育"十四五"规划教材

校企双元合作开发职业教育规划教材

安 全 管 理

主　编　周　波　　刘晓帆　　李　薇

副主编　耿　铭　　肖家平　　管正良　　骆大勇

　　　　苗磊刚　　袁　智　　陈　建　　李　焱

　　　　高　栗

主　审　胡祖祥

应急管理出版社

·北　京·

内 容 提 要

　　本书对安全管理基础知识进行了系统而简明的介绍，对安全管理的实用知识进行了较为详细的阐述，内容包括安全管理概述、安全法律法规、安全文化与目标管理、事故致因理论、事故预防与控制、安全检查、事故调查与处理、安全生产事故应急预案、职业健康安全管理、现代企业安全管理。

　　本书可作为职业院校安全类和煤炭类高职和职教本科的教材，也可作为从事安全管理、安全评价工作的专业技术人员的实用参考书，还可作为注册安全工程师和安全评价师考试参考用书，以及企业工程技术人员和广大工人的安全培训教材。

前　言

　　安全生产是民生大事,事关人民福祉和经济社会发展大局,一丝一毫不能放松。党的十八大以来,习近平总书记高度重视安全生产工作,作出一系列关于安全生产的重要论述,再三强调要统筹发展和安全。安全管理作为企业安全生产的重要保障措施,越来越受到政府部门、企业和高等院校的重视。安全管理,是运用现代安全管理原理、方法和手段,分析和研究各种不安全因素,从技术上、组织上和管理上采取有力的措施,解决和消除各种不安全因素,防止事故发生的最有效措施。加强安全管理不仅有助于减少人的不安全行为和物的不安全状态,还有助于改善企业生产管理,促进社会经济持续健康发展。因此,需要有适应当前安全生产形势的《安全管理》教材,及时系统地传播当前的安全管理知识。

　　本书采用"项目+任务"的方式,总计10个项目36个任务,每个项目编写有学习目标和复习思考题,每个项目分多个任务,每个任务知识介绍力求简洁、通俗、易懂,容易记忆。本书强调科学性、知识性、系统性、前沿性和实用性,理论与实践相结合,反映了本学科的前沿学术动态和新技术、新成果,体现了先进性。

　　本书由多所高校和多家企事业单位从事安全教学和管理工作的人员编写而成,主要编写人员有淮南职业技术学院周波、肖家平,中国煤炭教育协会刘晓帆,湖南安全职业技术学院李薇,大同煤炭职业技术学院耿铭,湖南省应急管理厅直属机关管正良,重庆工程职业技术学院骆大勇,江苏建筑职业技术学院苗磊刚,长沙环境保护职业技术学院高栗,广东省安全生产科学技术研究院袁智,淮河能源控股集团陈建,浙江省隧道工程公司李焱,长沙环境保护职业技术学院高栗。主要编写分工如下:周波编写项目一、二、五、六、八、十,刘晓帆、李薇编写项目三,耿铭、管正良、肖家平、骆大勇编写项目四,肖家平、苗磊刚、袁智、陈建编写项目七,陈建、李焱、高栗编写项目九。

　　周波负责统稿,安徽理工大学胡祖祥负责审稿,池州市正信安全技术咨询有限公司董书满、湖南科技大学伍爱友为本书的编写提供了大量资料和技术指导。

本书在编写过程中得到了企事业单位和兄弟院校的大力支持和帮助，在此表示衷心的感谢，同时对书后所有参考文献的作者表示诚挚的谢意。

由于编写时间短，加之编者学识水平有限，书中存在的不足之处，敬请广大读者批评指正。

编　者

2023 年 10 月

目　　录

项目一　安全管理概述

学习目标

➢ 了解国内外安全生产形势和安全管理现状。

➢ 掌握安全管理相关概念和安全管理在我国的发展历程。

➢ 掌握安全管理的作用和意义。

任务一　国内外安全生产形势

一、国外安全生产形势

进入 21 世纪以来，世界经济企稳，但安全生产事故频发，全球重大安全生产事故和自然灾害仍然严重威胁着人类的生命与财产安全。由于管理缺陷、教育培训不到位或是因一时疏忽及技术不精等诸多原因造成的火灾、空难、车祸、海难等各类事故，让那些原本鲜活的生命瞬间消逝，酿成人间悲剧。

从世界范围内看，由于政府管理和技术工作的重视，生产性意外事故逐年下降。而非生产性意外伤害事故，特别是家庭及社会生活意外事故却逐年上升，世界卫生组织公布的最新数据显示，除车祸外，跌伤是全球非故意伤害死亡的第二大原因，溺水是世界各地非故意伤害死亡的第三大原因，世界各地每年溺水死亡数估计为 37 万多例，溺水死亡数占所有与伤害有关死亡人数的 7%。美国、英国、法国、德国的伤亡事故统计表明，生产性事故也只占死亡总人数的 10% 左右；专家们强调，"世界上所有意外死亡事故中，仅 7% 是职业事故，56% 属其他事故"。

在全球经济与社会的快速发展进程中，各种形式的重大安全事故如影相随，给世界各国和人民带来了深重的灾难。为防范各种重大安全事故，国际社会都在进行不懈的探索，以期能减少重大事故的发生及尽可能降低重大事故造成的危害和影响。世界各国在如何防范重大安全事故方面各有不同的做法，但基本的思路大多围绕法制、机制和体制的完善及新技术的应用等方面展开。下面简要介绍美国、日本、德国、俄罗斯四个国家安全生产形势和对重大安全事故的防范措施。

（一）美国

美国于 1979 年组建美国联邦应急管理局（Federal Emergency Management Agency, FEMA），以统筹各类灾害的管理。自 "9·11" 事件以来，美国政府迅速建立起 "国家应急反应系统"，应急管理实践的重点转向反恐，整合了当时联邦 22 个部门的相关职能，成立了国土安全部，将指挥、响应、救治技术系统整合为国家综合应急联动技术体系，使整体防范重大事故的能力和应急处理的能力有了质的提升。在各种可能出现重大事故的领域充分利用现代信息通信技术，也是美国提高防范能力的做法。如在煤矿开采中广泛采用计算机模拟、虚拟现实等新技术，使美国的煤矿事故得到较好的控制。2004 年 3 月 1 日，美国国土安全部正式颁布了《美国国家事故管理系统》。这一框架性文件有效整合了美国国内现有较为成功的事故管理经验，建立了全国统一的国内事故管理方法，能适用于各级部门、各类应急功能和各类危害。它包括六大子系统：指挥与管理系统、准备系统、资源管理系统、通信和信息管理系统、支持技术系统、持续管理与维护。2005 年"卡特里娜"飓风之后，民众对政府的救灾能力怨声载道，美国又对应急管理体系进行了微调，联邦应急管理局仍然保留在国土安全部的框架之内，资源保障和行动能力都得到了提升。

（二）日本

日本于 1974 年设立国土厅，主管国土开发和防灾。日本还相当重视国民防灾意识的培养，每年的 9 月 1 日为法定的"防灾日"，全国地方政府、居民区、学校和企业等都要举行各种防灾演习。日常的防灾教育使国民面对灾害时，表现沉稳，服从指挥，积极应对。

1948—1960 年，日本处于工业化初级阶段，人均国内生产总值从 300 美元增到 1420 美元，年均增长 15.5%，事故也急剧增加，13 年间职业事故死亡率增长了 146.1%。1961—1968 年处于工业化中级阶段，人均国内生产总值从 1420 美元增加到 5925 美元，日本生产事故的最高纪录出现在 1961 年，全年死亡人数为 6712 人，因事故离开工作岗位超过 8 天的人数为 481684 人，一些新的职业中毒、职业病开始出现。此后，事故高发势头得到一定控制，但在工业、制造业就业人口仅 5000 万人左右的情况下，职业事故死亡人数仍在 6000 人左右的高位波动。1969—1984 年进入工业化高级阶段，事故死亡人数大幅度下降到 2635 人，平均每年减少 5.2%。之后，日本进入后工业化时代，事故死亡人数保持平稳下降趋势，但是 2022 年有超过 13.2 万人在与工作有关的事故中死亡或受伤，这是此前 20 年中的最高数字。

日本是一个自然灾害和人为事故频发的国度，也是对各种重大事故的防范和应对极为重视的国家。日本政府从上到下有一套严密的防范和应对重大事故的组织体系，中央政府设有"防灾省"，首相是灾害管理的最高指挥官，并设有防灾担当大臣，建立起了从中央到地方的防灾信息系统及应急反应体系。多年来，日本政府不断制定和完善有关法律法规，通过实施一系列的安全对策和措施，如《防灾基本计划》《防灾业务计划》及《地区防灾计划》等，不断提高防范和应对各类重大事故的能力。在最近几年，日本政府在应用现代信息通信技术应对各种重大事故方面同样走在了国际的前列。

（三）德国

德国于 1950 年设立联邦技术援助厅，1993 年该机构升格为直属联邦政府的独立机构。在德国，事故危险等级被分为普通险情、异常险情和重大灾害三个级别，不同险情的救援抢险方式、各部门的分工和投入的力量也不尽相同。德国对重大安全事故的监管采用双轨制：一是政府的监督管理体系，主要从宏观层面对重大安全事故进行监控和管理；二是企业工会的监督检查体系，主要从微观层面对企业的生产安全进行监控与管理。两者在实际工作中各有侧重点，既相互独立，又互为补充，共同发挥作用。德国在重大安全事故的防范上严格执行各种技术规范、规程和安全措施，通过科学化、标准化、规范化的管理，使重大安全事故发生的概率大大降低。

（四）俄罗斯

俄罗斯于 1994 年组建紧急情况部，在应对各种重大事故方面充当着先锋队和排头兵的作用。紧急情况部拥有包括国家消防队、民防部队、搜救队、水下设施事故救援队和小型船只事故救援队等在内的多支应对紧急情况的专业力量。在重大安全事故救助方面，俄罗斯还有一支专门的军事化矿山救护队，这是一支强大的职业化的工程部队，具有多项职能，配备较多数量的拥有高技能、技术熟练的专家，能处理很多复杂的事故和意外的灾难。俄罗斯是世界上各类矿难事故较少发生的国家之一，能比较有效地控制各种矿难的发生，这支专业化的救助队伍功不可没。

（五）其他国家

英国、法国等工业化国家的安全生产，也都经历了从事故多发到下降和趋于稳定的过程。

从全球范围来看，世界各国都已充分认识到，有效防范和应对各种重大事故的能力已成为各国、各级政府的基本职责。从未来的发展趋势看，在世界各国的共同努力下，在新知识、新理论、新技术和新方法的联合作用下，人类防范和应对重大事故发生、发展的能力必然会越来越高，效果也必然会越来越好。

二、国内安全生产形势

据我国国家统计局和有关部门统计，2000—2022 年全国安全生产事故死亡情况见表 1-1。

表 1-1　2000—2022 年全国安全生产事故死亡人数统计　　　　　　　　人

年份	2000	2001	2002	2003	2004	2005	2006	2007
死亡人数	120351	130491	139393	137070	136755	127089	112822	101486

年份	2008	2009	2010	2011	2012	2013	2014	2015
死亡人数	91172	83196	79552	75572	71983	69453	66048	44760

年份	2016	2017	2018	2019	2020	2021	2022
死亡人数	43062	37852	34567	29519	27412	26307	20963

为了更好地分析 2000—2022 年全国安全生产形势变化情况，根据表 1-1 中的数据绘制了 2000—2022 年全国安全生产事故死亡人数走势图，如图 1-1 所示。

从表 1-1 和图 1-1 可以看出，2000—2022 年，各类事故死亡人数下降了 82.58%；2002 年全国各类事故死亡人数和事故起数均为最高，2022 年与 2002 年相比，各类事故死亡人数下降了 84.96%。

近些年来，我国安全生产工作和安全生产形势发生了较大变化，全国生产安全事故总体上虽呈下降趋势，但开始进入一个瓶颈期，传统行业领域存在的安全生产隐患尚未根本遏制，新兴行业领域的安全生产风险不断出现，亟须认真总结近年来安全生产领域的实践经验和事故教训，不断健全安全生产法治体系，依法防范化解安全生产风险。

三、国内外重大安全问题

不考虑自然灾害，全世界面临以下几类重大安全问题。

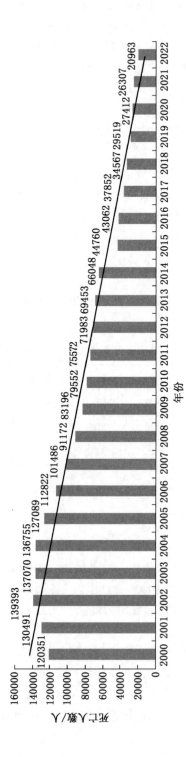

图 1-1 2000—2022 年全国安全生产事故死亡人数走势图

(一) 环境污染

1. 大气污染

世界卫生组织和联合国环境组织发表的一份报告中提到："空气污染已成为全世界城市居民生活中一个无法逃避的现实。"大气污染的危害已遍及全球。对全球大气的影响明显表现为四个方面：一是臭氧层破坏，二是酸雨腐蚀，三是全球气候变暖，四是 PM2.5（大气中直径小于或等于 2.5 微米的颗粒物，也称为可入肺颗粒物）等颗粒危害。

1）臭氧层破坏

臭氧在 1849 年首次被人类发现，臭氧层问题是美国化学家罗兰和穆连于 1974 年首先提出来的。他们认为，在对流层大气中极稳定的化学物质氯氟烃被输送到平流层后，在那里分解产生的原子氯就将有可能破坏臭氧层。20 世纪 70 年代末开始，科学家们开始每年春天在南极考察臭氧层。1985 年，科学家们在南极上空发现有一个大小如美国国土面积的臭氧层空洞。1988 年，人们在北极上空又发现一个如格陵兰岛一样大的臭氧层空洞。1994 年，人们首次观察到了至今为止最大的臭氧空洞，它的面积相当于一个欧洲，约 2400 万平方千米。研究表明，臭氧层被破坏后，紫外线会通过大气层长驱直入。强烈的紫外线照射会抑制人的免疫力，会使白内障和皮肤癌患者增加。如果臭氧层的总量减少 1% 的话，紫外线的 B 波段就将增加 2%，其结果是使皮肤癌发病率提高 2% ~ 4%。此外，紫外线的增强还会影响农作物的生长，并通过对海洋中的藻类产生的影响破坏整个水生生态系统。氯原子对臭氧破坏极为严重，一个氯原子就可以破坏十万个臭氧分子。氟利昂作为氯氟烃物质中的一类，是一种化学性质非常稳定，且极难被分解、不可燃、无毒的物质，排放到大气后，将滞留数十年至 100 年，在那里被强烈的紫外线照射后分解，分解后产生的原子氯将会破坏臭氧层。据统计，目前全世界氟利昂的年使用量超过 100×10^4 t，迄今为止向大气中排放的氟利昂总量达 2000×10^4 t，大部分仍停留在对流层中，只有 10% 左右到达了平流层。

2）酸雨腐蚀

酸雨，指的是所有气状污染物或粒状污染物，随着雨、雪、雾或雹等降水形态而落到地面上，或指在不下雨的日子，从空中降下来的落尘所带的酸性物质。由于大气中含有大量的二氧化碳，故正常雨水本身略带酸性，pH 值约为 5.6，因此一般是把雨水中 pH 值小于 5.6 的称为酸雨。从 20 世纪 60 年代开始，随着世界经济的发展和矿物燃料消耗量的逐步增加，致使二氧化硫、氮氧化物等大气污染物总量也不断增加，酸雨分布不断扩大。欧洲和北美洲东部是世界上最早发生酸雨的地区，但亚洲和拉丁美洲随后也发生了酸雨。例如，1952 年 12 月 5 日的毒雾事件是伦敦历史上最惨痛的时刻之一，那场毒雾造成至少 4000 人死亡，无数伦敦市民呼吸困难，交通瘫痪多日，数百万人受影响。中国南方是酸雨最严重的地区，主要分布地区是长江以南的四川盆地、贵州、湖南、湖北、江西及沿海的福建、广东等省，是仅次于欧洲和北美洲的世界第三大酸雨区。

3）全球气候变暖

全球气候变暖是一种人为现象。由于人们焚烧化石燃料（如石油、煤炭等），或者砍伐森林并将其焚烧时会产生大量的二氧化碳等温室气体，这些温室气体对来自太阳辐射的可见光具有高度透过性，而对地球发射出来的长波辐射具有高度吸收性，能强烈吸收地面辐射中的红外线，导致地球温度上升，即温室效应。近 100 多年来，全球平均气温经历了：冷→暖→冷→暖四次波动，总的来看气温为上升趋势。进入20世纪80年代后，全球气温明显上升。自工业革命以来，大气中二氧化碳含量增加了25%，远超过科学家可能勘测出来的过去16万年的全部历史纪录，而且尚无减缓的迹象。国际能源机构的调查结果表明，美国、中国、俄罗斯和日本的二氧化碳排放量几乎占全球总量的一半。调查表明，美国二氧化碳排放量居世界首位，年人均二氧化碳排放量约20 t，排放的二氧化碳占全球总量的23.7%。中国年人均二氧化碳排放量约为11.73 t，约占全球总量的13.9%。科学家认为，煤炭、石油和天然气等化石燃料是迄今为止造成全球气候变化的最主要原因，它们燃烧产生的温室气体包裹着地球，捕获太阳的热量，导致全球变暖。自19世纪以来，地球温度已升高约1.1 ℃。2020年1月，全球平均气温破纪录，比20世纪的1月平均气温（12 ℃）高1.14 ℃，成为自1880年有气象记录以来的最热1月。

4）PM2.5等颗粒危害

据悉，2012年联合国环境规划署公布的《全球环境展望5》指出，每年有70万人死于因臭氧导致的呼吸系统疾病，有近200万的过早死亡病例与PM2.5等颗粒物浓度上升有关。《美国国家科学院院刊》也发表了研究报告，报告中称，人类的平均寿命因为空气污染很可能已经缩短了5年半。2013年10月17日，世界卫生组织下属国际癌症研究机构发布报告，首次指认大气污染对人类致癌，并视其为普遍和主要的环境致癌物。世界银行发布的报告表明，由室外空气污染导致的过早死亡人数，平均为每天1000人，每年有（35~40）万人面临着死亡。2013年，韦斯特和他的同事们在《环境研究通信》中发表了他们的研究论文，得出如下结论：全世界每年因为室外的有毒空气污染物细颗粒物而死亡的人数为210万。

2. 水污染

水污染主要是由人类活动产生的污染物造成，它包括工业污染源、农业污染源和生活污染源三大部分。人类的活动会使大量的工业、农业和生活废弃物排入水中，使水受到污染。全世界每年有4200多亿立方米的污水排入江河湖海，污染了$5.5×10^{12}$ m³的淡水，这相当于全球径流总量的14%以上。日趋加剧的水污染，已对人类的生存安全构成重大威胁，成为人类健康、经济和社会可持续发展的重大障碍。

据世界权威机构调查，在发展中国家，各类疾病有80%是因为饮用了不卫生的水而传播的，每年因饮用不卫生水至少造成全球2000万人死亡，仅1984年10月至1987年4月，由于不安全饮用水和营养不良，全球大约有6000万人死亡，平均每天2.5万人因饮用恶质水而死亡，因此，水污染被称作"世界头号杀手"。例如，1956年日本水俣病事件，熊本县水俣镇一家氮肥公司排放的废水中含有汞，这些废水排入海湾后经过某些生物的转化，形成甲基汞，这些甲基汞在海水、底泥和鱼类中富集，又经过食物链使人中毒。当时，最先发病的是爱吃鱼的猫。1991年，日本环境厅公布的中毒病人仍有2248人，其中1004人死亡。1986年11月1日，瑞士巴塞尔市桑多兹化工厂仓库失火，近30 t剧毒的硫化物、磷化物与含有水银的化工产品随灭火剂和水流入莱茵河，造成60多万条鱼被毒死，500 km以内河岸两侧的井水不能饮用，靠近河边的自来水厂关闭，啤酒厂停产。有毒物沉积在河底，将使莱茵河因此而"死亡"20年。2023年2月3日晚，一列货运火车在美国俄亥俄州脱轨并引发火灾，导致危险化学物质氯乙烯泄漏，造成水污染、土壤污染和大气污染，美国诺福克南方铁路公司要求涉事企业部分承担处理事故所需近4亿美元费用。

（二）交通事故

1. 航空事故

根据国际安全飞行基金会、国际航空联合会、英国航空咨询公司、欧盟航空安全局等发布的研究报告显示，2001—2010 年，全球平均每年有 794 人死于空难，2010 年全球民航空难共造成 828 人死亡。2011 年全球民航空难共造成 330 人死亡，2012 年全球民航空难共造成 691 人死亡，2013 年全球民航空难共造成 265 人死亡，2022 年全球民航空难共造成 233 人死亡，从飞行安全的趋势来看，现在的飞行安全比以往任何时候都更安全，但风险非常低，并不意味着零风险。2022 年 3 月 21 日，一架东航波音 737-800 客机在广西壮族自治区坠毁，导致 132 人死亡。

2. 航天事故

融汇了现代尖端科技的载人航天活动，同时也是一项充满风险与挑战的事业。1967 年 1 月，阿波罗-1 号飞船登月任务训练时，3 位美国宇航员不幸遇难；1967 年 4 月，"联盟号"返回地球着陆时主降落伞没有弹出来，科马洛夫成为世界上第一位在执行空间飞行任务时献身的宇航员；1971 年 6 月，苏联的"联盟号"飞船与"礼炮"空间站对接飞行后，在返回地面时因密封舱漏气，3 名未穿宇航服的宇航员死亡；1986 年 1 月，美国"挑战者"号航天飞机在升空 73 秒后爆炸，7 名宇航员全部丧生；2003 年 2 月，"哥伦比亚"号航天飞机在返回地面时在空中解体，7 名宇航员遇难。其他的非载人航天死亡造成的死亡人数则更多，如 1960 年 10 月，苏联"金星号"运载火箭发射时出现爆炸，造成近百名军人、科学家丧生；1980 年 3 月，苏联"东方号"运载火箭在普列谢茨克发射场进行燃料加注时发生爆炸，45 名技术人员当场被炸死，另有 5 人送往医院后死亡等。

3. 车祸事故

据世界卫生组织统计，自人类发明汽车以来，全世界超过 5000 万人死于交通事故，高于第一次世界大战致死人数，道路交通事故每年夺去全球近 130 万人的生命，而行人约占每年全球道路死亡人数的 1/4，每年有 5000 万人遭受非致命伤害。目前，道路交通伤害已经成为全球第八大死因。按照目前趋势，今后十年还可能造成大约 1300 万人死亡、5 亿人受伤，且主要集中在中低收入国家。

（三）工矿灾害

据国际劳工组织（International Labour Organization，ILO）在 2007 年 4 月 28 日（即"世界安全生产与健康日"）公布的数字显示，全世界每年有近 4.5 亿人发生工伤事故或遭受职业病的折磨，有 220 万人因为这两种原因丧生，同时有 1500 万人受到失能伤害，35% 的劳动者接触职业危害，每年 160 万人因工染病，工作中的致死或非致死性的事故每年发生 270 万例，因此每年导致的经济损失占世界生产总值的 4%，损失是世界官方发展援助总和的 20 倍。已知的世界上最大的一起矿难事故是，1942 年 4 月 26 日，日本帝国主义侵占的辽宁本溪煤矿瓦斯爆炸事故，造成 1549 人死亡，其中中国人为 1518 人。事故发生后，日本人为避免发生火灾，保住矿产资源，在瓦斯爆炸后，采取了停止送风的措施，井内充满了有毒气体，断绝了矿工们逃生的出路，大多数矿工死于一氧化碳中毒。

（四）核灾害

人类史上遭遇的七次巨大核灾难有广岛长崎核爆炸、太平洋上的核试验、核潜艇危机、三哩岛核事故、切尔诺贝利核电站事故、戈亚尼亚辐射事故及现在仍无法估计损失程度的日本福岛核泄漏。回顾核能发展史，1979 年美国三哩岛核事故和 1986 年苏联切尔诺贝利核电站事故均是设备故障或人为操作失误所造成。1986 年 4 月 26 日，乌克兰北部切尔诺贝利核电站发生泄漏事故，被称为和平时期人类最大的社会经济灾难，其中 50% 的乌克兰领土被不同程度地污染，超过 20 万人口被疏散并重新安置，其中 1700 万人被直接暴露在核辐射之下，与切尔诺贝利核泄漏有关的死亡人数，包括数年后死于癌症者，约有 12.5 万人，为清理核污染总共动用了 50 万人；来自官方的正式消息称，事故是核电站操作人员违反操作规程、无视安全条件造成的。2011 年 3 月 11 日，日本东北部海域发生里氏 9.0 级地震并引发海啸，福岛第一核电站发生核泄漏事故，严重程度达到国际核事件最高级。

随着现代化大生产的增加，事故的发生更具有突发性、灾难性和社会性，保护人类自身安全是 21 世纪最重要的课题。据统计，绝大多数事故的发生是由于各种原因引起的，而这些原因中有 85% 与管理密切相关。

任务二　安全管理相关概念

一、安全与危险

（一）安全

安全是指客观事物的危险程度能够为人们普遍接受的状态。安全内涵包括三个方面：

（1）安全是指人的身心安全，不仅是人的躯体不伤、不病、不死，还要保障人的心理的安全与健康。

（2）安全的范围涉及人类能进行活动的一切领域。

（3）人们随社会文明、科技进步、经济发展、生活富裕的程度不同，对安全需求的水平和质量就具有不同时代的全新的内容和标准。

在行为科学需要理论中，最著名的马斯洛的"需要层次理论"认为人有五大需要，即生理、安全、归属、尊重、自我价值实现的需要。适度的安全需要，有利于提高警惕，避免事故。企业要尊重职工的个性特点，启发安全需要的原始动机，满足职工的安全需要。

人们从事的某项活动或某系统，即某一客观事物是否安全，是人们对这一事物的主观评价。当人们权衡利害关系，认为该事物的危险程度可以接受时，则这种事物的状态是安全的，否则是危险的。

安全相对危险而产生，相对危险而发展。两者是对立统一的整体，同时消亡。当人们意识到危险来临时，就开始了追求安全的行动；当人们不满足安全现状时，就去改造客观事物，创造更安全的条件和状态。这时，人们就不再容忍原来的风险度，安全就向前发展了。只有经济的发展、科技的进步，才能提供更安全的条件。要降低系统风险，就必须有经济的投入，必须采用新工艺、新方法、新技术。这就是说，安全事业的发展，取决于经济的发展和科技的进步，特别是安全科学技术的进步。当经济条件许可，新的科学技术又能够使系统更安全，这时就会产生新的更高的安全指标。这就是说，世上不存在绝对的安全，也不存在永恒不变的安全指标，安全的发展是永无止境的，人类可以创造越来越美好的安全状态。这要靠经济与科技的发展，以及人类文明程度的提高。

（二）危险

万事万物都普遍存在着危险因素，不存在危险因素的事物几乎是没有的，就连人走路都存在着使人摔跤的危险因素。只不过是危险因素有大小、有轻重而已。有的危险因素导致事故的可能性很小，有的则很大；有的引发的事故后果非常严重，有的则可以忽略。因此，我们从事任何活动或操作任何系统，都有不同程度的危险。

危险一词来源于"风险"，有各种不同的含义。英语叫作 risk、peril 和 hazard。人们为了衡量客观事物危险度的高低，引入了"风险"这一概念。风险是指在未来时间内，为取得某种利益可能付出的代价。风险大，表示危险程度高；风险小，表示危险程度低。风险的度量以风险度 R 表示。风险度就是单位时间内系统可能承受的损失。就安全而言，损失包括财产损失、人员伤亡损失、工作时间损失或环境损失等。计算风险度 R 是以系统存在的危险因素为基础，测算系统可能发生事故的概率 P 及一旦发生事故可能造成的损失 S，从而得到 $R=PS$，即 P（次/时间）$\times S$（损失/次）$= R$（损失/时间）。风险大，说明该系统（客观事物）的风险大，也即危险程度高。

危险的词义至少包括以下三个方面。

（1）事故发生的可能性，或者叫作事故发生的不确定性，也就是把火灾和爆炸等发生的可能性视为危险。

（2）事故的本身。例如，火灾、爆炸、碰撞、死亡等意外灾害事故。这时的危险意味着已经发生的事故。

（3）事故发生的条件、情况、原因和环境。若以火灾事故为例，即建筑的结构和用途、保管的物品、选择的条件、周围的环境、房产所有人的关心程度及气象条件等。

（三）安全与危险的关系

就某一系统而言，没有永久的安全，也没有不变的危险。在一定条件下，安全会转化为危险；在另一组条件下，危险则可以转化为安全。系统的发展变化规律，就是不断地由危险到安全，再由安全到危险……直至系统生命周期结束，或者在系统生命周期内，人们就不能忍受系统带来的风险，就会采取措施，降低系统风险。这样就产生了新的系统，提高了原系统的安全水平。此时，系统又有了新的安全目标，新系统又会沿着"安全—危险—安全……"的规律发展变化。

二、安全管理

安全管理是一门技术科学，它是介于基础科学与工程技术之间的综合性科学。安全管理强调理论与实践的结合，重视科学与技术的全面发展。安全管理的特点是把人、物、环境三者进行了有机的联系，试图控制人的不安全行为、物的不安全状态和环境的不安全条件，解决人、物、环境之间不协调的矛盾，排除影响生产效益的人为和物质的阻碍事件。

严格地讲，当安全问题涉及两个人以上时，就存在安全管理的问题。把管理的基本原理和方法移植到安全工作中，并结合安全的特殊性，就得到安全管理的概念。

（一）安全管理的定义

安全管理是管理者对安全生产进行的计划、组织、指挥、协调和控制等一系列活动，以保护职工在生产过程中的安全与健康，避免或减少国家和集体财产的损失，为各项事业的顺利发展提供安全保障。

（二）安全管理的分类

可以从宏观和微观、狭义和广义对安全管理进行分类。

（1）宏观安全管理从总体上看，凡是保障和推进安全事业的一切管理措施和活动都属于安全管理的范畴，即泛指国家从政治、经济、法律、体制、组织等方面所采取的措施和活动。

（2）微观安全管理指经济和生产管理部门，以及企事业单位所进行的具体的安全管理活动。

（3）狭义安全管理是指在生产过程中或与生产有直接关系的活动中防止意外伤害和财产损失的管理活动。

（4）广义安全管理泛指一切保护劳动者安全健康，防止国家和集体财产受到损失的管理活动，即安全管理不但要防止劳动中的意外伤亡，还要避免或消除对劳动者的危害因素（如尘、毒、噪声、辐射、女工特殊保护等）。

事故主要发生于企业的生产过程中，因此对企业广义上的安全管理研究较多，具有重要的现实意义。

任务三　安全管理形成与发展

一、国外安全管理的形成和发展

人类要生存、要发展，就需要认识自然、改造自然，通过生产活动和科学研究，掌握自然变化规律。科学技术不断进步，生产力不断发展，使人类生活越来越丰富，也产生了威胁人类安全与健康的安全问题。

人类"钻木取火"的目的是利用火，如果不对火进行管理，火就会给使用火的人们带来灾难。在公元前27世纪，古埃及第三王朝在建造金字塔时，组织10万人花费20年的时间开凿地下甬道和墓穴及建造地面塔体，对于如此庞大的工程，生产过程中没有管理是不可想象的。在古罗马和古希腊时代，维护社会治安和救火的工作由禁卫军和值班团承担。公元12世纪，英国颁布了《防火法令》，17世纪颁布了《人身保护法》，安全管理有了自己的内容。

在世界范围内，18世纪中叶，蒸汽机的发明引起了一场工业革命。传统的手工业劳动逐渐为大规模的机器生产所代替，生产率大大提高。但工人们在极其恶劣的环境下，每天劳动10小时以上，伤亡事故接连发生，工人健康受到严重摧残。这迫使工人奋起反抗，维护自身的安全和健康，此举得到了社会进步人士的同情与支持。19世纪初，英国、法国、比利时等国家相继颁布了安全法令，如英国1802年通过的纺织厂和其他工厂学徒健康风险保护法，比利时1820年制定的矿场检查法案及公众危害防止法案等。另外，由于事故造成的巨大经济损失及在事故诉讼中所支付的巨额费用，使资本家出于自身利益，也要考虑和关注安全问题，这些都在一定程度上促进了安全技术和安全管理的发展。

到20世纪初，现代工业兴起并快速发展，重大生产事故和环境污染相继发生，造成了大量的人员伤亡和巨大的财产损失，给社会带来了极大危害，使人们不得不在一些企业设置专职安全人员，对工人进行安全教育。

到了 20 世纪 30 年代，很多国家设立了安全生产管理的政府机构，发布了劳动安全卫生的法律法规，逐步建立了较完善的安全教育、管理、技术体系，呈现了现代安全生产管理雏形。1929 年，美国的海因里希发表了著名的《工业事故预防》一书，比较系统地阐述了安全管理的思想和经验。

进入 20 世纪 50 年代，经济的快速增长，使人们的生活水平迅速提高，创造就业机会、改进工作条件、公平分配国内生产总值等问题，引起了越来越多经济学家、管理学家和安全工程专家和政治家的注意。工人强烈要求不仅要有工作机会，还要有安全与健康的工作环境。一些工业化国家，进一步加强了安全生产法律法规体系建设，在安全生产方面投入大量的资金进行科学研究，加强企业生产安全管理的制度化建设，产生了一些安全生产管理原理、事故致因理论和事故预防原理等风险管理理论，以系统安全理论为核心的现代安全管理方法、模式、思想、理论基本形成。

进入 20 世纪 70 年代，美国、英国等发达国家，也相继建立了职业安全卫生法规，设立了相应的执法机构和研究机构，加大了安全卫生教育的力度，包括在高等院校设立安全类专业、开设安全类课程等，并通过各类组织对各类人员采用了形式多样的培训方式，重视安全技术开发工作，提出了一系列的有关安全分析、危险评价和风险管理的理论和方法，使安全管理水平有了较大的提高，也促进了这些国家安全工作的飞速发展，取得了较好的效果。

到 20 世纪末，随着现代制造业和航空航天技术的飞跃发展，人们对职业安全卫生问题的认识也发生了很大变化，安全生产成本、环境成本等成为产品成本的重要组成部分，职业安全卫生问题成为非官方贸易壁垒的利器。在这种背景下，"持续改进""以人为本"的安全健康管理理念逐渐被企业管理者所接受，以职业安全健康管理体系为代表的企业安全生产风险管理思想开始形成，现代安全生产管理的内容更加丰富，现代安全生产管理理论、方法、模式及相应的标准、规范更成熟，提出了职业健康安全管理体系（occupational health and safety management systems，OHSMS）的基本概念和实施方法，使安全管理工作走向了标准化和现代化。

进入 21 世纪以来，工业发展速度加快，环境污染和重大工业事故相继发生，职业危害也日益严重。

从安全管理的发展过程中，我们可以看出：安全管理的发展是随着工业生产的发展和人们的安全需求的逐步提高而进行的。初级阶段的安全管理，可以说是纯粹的事后管理，即完全被动地面对事故，无奈地承受事故造成的损失；在积累了一定的经验和教训之后，管理者采用了条例管理的方式，即事故后总结经验教训，制定出一系列的规章制度来约束人的行为，或者采取一定的安全技术措施控制系统或设备的状态，避免事故的再发生，这时已经有了事故预防的概念。OHSMS 的诞生则成为现代化安全管理的主要标志。

二、国内安全管理的形成和发展

安全问题是伴随着社会生产而产生和发展的。我国古代在生产中就积累了一些安全防护的经验。早在公元前 8 世纪，周朝人所著的《周易》一书中就有"水火相忌""水在火上既济"的记载，说明了用水灭火的道理。自秦人开始兴修水利以来，其后几乎我国历朝历代都设有专门管理水利的机构。到北宋时期，消防组织已相当严密。《东京梦华录》记载，当时的首都汴京消防组织十分严密，消防管理机构不仅有地方政府，而且由军队担负值勤任务。该书记述："每坊巷三百步许，有军巡铺一所，铺兵五人""高处砖砌望火楼，楼上有人卓望。下有官屋数间，屯驻军兵百馀人，及有救火家事，谓如大小桶、洒子、麻搭、斧锯、梯子、火权、大索、铁猫儿之类"，一旦发生火警，由骑兵驰报各有关部门。隋代医学家巢元方所著《病源诸候论》一书中就记有："凡进古井深洞，必须先放入羽毛，如观其旋转，说明有毒气上浮，便不得入内。"明代科学家宋应星所著《天工开物》中记述了采煤时防止瓦斯中毒的方法，"深至五丈许，方始得煤。初见煤端时，毒气灼人，有将巨竹凿去中节，尖锐其末，插入炭中，其毒烟从竹中透上"，就有着安全管理的雏形。

中华人民共和国成立以来，党和政府一直重视安全卫生工作，在劳动条件不断改善的同时，制定了一系列的安全法规和标准，以及较为严谨完善的安全管理体制，如安全生产责任制、安全一票否决制等，确立了"安全第一、预防为主、综合治理"的安全生产方针，建立、健全了各级安全管理组织机构。这些对促进我国安全工作起到了重要的作用，也使我国的安全管理水平及职业安全卫生研究工作有了较大提高。

现代安全生产管理理论、方法、模式是20世纪50年代进入我国的。

在20世纪六七十年代，我国开始吸收并研究事故致因理论、事故预防理论和现代安全生产管理思想。但由于种种原因，我国安全管理体制等方面存在着一定的缺陷，使我国的安全卫生工作仍大大落后于发达国家。

20世纪八九十年代，我国开始研究企业安全生产风险评价、危险源辨识和监控，一些企业管理者尝试安全生产风险管理，引进了国外一些先进的安全管理理论、方法，并积极研究适合中国国情的安全管理模式，探索和推广了一系列的安全管理方法，如危险源辨识与管理、企业安全评价等，特别是以鞍山钢铁公司的"0123安全管理模式"为代表的、符合我国工业安全生产实际的安全管理模式的出现，反映了我国在安全管理理论和实践方面的迅速进步。

在20世纪末，我国几乎与世界工业化国家同步，研究并推行了职业安全健康管理体系。

进入21世纪以来，我国提出了系统化企业安全生产风险管理的理论雏形，该理论认为企业安全生产管理是风险管理，管理的内容包括：危险源辨识、风险评价、危险预警与监测管理、事故预防与风险控制管理及应急管理，该理论将现代风险管理完全融入了安全生产管理之中。

总之，我国安全管理发展可以归结为以下三个阶段。

（一）建立和发展阶段（1949—1965年）

1949—1952年，三年国民经济恢复时期。1949年11月，第一次全国煤矿工作会议提出"煤矿生产，安全第一"。1952年，第二次全国劳动保护工作会议明确要坚持"安全第一"方针和"管生产必须管安全"的原则。

1953—1957年，第一个五年计划时期。1954年，中华人民共和国制定的第一部《中华人民共和国宪法》（以下简称《宪法》），把加强劳动保护、改善劳动条件作为国家的基本政策确定下来。中央人民政府先后颁布了《工厂安全卫生规程》《建筑安装工程安全技术规程》等行政法规，建立了由劳动部门综合监管、行业部门具体管理的安全生产工作体制，劳动者的安全状况从根本上得到了改善。但"大跃进"时期片面追求高经济指标，导致事故上升。

1958—1960 年，出现第一次事故高峰。1958—1961 年，工矿企业年平均事故死亡比"一五"时期增长了近 4 倍。1960 年 5 月 8 日，山西大同老白洞煤矿瓦斯爆炸事故，死亡684 人，为中华人民共和国成立以来最严重的矿难。

1961—1965 年，安全生产恢复。1963 年，国务院颁布了《国务院关于加强企业生产中安全工作的几项规定》，恢复重建安全生产秩序，事故明显下降。

（二）停顿和倒退阶段（1966—1977 年）

1966—1977 年，出现第二次事故高峰。安全生产和劳动保护被抨击为"资产阶级活命哲学"，规章制度被视为"管卡压"，企业管理受到严重冲击，导致事故频发。1970 年，劳动部并入国家计划委员会，其安全生产综合管理职能也相应转移。这一阶段政府和企业安全管理一度失控，1971—1973 年工矿企业年平均事故死亡 16119 人，较 1962—1967 年增长 2.7 倍。1975 年 9 月，国家劳动总局成立，内设劳动保护局、锅炉压力容器安全监察局等安全工作机构。

（三）恢复与提高阶段（1978 年至今）

从 1978 年至今又可以分为三个阶段。

1. 恢复和整顿提高阶段（1978—1991 年）

粉碎"四人帮"后，国家开始治理经济环境和整顿经济秩序，为加强安全生产创造了较好的宏观环境，相继出台实施了《矿山安全监察条例》《职工伤亡事故报告和处理规定》等法规，成立了全国安全生产委员会。工矿企业事故死亡人数下降。

2. 适应建立社会主义市场经济体制阶段（1992—2002 年）

为发挥企业的市场经济主体作用，1993 年国务院决定实行"企业负责、行业管理、国家监察、群众监督"的安全生产管理体制，相继颁布了《中华人民共和国矿山安全法》（以下简称《矿山安全法》）《中华人民共和国劳动法》（以下简称《劳动法》），以及工伤保险、重特大伤亡事故报告调查、重特大事故隐患管理等多项法规。1998 年国务院机构改革，原劳动部承担的安全生产综合监管职能交由国家经济贸易委员会行使。2000 年初，在国家煤炭工业局加挂国家煤矿安全监察局牌子，成立了 20 个省级监察局和 71 个地区办事处，实行统一垂直管理。2001 年初，组建了国家安全生产监督管理局，与国家煤矿安全监察局"一个机构、两块牌子"。2002 年 11 月出台了《中华人民共和国安全生产法》（以下简称《安全生产法》），安全生产开始纳入比较健全的法治轨道。但这一阶段由于经济体制转轨、工业化进程加快，特别是民营小企业的迅速发展等，使安全生产面临一系列新情况、新问题，安全状况出现较大反复。

3. 创新发展阶段（2003 年以来）

党的十六大以来，党中央以科学发展观统领经济社会发展全局，坚持"以人为本"，在法制、体制、机制和投入等方面采取一系列措施加强安全生产工作。2003 年，国家安全生产监督管理局（国家煤矿安全监察局）成为国务院直属机构，成立了国务院安全生产委员会；2004 年，国务院作出《国务院关于进一步加强安全生产工作的决定》；2005 年初，国家安全生产监督管理局升格为总局；2006 年初，成立了国家安全生产应急救援指挥中心；2007 年 10 月召开的中国共产党第十七次全国代表大会对安全生产提出了更高的要求；2010 年，国务院下发了《国务院关于进一步加强企业安全生产工作的通知》（国发

〔2010〕23 号）；2009 年 8 月 27 日，第十一届全国人民代表大会常务委员会第十次会议作出《关于修改部分法律的决定》，《安全生产法》得到第一次修正；2011 年 11 月，国务院印发了《国务院关于坚持科学发展安全发展促进安全生产形势持续稳定好转的意见》（国发〔2011〕40 号），明确了现阶段安全生产工作的指导思想和基本原则，提出了加强改进安全生产工作、促进安全发展的一系列重大政策措施，为我国安全生产状况持续稳定好转奠定了政策基础；2018 年 4 月 16 日，将国家安全生产监督管理总局的职责，国务院办公厅的应急管理职责，公安部的消防管理职责，民政部的救灾职责，国土资源部的地质灾害防治、水利部的水旱灾害防治、农业部的草原防火、国家林业局的森林防火相关职责，中国地震局的震灾应急救援职责，以及国家防汛抗旱总指挥部、国家减灾委员会、国务院抗震救灾指挥部、国家森林防火指挥部的职责整合，组建应急管理部，作为国务院组成部门。公安消防部队、武警森林部队转制后，与安全生产等应急救援队伍一并作为综合性常备应急骨干力量，由应急管理部管理。2003—2018 年应急管理部成立前，我国建立的是由政府应急管理机构和部际联席会议牵头协调的应急管理体制；2018 年应急管理部的组建，标志着我国开始建立由强有力的一个核心部门进行总牵头、各方协调配合的应急管理体制。2009 年、2014 年和 2021 年三次修改《安全生产法》，近几年国家颁布施行了国家标准《生产经营单位生产安全事故应急预案编制导则》（GB/T 29639—2020）、《中华人民共和国突发事件应对法》（以下简称《突发事件应对法》）、《生产安全事故应急条例》等一些新的法律法规。

随着世界经济一体化潮流的冲击和信息社会与知识经济的到来，我国的安全管理工作将不得不面对比以往更大的挑战。在新世纪中尽快解决包括上述问题在内的相关问题，尽快缩短我国在安全管理工作方面与发达国家的差距，无疑是安全科学界近年来最重要的工作之一。只有做到了这一点，我国才能真正保持可持续发展，安全水平才能跃上新的台阶，接近世界先进水平；否则，就会拉整个国民经济的后腿，甚至影响社会安定，我们必须深刻认识这一问题。目前造成安全形势严峻的一个重要原因就是安全管理不科学、不到位，其主要表现为事故灾害后果依然严重，人因事故比例逐渐增大，重大责任事故仍然频发。

任务四　安全管理的对象和任务

一、安全管理的对象

企业生产系统是一个人机环境系统，安全管理必须对这一系统及其要素进行全方位、全过程的管理和控制。因此，安全管理的对象必然是这个人机环境系统的各个要素，包括人的系统、物质系统、能量系统、信息系统及这些系统的协调组合。

（一）人的系统

人员管理是安全管理的核心，因为生产作业过程中判别安全的标准必须以人的利益和需求为核心，所有物质、能量、信息系统都是按照人的意愿做出安排，接受人的指令，没有人的因素，一切生产活动都不可能进行。同时，伤亡事故发生的根源常常是人的因素，事故统计分析表明，90% 以上的事故是人员"三违"（违章作业、违章指挥、违反劳动纪律）造成的。因此，安全管理必须以人为根本，加强对人的系统的管理和控制。

人的系统的安全管理应是一种反馈管理。因为发动和控制这个系统运转的是人，但为了管理的有效性，必须反馈回来，对发动和控制者进行管理，也就是既要管理操作人，也要管理决策指令人，凡与系统有关的人员都不能例外。相比之下，加强对居于高层的决策、指令、设计人员的管理更为重要，因为其位置特殊，影响面广，所起作用关系全局。操作人员只涉及局部，影响面较小。

（二）物质系统

物质系统包括生产作业环境中的机械设备、设施、工具、器件、构筑物、原材料、产品等一切物质实体和能量信息的载体。物质系统是生产的对象，也是发生事故的物质基础。虽然不具有能量也不能造成危害，但能量一定会以物质形态表现出来并附于这些载体上。一切赋有足够能量的物质都可能成为事故和产生危害的危险源。

物质不安全因素随着生产过程中物质条件的存在而存在，随着生产方式、生产工艺过程的变化而变化。在生产过程中，仅仅依靠人的技能和注意力是不能保证安全生产的，因为人不可能对生产环境中的每一事物都予以注意，也不可能每时每刻都处在紧张状态，总可能产生判断上的失误，进行不安全的动作。因此，必须加强物质系统的安全管理，通过危险辨识与控制，创造本质安全化作业条件，保证物质系统和环境的本质安全。

（三）能量系统

能量有多种形式，生产中经常存在和使用的能量有机械能（动能和势能）、热能、电能、化学能、光能、声能和辐射能等。不同形式的能量具有不同的性质，通常能量必须通过运载体才能发生作用。因此，凡说能量往往与其运载体联系在一起，而不能单独把能量抽象出来。实质上一切危害产生的根本动力在于能量，而不在于运载体。没有能量既不能作有用功，也不能作有害功。能量越大，一旦能量失控所造成的后果也越严重。在安全管理中，要研究生产环境中的能量体系，对能量的传输、使用严加控制，一旦能量失控并超过一定量度便可造成事故。

（四）信息系统

信息是沟通各有关系统空间的媒介。从安全的观点看，信息也是一种特殊形态的能量，因为它具有引发、触动和诱导作用，可以开发、驱动另一空间超过自身无数倍的能量，实现某一宏伟计划，完成自身所不能完成的任务。从其可能造成危害的规模来看，也可能是最可怕和不可估量的。虽然在工业生产系统中，信息系统所能造成的危害后果有限，但其对安全管理的重要性是不可低估的。安全管理中必须充分注重信息的作用，加强对信息获取、传输、存储、分析、反馈的控制，实现安全信息化管理，以推动安全管理的科学化、动态化、民主化。

二、安全管理的任务

安全管理工作的主要任务是发现、分析和消除生产过程中的各种危险，防止发生事故和职业病，避免各种损失，积极采取组织管理措施和工程技术措施，保护员工在生产过程中的安全健康，促进经济的发展。

（一）改善生产条件

落实安全生产方针，从根本上改善生产条件，消除不安全、不卫生的各种因素。这就需要采用新技术、新设备、新工艺，不断地进行技术改革、设备更新换代，实现生产过程的机械化、自动化和远距离操作，使作业者不接触危险因素，从而从根本上消除发生工伤事故和职业病的可能。这种治本的措施是改善劳动条件的根本途径。

（二）采取安全措施

积极采取各种安全工程技术措施，进行综合治理，使企业的生产机械设备和设施达到本质化安全的要求，保障职工有一个安全可靠的作业条件，减少和杜绝各类事故造成的人员伤亡和财产损失。采取各种劳动卫生措施，不断改善劳动条件和环境，定期检测，防止和消除职业病及职业危害，做好女工和未成年工的特殊保护，保障劳动者的身心健康。对企业领导、特种作业人员和所有职工进行安全教育，提高安全素质。对职工伤亡及生产过程中各类事故进行调整、处理和上报。

不同的企业有不同的生产特点，要根据自己的实际情况，从作业条件、产品设计、工艺流程、生产组织、操作技术等方面，采取各种安全措施，保证操作者的安全。例如，完善机械设备的安全装置，做到"有轮必有罩、有轴必有套"，预防绞碾事故；在机器的转动危险部位装上连锁装置，万一发生异常情况即能自动断电，以预防误操作造成的事故；在起重设备上装上各种限位装置、超负荷限制装置等保险装置，以预防起重机出轨、超载等造成事故；有计划地检修、保养设备，定期进行机械强度试验，使机械性能和安全防护装置处于良好状态。

减少或消灭工伤事故是安全管理工作的一项重要任务，要经常推广安全可靠的操作方法，消除危险工艺过程，对现有的机械设备设计安全防护装置，采取安全技术措施，对新品、新工艺、新技术进行"三同时"审查验收。发生事故后，按照"三不放过"的原则，组织追查、处理，并提出预防事故的措施，以便吸取教训，做好劳动保护工作。

（三）职业健康安全管理

职业健康安全管理，即采取劳动卫生技术措施与职业病和职业中毒做斗争，使员工免受尘毒及其他有害因素的危害。工业生产过程中可能产生有毒气体、粉尘、放射性物质、高频、微波、噪声、震动、高温等危害人体的因素。例如，钢铁冶炼和轧钢、锻压、铸造等工艺过程中，员工经常接触火花、高温、热辐射等；在有色金属、化工原料、医药、化肥、化纤、塑料、染料等生产工艺过程中，铅、苯、汞、铬、铍、硫化氢、二氧化硫、有机氯等有毒物质及易燃易爆物品，经常危害职工的安全与健康；在采矿、采石、隧道施工、地质勘探、机械制造，以及石英玻璃、陶瓷、耐火材料的原料破碎、过筛、搅拌等工艺过程所产生的粉尘，往往造成员工的职业病。安全管理的任务是从"防"字出发，积极采取治理措施。例如，采取密闭、湿式作业，加强通风换气等措施防止粉尘危害；对产生噪声的地点和设备，采取隔声或消声措施，以减少噪声的危害；供给各种个人劳动保护用品，以减少操作中的有害因素影响，保护操作人员。

总之，在生产过程中，员工的健康状况可能受到生产过程、生产环境因素的不良影响，对于这些不良影响未及时消除，以致对人体产生危害，这种危害就是职业病。由于职业危害引起的疾病叫作职业病。安全管理任务是针对危害的因素和情况，提出控制和消除危害的措施，达到改善劳动条件，预防职业病和职业中毒的目的。

任务五　安全管理的方法和要求

一、安全管理的方法

安全管理是企业管理的一个重要分支。安全管理是研究解决生产中与安全有关的问题，其方法有以下两种。

（一）事后法

事后法是对过去已发生的事件进行分析，总结经验教训，采取措施，防止重复事件的发生，因而是对现行安全管理工作的指导。例如，对某一事故分析其原因，查找引起事故的不安全因素，根据分析结果，制定和实施防止此类事故再度发生的措施。此种方法有人称为"问题出发型"方法，即我们通常所说的传统的安全管理方法。

（二）事先法

事先法是从现实情况出发，研究系统内各要素之间的联系，预测可能会引起危险、导致事故发生的某些原因。通过对这些原因的控制来消除危险，避免事故，从而使系统达到最佳安全状态，这就是所谓的现代安全管理方法，也有人称为"问题发现型"方法。

无论是事后法还是事先法，其工作步骤都是"从问题开始，研究解决问题的对策、对实施的对策效果予以评价，并反馈评价结果，更新研究对策"。安全管理的工作步骤，如图 1-2 所示。

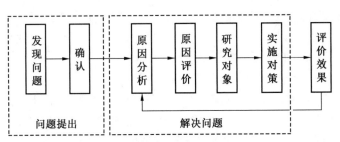

图 1-2　安全管理的工作步骤

（1）发现问题，即找出所研究的问题，事后法是指分析已存在的问题或事故，事先法则是指预防可能要出现的问题或事故。

（2）确认，是对所研究的问题进一步核查与认定，要查清何时、何人、何条件、何事（或可能出现什么事）等。

（3）原因分析，是解决问题的第一步。原因分析，即寻求问题或事故的影响因素，对所有的影响因素进行归类，并分析这些因素之间的相互关系。

（4）原因评价。将问题的原因按其影响程度大小排序分级，以便视轻重缓急解决问题。

（5）研究对策。根据原因分析与评价，有针对性地提出解决问题，研究防止或预防事故的措施。

（6）实施对策。将所制定的措施付诸实践，并从人力、物力、组织等方面予以保证。

（7）评价效果，是对实施对策后的效果、措施的完善程度及合理性进行检查与评定，并将评价结果进行反馈，以寻求最佳的实施对策。

二、安全管理的要求

为有效地将生产因素的状态控制好，在实施安全管理的过程中，必须正确处理五种关系，坚持八项基本管理原则。

（一）安全管理的五种关系

1. 安全与危险并存

安全与危险在同一事物的运动中是相互对立、相互依赖而存在的。因为有危险，才要进行安全管理，以防止危险。安全与危险并非等量并存、平静相处。随着事物的运动变化，安全与危险每时每刻都在变化着，进行着此消彼长的斗争。事物的状态将向斗争的胜方倾斜。可见，在事物的运动中，都不会存在绝对的安全或危险。保持生产的安全状态，必须采取多种措施，以预防为主，危险因素是完全可以控制的。危险因素是客观存在于事物运动之中的，自然是可知的，也是可控的。

2. 安全与生产的统一

生产是人类社会存在和发展的基础。如果生产中人、物、环境都处于危险状态，则生产无法顺利进行。因此，安全是生产的客观要求，但当生产完全停止，安全也就失去意义。就生产的目的性来说，组织好安全生产就是对国家、人民和社会最大的负责。

生产有了安全保障，才能持续、稳定发展。生产活动中事故层出不穷，生产势必陷于混乱，甚至瘫痪状态。当生产与安全发生矛盾、危及职工生命或国家财产时，生产活动停下来整治、消除危险因素以后，生产形势会变得更好。"安全第一"的提法，绝非把安全摆到生产之上；忽视安全自然是一种错误。

3. 安全与质量的包含

从广义上看，质量包含安全工作质量，安全概念也内含着质量，交互作用，互为因果。"安全第一，质量第一"，两个第一并不矛盾。安全第一是从保护生产因素的角度提出的，而质量第一则是从关心产品成果的角度而强调的。安全为质量服务，质量需要安全保证。生产过程丢掉哪一头，都要陷于失控状态。

4. 安全与速度互保

生产的蛮干、乱干，在侥幸中求得的快，缺乏真实与可靠，一旦酿成不幸，非但无速度可言，反而会延误时间。速度应以安全做保障，安全就是速度。我们应追求安全加速度，竭力避免安全减速度。

安全与速度成正比例关系。一味强调速度，置安全于不顾的做法、是极其有害的。当速度与安全发生矛盾时，暂时减缓速度，保证安全才是正确的做法。

5. 安全与效益的兼顾

安全技术措施的实施，定会改善劳动条件，调动职工的积极性，焕发劳动热情，带来经济效益，足以使原来的投入得以补偿。从这个意义上说，安全与效益完全是一致的，安全促进了效益的增长。

在安全管理中，投入要适度、适当，精打细算，统筹安排。既要保证安全生产，又要经济合理，还要考虑力所能及。单纯为了省钱而忽视安全生产，或者单纯追求不惜资金的盲目高标准，都不可取。

（二）安全管理的八项原则

1. 管生产同时管安全

安全寓于生产之中，并对生产发挥促进与保证作用。因此，安全与生产虽有时会出现矛盾，但从安全、生产管理的目的来看，两者表现出高度的一致和完全的统一。

安全管理是生产管理的重要组成部分，安全与生产在实施过程中存在着密切的联系，存在着进行共同管理的基础。国务院在《国务院关于加强企业生产中安全工作的几项规定》中明确指出，"各级领导人员在管理生产的同时，必须负责管理安全工作""企业中备有关专职机构，都应该在各自业务范围内，对实现安全生产的要求负责"。

管生产同时管安全，不仅是对各级领导人员明确安全管理责任，同时，也向一切与生产有关的机构、人员，明确了业务范围内的安全管理责任。由此可见，一切与生产有关的机构、人员，都必须参与安全管理并在管理中承担责任。认为安全管理只是安全部门的事，是一种片面的、错误的认识。各级人员安全生产责任制度的建立、管理责任的落实，体现了管生产同时管安全。

2. 坚持安全管理的目的性

安全管理的内容是对生产中的人、物、环境因素状态的管理，有效地控制人的不安全行为和物的不安全状态，消除或避免事故，达到保护劳动者的安全与健康的目的。

没有明确目的的安全管理是一种盲目行为。盲目的安全管理，充其量只能算作花架子，劳民伤财，危险因素依然存在。在一定意义上，盲目的安全管理，只能纵容威胁人的安全与健康的状态，向更为严重的方向发展或转化。

3. 贯彻安全生产方针

安全生产的方针是"安全第一、预防为主、综合治理"。进行安全管理不是处理事故，而是在生产活动中，针对生产的特点，对生产因素采取管理措施，有效地控制不安全因素的发展与扩大，把可能发生的事故消灭在萌芽状态，以保证生产活动中，人的安全与健康。

安全第一是从保护生产力的角度和高度，表明在生产范围内，安全与生产的关系，肯定安全在生产活动中的位置和重要性。

贯彻预防为主，首先要端正对生产中不安全因素的认识，端正消除不安全因素的态度，选准消除不安全因素的时机。在安排与布置生产内容的时候，针对施工生产中可能出现的危险因素，采取措施予以消除是最佳选择。在生产活动过程中，经常检查、及时发现不安全因素，采取措施，明确责任，尽快、坚决地予以消除，是安全管理应有的鲜明态度。

综合治理是一种新的安全管理模式，它是保证"安全第一、预防为主、综合治理"的安全管理目标实现的重要手段。以对企业和施工现场的综合评价为基本手段，规范企业安全生产行为，落实企业安全主体责任，统筹规划、强化管理、分步实施、分类指导、树立典型、以点带面。

4. 坚持四全动态管理

安全管理不是少数人和安全机构的事，而是一切与生产有关的人共同的事。缺乏全员的参与，安全管理不会有生气、不会出现好的管理效果。当然，这并非否定安全管理第一责任人和安全机构的作用。生产组织者在安全管理中的作用固然重要，全员性参与管理也十分重要。

安全管理涉及生产活动的方方面面，涉及从开工到竣工交付的全部生产过程，涉及全部的生产时间，涉及一切变化着的生产因素。因此，生产活动中必须坚持"全员、全过程、全方位、全天候"的动态安全管理。

5. "三同时""五同时"原则

我国境内新建、改建、扩建的建设项目（工程），技术改造项目（工程）及引进的建设项目，其劳动安全卫生设施必须符合国家规定的标准，必须与主体工程同时设计、同时施工、同时投入生产和管理。

6. "四不放过"原则

事故原因未查清不放过，当事人和群众没有受到教育不放过，事故责任人未受到处理不放过，没有制定切实可行的预防措施不放过。

7. 安全管理重在控制

进行安全管理的目的是预防、消灭事故，防止或消除事故伤害，保护劳动者的安全与健康。在安全管理的四项主要内容中，虽然都是为了达到安全管理的目的，但是对生产因素状态的控制，与安全管理目的关系更直接，显得更为突出。因此，对生产中人的不安全行为和物的不安全状态的控制，必须看作是动态的安全管理的重点。事故的发生，是由于人的不安全行为运动轨迹与物的不安全状态运动轨迹的交叉。从事故发生的原理，也说明了对生产因素状态的控制，应该当作安全管理重点，而不能把约束当作安全管理的重点，是因为约束缺乏带有强制性的手段。

8. 在管理中发展提高

既然安全管理是在变化着的生产活动中的管理，是一种动态，其管理就意味着是不断发展的、不断变化的，以适应变化的生产活动，消除新的危险因素。然而更为需要的是不间断地摸索新的规律，总结管理、控制的办法与经验，指导新的变化后的管理，从而使安全管理不断上升到新的高度。

任务六　安全管理的作用和意义

安全工作的根本目的是保护广大职工的安全与健康，防止伤亡事故和职业危害，保护国家和集体的财产不受损失。为了实现这一目的，需要开展三方面的工作，即安全管理、安全技术、劳动卫生。这三者之中，安全管理起着决定性的作用，其意义十分重大。

（1）搞好安全管理是防止伤亡事故和职业危害的根本对策。造成伤亡事故的直接原因概括起来不外乎人的不安全、不卫生行为和物的不安全、不卫生状态。然而在这些直接原因的背后还隐藏着若干层次的背景原因，直到最深层的本质原因，即管理上的原因。发生事故以后，人们往往把事故的原因简单地归咎为"违章"二字。殊不知，之所以造成"违章"，还有许多更深层次的直到本质上的原因。不找出这些原因，并采取措施加以消除，就难免再次发生类似的事故。防止发生事故和职业危害，归根结底应从改进管理做起。

（2）搞好安全管理是贯彻落实"安全第一、预防为主、综合治理"方针的基本保证。

"安全第一、预防为主、综合治理"是我国安全工作的指导方针，是多年来做好劳动保护工作，实现安全生产的实践经验的科学总结。为了贯彻这一方针，一方面需要各级领导有高度的安全责任感和自觉性，千方百计实施各方面防止事故和职业危害的对策；另一方面需要广大职工提高安全意识，自觉贯彻执行各项安全生产的规章制度，不断增强自我防护能力。所有这些都有赖于良好的安全管理工作。设定目标、建立制度、计划组织、加强教育、督促检查、考核激励，综合各方面的管理手段，才能够调动起各级领导和广大职工的安全生产积极性。

（3）安全技术和劳动卫生措施都有赖于有效的安全管理，才能发挥应有的作用。安全技术指各种专业有关安全的专门技术，如电气、锅炉压力容器、起重运输、防火防爆等安全技术。劳动卫生指对尘毒、噪声、辐射等各方面物理化学危害因素的预防和治理。毫无疑问，安全技术和劳动卫生措施对于从根本上改善劳动条件，实现安全生产是有巨大作用的。然而这些纵向单独分科的硬技术，基本上是以物为主的，是不可能自动实现的，需要人们计划、组织、督促、检查，进行有效的安全管理活动才能发挥它们应有的作用。我国对锅炉压力容器从设计、制造、安装、使用、检查、修理、改造的全部过程都实施了有力的监督、审变、控制，建立了一整套的安全保障体系，从而明显地改善了我国锅炉压力容器的安全状况。这就是安全管理保证安全技术发挥作用的极好例证。即使是在设备上增加一个小小的安全装置，如果没有安全管理来推动设计、制造、安装、调试，也是不会成功的。

再者，单独某一方面的安全卫生技术，其安全保障作用是有限的。当代生产的高度发展，要求综合应用各方面的安全技术，才能求得整体的安全。这种横向综合的功能也只有依靠有效的安全管理才能得以实现。概言之，硬技术的发挥，有赖于软科学的保证。"三分技术，七分管理"已经成为当代社会发展的必然趋势。安全领域当然也不能例外。

（4）在技术、经济力量薄弱的情况下，为了实现安全生产，更加需要突出安全管理的作用。防止伤亡事故和职业危害，最根本的措施是提高技术装备本质的安全水平。也就是说从物质条件上根本消除、控制危险和有害因素。然而，技术装备本质的安全水平有赖于国家经济和科学技术的高度发展，不是在短期内就能够办到的。当前，我国的许多企业还无力更新一些陈旧的设备和设施，它们存在着较多的事故隐患。即便是新添置的设备，包括一些最先进的设备，也未必都能达到实现本质安全的水平。在这种情况下，为了实现安全生产，就只能从改善安全管理和调动人的积极性上解决问题。实践表明，国家的安全立法和监察，建立健全安全生产责任制和安全生产的规章制度，安全责任与经济责任相结合，对人员的安全教育和培训，对设备设施的安全检查维修、安全竞赛、评比、奖惩，对安全工作的考核、评价，并与晋级调档、评选先进挂钩、行使安全否决权等都是极为有效的措施和手段，综合地加以应用对于保证安全生产发挥了极大的作用。从长远看，随着经济的发展，生产规模不断扩大，技术不断更新，新设备、新材料、新工艺不断被采用，也会不断出现新的危险和危害。因此，本质安全永远是相对的。从这个意义上说，上述种种有效的安全管理措施和手段将永远发挥作用，在任何时候都是不可低估的。

物质力量和人的作用相辅相成，在物质力量薄弱的情况下，尤其要强调发挥人的作用，而人的作用的发挥则依靠有效的管理活动。

（5）搞好安全管理，有助于改进企业管理，全面推进企业各方面工作的进步，促进经济效益的提高。安全管理是企业管理的一个组成部分,二者密切联系,互相影响,互相促进。为了防止伤亡事故和职业危害,必须从人、物、环境及它们的合理匹配这几方面采取对策,包括提高人员的素质,作业环境的整治和改善,设备与设施的检查、维修、改造和更新,劳动组织的科学化,以及作业方法的改善等。为了实现这些方面的对策势必对生产管理、技术管理、设备管理、人事管理,进而对企业各方面工作提出越来越高的要求,从而推动企业管理的改善和全面工作的进步。企业管理的改善和全面工作的进步反过来又为改进安全管理创造了条件,促使安全管理水平不断得到提高。

作业环境和劳动条件的改善使劳动者可以安全、健康、心情舒畅地劳动和工作,从而发挥出高度的劳动积极性。这也为改善企业管理,全面推进各方面工作创造了最主要的条件。

安全是人生的基本需要,随着社会的进步,企业职工对安全的要求必将日益强烈。国家为了保证职工的安全与健康,也在不断强化安全管理,从安全立法、国家监察、行政管理、群众监督等各方面采取措施推动企业安全的发展。其中的某些措施是带有强制性的。安全具有否决权,而且是最有权威的否决权。人命关天,任何领导人都不敢漠然视之。在这种情况下,安全管理对改善企业管理和推动企业工作进步的作用将越来越明显、越来越突出,甚至可以以改善安全管理作为突破口来推进企业各方面工作的大步前进。

实践表明,一个企业安全生产状况的好坏可以反映出它的企业管理水平。企业管理得好,安全工作也必然受到重视,安全管理也比较好。反之,安全管理混乱,事故、伤亡不断,职工既然无法安心工作,领导人也经常要分散精力去处理事故。在这种情况下,怎么能建立正常、稳定的工作秩序,改善企业管理又从何谈起?

安全管理和企业管理的改善,劳动者积极性的发挥,必然大大促进劳动生产率的提高,从而带来企业经济效益的增长。反之,如果事故频繁,不但会影响职工的安全与健康,挫伤职工的生产积极性,导致生产效率的降低;而且会造成设备财产的损坏,无谓地消耗许多人、财、物力,带来经济上的巨大损失。事故严重时,厂房设备毁于一旦,生产都不能进行,哪里还谈得上经济效益?

复习思考题

1. 解释安全、危险和安全管理的含义,并说明他们之间的关系。
2. 简述我国安全管理的发展过程,并分析我国安全管理面临的主要问题。
3. 简述安全管理的五种关系。
4. 简述安全管理的八项原则。
5. 简述安全管理的作用和意义。

项目二　安全管理法律法规

学习目标

➢ 熟悉我国安全生产法律法规体系。

➢ 了解安全管理法规的主要内容。

➢ 了解安全生产责任制度。

➢ 掌握安全管理体制的内涵及作用。

➢ 熟悉我国典型的安全管理模式。

任务一　安全生产法规和标准

一、我国安全生产法律体系

安全生产是一个系统工程，需要建立在各种支持基础之上，而安全生产的法规体系尤为重要。据统计，中华人民共和国成立以来，颁布并在用的有关安全生产、劳动保护的主要法律法规约 300 项，内容包括综合类、安全卫生类、三同时类、伤亡事故类、女工和未成年工保护类、职业培训考核类、特种设备类、防护用品类和检测检验类。其中以法的形式出现，对安全生产、劳动保护具有十分重要作用的是《安全生产法》、《矿山安全法》、《中华人民共和国劳动合同法》（以下简称《劳动合同法》）、《中华人民共和国煤炭法》（以下简称《煤炭法》）、《中华人民共和国职业病防治法》（以下简称《职业病防治法》）。与此同时，国家还制定和颁布了数百余项安全卫生方面的国家标准。根据我国立法体系的特点，以及安全生产法规调整的范围不同，安全生产法律法规体系由若干层次构成。我国安全生产法律法规体系如下。

（一）宪法（全国人民代表大会及其常务委员会制定、颁布）

宪法的许多条文直接涉及安全生产和劳动保护问题，这些规定既是安全法规制定的最高法律依据，又是安全法律、法规的一种表现形式。

（二）法律（全国人民代表大会及其常务委员会制定、颁布，特别行政区法律除外）

专门法律，相关法律，特别行政区的法律。

（三）法规

行政法规（国务院制定、颁布），地方性法规（省级人民代表大会及其常务委员会制定、颁布）。

（四）规章

部门规章（国务院制定、颁布），地方政府规章（省级人民政府制定、颁布）。

（五）自治条例和单行条例（由相应的民族自治地方的人民代表大会制定）

自治区的自治条例和单行条例，报全国人民代表大会常务委员会批准后生效。自治州、自治县的自治条例和单行条例，报省、自治区、直辖市的人民代表大会常务委员会批准后生效。

（六）法定标准

国家标准（由国务院标准化行政主管部门颁布），行业标准，地方标准，企业标准。

（七）国际条约（全国人民代表大会及其常务委员会批准）

国际条约指国际法主体之间以国际法为准则而为确立其相互权利和义务而缔结的书面协议。国际条约包括一般性的条约和特别条约。主要是我国政府批准加入的国际劳工公约。

二、安全生产法

《安全生产法》于 2002 年 6 月 29 日第九届全国人民代表大会常务委员会第二十八次会议通过，2009 年 8 月 27 日第十一届全国人民代表大会常务委员会第十次会议《关于修改部分法律的决定》第一次修正，2014 年 8 月 31 日第十二届全国人民代表大会常务委员会第十次会议《关于修改〈中华人民共和国安全生产法〉的决定》第二次修正，2021 年 6 月 10 日第十三届全国人民代表大会常务委员会第二十九次会议《关于修改〈中华人民共和国安全生产法〉的决定》第三次修正。《安全生产法》作为我国安全生产领域的基础性、综合性法律，对依法加强安全生产工作，预防和减少生产安全事故，保障人民群众生命财产安全，发挥了重要法治保障作用。我国生产安全事故死亡人数从历史最高峰 2002 年的约 14 万人，降至 2020 年的 2.10 万人，下降 84.96%；每年重特大事故起数从最多时 2001 年的 140 起，下降到 2020 年的 16 起，下降 88.6%。以上数据，充分彰显了依法加强安全生产工作的重要性。

修正后的《安全生产法》对安全生产方针和安全管理机制和机构进行了调整。坚持"安全第一、预防为主、综合治理"的方针，建立"生产经营单位负责、职工参与、政府监管、行业自律和社会监督"的机制。

新修订的《安全生产法》有以下十大亮点。

（1）将"三个必须"写入了法律。新修订的《安全生产法》增加了"安全生产工作坚持中国共产党的领导"和"人民至上、生命至上"等表述，进一步明确了各方的安全生产责任。具体地说：管行业必须管安全，阐明安全生产不仅是应急管理部门的职责，行业主管部门也负有所在行业领域的安全监督管理职责。管业务必须管安全，即除主要负责人是第一责任人外，其他的副职都要根据分管业务对安全生产工作负责。管生产经营必须管安全，即抓生产的同时必须兼顾安全、抓好安全，否则出了事故，管生产的要担负责任。

（2）进一步明确了各部门的安全监督管理职能。新修订的《安全生产法》明确，交通运输、住房和城乡建设、水利、民航等有关部门在各自的职责范围内对相关行业、领域的安全生产工作实施监督管理；新兴行业、领域由县级以上政府按照业务相近的原则确定监督管理部门；相关部门要建立相互配合、齐抓共管、信息共享、资源共用，依法加强安全生产监督管理的工作机制；安全生产权力和责任清单编制规定也是新增加的条文，以防止有关部门推诿扯皮，压实相关部门责任。

（3）进一步压实了生产经营单位的安全生产主体责任。一是建立全员安全生产责任制；二是建立安全风险分级管控机制、重大事故隐患排查及报告制度。新修订的《安全生产法》明确，生产经营单位应建立安全风险分级管控机制，定期组织开展风险辨识评估，严格落实分级管控措施，防止风险演变为安全事故。隐患排查治理是《安全生产法》已经确立的重要制度，这次修改又补充增加了重大事故隐患排查治理情况要及时向有关部门报告的规定，目的是使生产经营单位在监管部门和本单位职工的双重监督之下，确保隐患排查治理到位。

（4）增加了生产经营单位对从业人员的人文关怀。新修订的《安全生产法》设置倡导性条款，没有对应法律责任，但也着实具有重大意义和现实需要，一个有社会责任感的企业，都会从人文关怀的角度，给每一位员工最大爱护。也只有员工身心健康，才会以饱满的精力投入工作，为单位乃至社会创造更大价值。

（5）对矿山项目建设外包、危险作业等进行了针对性修改。新修订的《安全生产法》严格了动火、临时用电等危险作业要求。在原来规定的爆破、吊装等作业基础上，增加了动火、临时用电作业时应当安排专门人员进行现场安全管理，确保操作规程的遵守和安全措施的落实。

（6）规定了安全生产的公益诉讼制度。新修订的《安全生产法》明确了有权提起安全生产公益诉讼的机关只能是人民检察院。提起安全生产公益诉讼的范围，可以是因安全生产违法行为造成的重大事故隐患或者导致的重大事故，致使国家利益或者社会公共利益受到侵害的。

（7）增加了违法行为的处罚范围。新修订的《安全生产法》增加了很多应予处罚的违法行为。例如，《安全生产法》第九十九条第（四）项，关闭、破坏直接关系生产安全的监控、报警、防护、救生设备、设施，或者篡改、隐瞒、销毁其相关数据、信息的；第（八）项，餐饮等行业的生产经营单位使用燃气未安装可燃气体报警装置的。

（8）加大对违法行为的惩处力度。一是增加了按日计罚制度，生产经营单位违反《安全生产法》规定，被责令改正且受到罚款处罚，拒不改正的，负有安全生产监督管理职责的部门可以自作出责令改正之日的次日起，按照原处罚数额按日连续处罚，进一步加大了安全生产违法成本。二是罚款的金额更高，发生特别重大事故，情节特别严重、影响特别恶劣的，应急管理部门可以按照罚款数额的 2 倍以上 5 倍以下，对负有责任的生产经营单位处以罚款，最高可至 1 亿元。三是惩戒力度更大，对第三方机构出具虚假报告等严重违法行为，一方面不仅处罚额度大幅增加；另一方面规定五年内不得从事相关工作，情节严重的，实行终身行业和职业禁入。

（9）高危行业的强制保险制度。新修订的《安全生产法》明确矿山、危险化学品、烟花爆竹、交通运输、建筑施工、民用爆炸物品、金属冶炼、渔业生产八大高危行业必须投保安全生产责任保险。安全生产责任保险的保障范围，不仅包括本企业的从业人员，还包括第三方的人员伤亡和财产损失，以及相关救援救护、事故鉴定、法律诉讼等费用。因此，投保安全生产责任保险是有效转移风险、及时消除事故损害的一种行之有效的做法。

（10）增加了事故整改的评估制度。新修订的《安全生产法》新增事故整改评估内容，实行事故整改和防范措施落实情况评估，是监督整改实效，防范事故再次发生的有力举措。

三、安全技术法规

安全技术法规是指国家为搞好安全生产，防止和消除生产中的灾害事故，保障职工人身安全而制定的法律规范。国家规定的安全技术法规，是对一些比较突出或有普遍意义的安全技术问题规定其基本要求，一些较特殊的安全技术问题、国家有关部门也制定并颁布了专门的安全技术法规。

（一）设计、建设工程安全方面

2004 年施行的《建设工程安全生产管理条例》规定：建设单位、勘察单位、设计单位、施工单位、工程监理单位及其他与建设工程安全生产有关的单位，必须遵守安全生产法律、法规的规定，保证建设工程安全生产，依法承担建设工程安全生产责任。《安全生产法》第三十一条规定：生产经营单位新建、改建、扩建工程项目的安全设施，必须与主体工程同时设计、同时施工、同时投入生产和使用。安全设施投资应当纳入建设项目概算。

（二）机器设备安全装置方面

对于机器设备的安全装置，国家职业安全卫生设施标准中有明确要求，如传动带、明齿轮、砂轮、电锯、联轴节、转轴、皮带轮等危险部位和压力机旋转部位有安全防护装置。机器转动部分设自动加油装置。起重机应标明吨位，使用时不准超速、超负荷，不准斜吊，禁止任何人在吊运物品上或者在下面停留或行走等。

（三）特种设备安全措施方面

2009 年，《国务院关于修改〈特种设备安全监察条例〉的决定》规定：特种设备是指涉及生命安全、危险性较大的锅炉、压力容器（含气瓶）、压力管道、电梯、起重机械、客运索道、大型游乐设施和场（厂）内专用机动车辆，军事装备、核设施、航空航天器、铁路机车、海上设施和船舶及矿山井下使用的特种设备、民用机场专用设备除外。

特种设备使用单位应当对特种设备作业人员进行特种设备安全、节能教育和培训，保证特种设备作业人员具备必要的特种设备安全、节能知识。特种设备检验检测机构进行特种设备检验检测，发现严重事故隐患或者能耗严重超标的，应当及时告知特种设备使用单位，并立即向特种设备安全监督管理部门报告。特种设备安全监督管理部门对特种设备生产、使用单位和检验检测机构进行安全监察时，发现有违反《特种设备安全监察条例》规定和安全技术规范要求的行为或者在用的特种设备存在事故隐患、不符合能效指标的，应当以书面形式发出特种设备安全监察指令，责令有关单位及时采取措施，予以改正或者消除事故隐患。紧急情况下需要采取紧急处置措施的，应当随后补发书面通知。

（四）防火防爆安全规则方面

2021 年，新修订的《中华人民共和国消防法》（以下简称《消防法》）规定：地方各级人民政府应当将包括消防安全布局、消防站、消防供水、消防通信、消防车通道、消防装备等内容的消防规划纳入城乡规划，并负责组织实施。城乡消防安全布局不符合消防安全要求的，应当调整、完善；公共消防设施、消防装备不足或者不适应实际需要的，应当增建、改建、配置或者进行技术改造。

2013 年，新修订的《危险化学品安全管理条例》规定：危险化学品生产、储存、使用、经营和运输的安全管理，适用本条例。危险化学品安全管理，应当坚持"安全第一、预防为主、综合治理"的方针，强化和落实企业的主体责任。生产、储存、使用、经营、运输危险化学品的单位（以下统称危险化学品单位）的主要负责人对本单位的危险化学品安全管理工作全面负责。危险化学品单位应当具备法律、行政法规规定和国家标准、行业标准要求的安全条件，建立、健全安全管理规章制度和岗位安全责任制度，对从业人员进行安全教育、法治教育和岗位技术培训。从业人员应当接受教育和培训，考核合格后上岗作业；对有资格要求的岗位，应当配备依法取得相应资格的人员。

（五）工作安全条件方面

《安全生产法》规定：生产、经营、储存、使用危险物品的车间、商店、仓库不得与员工宿舍在同一座建筑物内，并应当与员工宿舍保持安全距离。生产经营场所和员工宿舍应当设有符合紧急疏散要求、标志明显、保持畅通的出口、疏散通道。禁止占用、锁闭、封堵生产经营场所或者员工宿舍的出口、疏散通道。《建筑安装安全技术规程》规定：施工现场应合乎安全卫生要求；工地内的沟、坑应填平，或设围栏、盖板；施工现场内一般不许架设高压线。《矿山安全法》也对矿井的安全出口、出口之间的直线水平距离，以及矿山与外界相通的运输和通信设施等进行了规定。

（六）个体安全防护方面

《安全生产法》规定：生产经营单位必须为从业人员提供符合国家标准或者行业标准的劳动防护用品，并监督、教育从业人员按照使用规则佩戴、使用。个体防护用品按其制造目的和传递给人的能量来区分，有防止造成急性伤害和慢性伤害两种。《工厂安全卫生规程》规定：电气操作人员应该由工厂按照需要分别供给绝缘靴、绝缘手套等；高空作业应由企业供给安全帽、安全带；产生大量有毒气体的工厂、车间应备有防毒救护用具。《劳动法》《煤炭法》《矿山安全法》等国家法律法规也都对企事业单位为劳动者提供必要的防护用品提出了明确要求。

四、职业健康法规

职业健康法规是指国家为了改善劳动条件，保护职工在生产过程中的健康，预防和消除职业病和职业中毒而制定的各种法规规范。这里既包括职业健康保障措施的规定，也包括有关加强医疗保健措施的规定。我国现行职业健康方面的法规和标准主要有：《中华人民共和国环境保护法》（以下简称《环境保护法》）、《中华人民共和国乡镇企业法》（以下简称《乡镇企业法》）、《煤炭法》、《工厂安全卫生规程》、《职业病防治法》、《放射性同位素与射线装置安全和防护条例》、《工业企业设计卫生标准》、《工业企业噪声卫生标准》、《微波辐射暂行卫生标准》、《防暑降温措施管理办法》、《化工系统健康监护管理办法》、《乡镇企业劳动卫生管理办法》、《职业病范围和职业病患者处理办法》、《工业企业总平面设计规范》等。2002 年 5 月 1 日起施行的《职业病防治法》，到 2018 年经过了四次修正，使我国的职业病防治的法规管理提高到了一个新的高度和层次。与安全技术法规一样，国家职业健康法规也对具有共性的工业卫生问题提出具体要求。

（一）工矿企业设计、建设的职业健康方面

《工业企业设计卫生标准》对工业企业设计过程中尘毒危害治理，对生产过程中不能消除的有害因素，以及对现有企业存在的污染问题的预防和综合治理措施等提出了明确要求。《职业病防治法》第四条至第七条规定：劳动者依法享有职业卫生保护的权利；用人单位应当为劳动者创造符合国家职业卫生标准和卫生要求的工作环境和条件，并采取措施保障劳动者获得职业卫生保护；工会组织依法对职业病防治工作进行监督，维护劳动者的合法权益；用人单位制定或者修改有关职业病防治的规章制度，应当听取工会组织的意见；用人单位应当建立、健全职业病防治责任制，加强对职业病防治的管理，提高职业病防治水平，对本单位产生的职业病危害承担责任；用人单位的主要负责人对本单位的职业病防治工作全面负责；用人单位必须依法参加工伤保险。

（二）防止粉尘危害方面

1984 年，《国务院关于加强防尘防毒工作的决定》规定，各经济部门和企业、事业主管部门，对现有企业进行技术改造时，必须同时解决尘毒危害和安全生产问题。1987 年，国务院颁布的《中华人民共和国尘肺病防治条例》规定：凡有尘作业的企业、事业单位应采取综合防尘措施和无尘或低尘的新技术、新工艺、新设备，使作业场所的粉尘浓度不超过国家标准。该条例还规定了警告、期限治理、罚款和停产整顿的各项条款。

2014 年施行的《严防企业粉尘爆炸五条规定》要求：①必须确保作业场所符合标准规范要求，严禁设置在违规多层房、安全间距不达标厂房和居民区内。②必须按标准规范设计、安装、使用和维护通风除尘系统，每班按规定检测和规范清理粉尘，在除尘系统停运期间和粉尘超标时严禁作业，并停产撤人。③必须按规范使用防爆电气设备，落实防雷、防静电等措施，保证设备设施接地，严禁作业场所存在各类明火和违规使用作业工具。④必须配备铝镁等金属粉尘生产、收集、贮存的防水防潮设施，严禁粉尘遇湿自燃。⑤必须严格执行安全操作规程和劳动防护制度，严禁员工培训不合格和不按规定佩戴使用防尘、防静电等劳保用品上岗。

（三）防止有毒物质危害方面

《工厂安全卫生规程》中对工作场所尘毒危害和危险物品治理提出了要求。例如，"散放有害健康的蒸气、气体和粉尘的设备要严加密闭，必要时应安装通风、吸尘和净化装置"。《工业企业设计卫生标准》规定了我国各类工业企业设计的工业卫生基本标准，它从工业企业的设计、施工到生产过程，以及"三废"治理等多个环节，提出了劳动卫生学的基本要求，并对 111 种化学毒物规定了车间空气中允许浓度的最高标准。《职业病防治法》第二十四条规定：产生职业病危害的用人单位，应当在醒目位置设置公告栏，公布有关职业病防治的规章制度、操作规程、职业病危害事故应急救援措施和工作场所职业病危害因素检测结果；对产生严重职业病危害的作业岗位，应当在其醒目位置，设置警示标识和中文警示说明；警示说明应当载明产生职业病危害的种类、后果、预防及应急救治措施等内容。第二十五条规定：对可能发生急性职业损伤的有毒、有害工作场所，用人单位应当设置报警装置，配置现场急救用品、冲洗设备、应急撤离通道和必要的泄险区。

（四）防止物理危害因素和伤害方面

《工厂安全卫生规程》中对照明、温度、噪声等物理因素的治理进行了明确规定。1979 年，国家颁布的《工业企业噪声卫生标准》规定：新企业的噪声不得超过 85dB（A），现有企业最高不得超过 90dB（A）。《微波辐射暂行卫生标准》对微波设备的出厂性能鉴定要求进行了严格的规定。

《放射性同位素工作卫生防护管理办法》中规定："放射性同位素应用单位开展工作前，要向所在省、市、自治区卫生部门申请许可，并向公安申请登记。"《职业病防治法》

中规定："对放射工作场所和放射性同位素的运输、贮存，用人单位必须配置防护设备和报警装置，保证接触放射线的工作人员佩戴个人剂量计。对职业病防护设备、应急救援设施和个人使用的职业病防护用品，用人单位应当进行经常性的维护、检修，定期检测其性能和效果，确保其处于正常状态，不得擅自拆除或者停止使用。""向用人单位提供可能产生职业病危害的化学品、放射性同位素和含有放射性物质的材料的，应当提供中文说明书。说明书应当载明产品特性、主要成分、存在的有害因素、可能产生的危害后果、安全使用注意事项、职业病防护以及应急救治措施等内容。产品包装应当有醒目的警示标识和中文警示说明。贮存上述材料的场所应当在规定的部位设置危险物品标识或者放射性警示标识。"

（五）劳动卫生个体防护方面

《工厂安全卫生规程》中对不同工种应发放的劳动防护用品进行了具体限定。《国营企业职工个人防护用品发放标准》对发放防护用品的原则和范围、不同行业同类工种发放防护服的标准、行业性的主要工种发放防护服的标准、发放防寒服的标准，以及其他防护用品的发放标准等进行了具体限定。2000年，国家经济贸易委员会发布了《劳动保护用品配备标准（试行）》，对工业企业各种工种工人的劳动保护用品配备标准进行了明确、具体的规定。《职业病防治法》第二十二条规定：用人单位必须采用有效的职业病防护设施，并为劳动者提供个人使用的职业病防护用品；用人单位为劳动者个人提供的职业病防护用品必须符合防治职业病的要求；不符合要求的，不得使用。第二十五条规定：对可能发生急性职业损伤的有毒、有害工作场所，用人单位应当设置报警装置，配置现场急救用品、冲洗设备、应急撤离通道和必要的泄险区；对放射工作场所和放射性同位素的运输、贮存，用人单位必须配置防护设备和报警装置，保证接触放射线的工作人员佩戴个人剂量计；对职业病防护设备、应急救援设施和个人使用的职业病防护用品，用人单位应当进行经常性的维护、检修，定期检测其性能和效果，确保其处于正常状态，不得擅自拆除或者停止使用。

（六）工业卫生辅助设施方面

《工厂安全卫生规程》规定：工厂应根据需要，设置浴室、厕所、更衣室、休息室、妇女卫生室等辅助设施。《工业企业设计卫生标准》对助用室基本卫生要求进行了特别要求。《职业病防治法》第十五条规定：产生职业病危害的用人单位的设立除应当符合法律、行政法规规定的设立条件外，还应有配套的更衣间、洗浴间、孕妇休息间等卫生设施。

（七）女职工劳动卫生特殊保护方面

国家根据女职工的生理机能和身体特点，以妇女劳动卫生学为科学依据，先后制定了《女职工保健工作暂行规定（试行草案）》《女职工劳动保护规定》《女职工禁忌劳动范围的规定》《中华人民共和国妇女权益保障法》等法律、法规和规章，对女职工的劳动卫生特殊保护进行了明确规定。特别是《女职工劳动保护规定》是中华人民共和国成立以来女职工特殊劳动保护的重要法规，它全面系统地规定了女职工各项劳动保护。《职业病防治法》规定：用人单位不得安排未成年工从事接触职业病危害的作业；不得安排孕期、哺乳期的女职工从事对本人和胎儿、婴儿有危害的作业。《劳动合同法》（2012年）规定：女职工在孕期、产期、哺乳期的用人单位不得解除劳动合同。

（八）未成年工的特殊劳动保护方面

未成年工是指年满 16 周岁，未满 18 周岁的劳动者。未成年工正处于身体和智慧的发育期，还在接受义务教育的年龄段，文化、技能和自我保护的能力还比较低，本不适合参加正式的劳动。为了未成年工的特殊劳动保护，我国颁布了相关的法规，如《中华人民共和国未成年人保护法》（2006 年）、《未成年工特殊保护规定》（1994 年）、《禁止使用童工规定》（2002 年）等。特别是人民代表大会常务委员会 1995 年实施的《劳动法》（2009 年和 2018 年两次修正）对未成年工的劳动保护进行了明确的规定，第六十四条规定：不得安排未成年工从事矿山井下，有毒有害、国家规定的第四级体力劳动强度的劳动和其他禁忌从事的劳动。

五、安全管理法规

安全生产管理是企业经营管理的重要内容之一，因此管生产的必须管安全。《宪法》规定，加强劳动保护，改善劳动条件，是国家和企业管理劳动保护工作的基本原则。劳动保护管理制度是各类工矿企业为了保护劳动者在生产过程中的安全、健康，根据生产实践的客观规律总结和制定的各种规章。概括地讲，这些规章制度一方面是属于生产行政管理制度，另一方面是属于生产技术管理制度。这两类规章制度经常是密切联系、互相补充的。

重视和加强安全生产的制度建设，是安全生产和劳动保护法制的重要内容。《劳动法》规定：用人单位必须建立、健全职业安全卫生制度。《中华人民共和国企业法》（以下简称《企业法》）规定：企业必须贯彻安全生产制度，改善劳动条件，做好劳动保护和环境保护工作，做到安全生产和文明生产。此外，在《矿山安全法》《乡镇企业法》《煤炭法》《职业病防治法》《全民所有制工业交通企业设备管理条例》《危险化学品管理条例》等多部法律法规中，都对不断完善劳动保护管理制度提出了要求。

（一）安全生产责任制

在《国务院关于加强企业生产中安全工作的几项规定》中，对安全生产责任制的内容及实施方法进行了比较全面的规定。经过多年的劳动保护工作实践，这一制度得到了进一步的完善和补充，在国家相继颁布的《企业法》《环境保护法》《矿山安全法》《煤炭法》《职业病防治法》等多项法律法规中，安全生产责任制都被列为重要条款，成为国家安全生产管理工作的基本内容。

（二）安全教育制度

中华人民共和国成立以来，各级人民政府和各产业部门为加强企业的安全生产教育工作陆续颁发了一些法规和规定。《劳动法》不仅规定了用人单位开展职业培训的义务和职责，还规定了"从事技术工种的劳动者，上岗前必须经过培训"。《企业法》把"企业应当加强思想政治教育、法治教育、国防教育、科学文化教育和技术业务培训，提高职工队伍素质"作为企业必须履行的义务之一。《矿山安全法》规定：矿山企业必须对职工进行教育、培训，"未经安全教育、培训的不得上岗作业，矿山企业安全生产的特种作业人员必须接受专门培训，经考核合格取得操作资格证书的，方可上岗作业。《煤炭法》《乡镇企业法》《职业病防治法》等其他法律法规中，也都对劳动保护教育制度予以规定。

《生产经营单位安全培训规定》（2015 年）规定：生产经营单位主要负责人和安全生

产管理人员应当接受安全培训，具备与所从事的生产经营活动相适应的安全生产知识和管理能力；煤矿、非煤矿山、危险化学品、烟花爆竹、金属冶炼等生产经营单位主要负责人和安全生产管理人员，自任职之日起 6 个月内，必须经安全生产监管监察部门对其安全生产知识和管理能力考核合格。

（三）安全生产检查制度

多年的安全生产工作实践，使群众性的安全生产检查逐步成为劳动保护管理的重要制度之一，在《国务院关于加强企业生产中安全工作的几项规定》中对安全生产检查工作提出了明确要求。1980 年 4 月，经国务院批准，把每年 5 月定为"全国安全月"，以推动安全生产和文明生产，并使之经常化、制度化。"全国安全月"从 1980 年一直持续到 1984 年。从 1991 年开始，全国安全生产委员会开始在全国组织开展"安全生产周"活动。从 2002 年开始，将连续开展 11 届的"安全生产周"改为"安全生产月"，时间由每年 5 月改为 6 月，同时部署开展以新闻宣传和舆论监督为主要形式的"安全生产万里行"活动。

（四）伤亡事故报告处理制度

1956 年，国务院发布了《工人职员伤亡事故报告规程》。1991 年 2 月 22 日，国务院发布了《企业职工伤亡事故报告和处理规定》（第 75 号令），对企业职工伤亡事故的报告、调查、处理等提出了具体要求。为了保证特别重大事故调查工作的顺利进行，1989 年 3 月国务院发布了《生产安全事故报告和调查处理条例》。劳动部（现人力资源和社会保障部）依据国家法律法规的有关规定，对职工伤亡事故的统计、报告、调查和处理等程序进行了规定。为履行安全生产群众监督检查职责，中华全国总工会对各级工会组织进行职工伤亡事故的统计、报告、调查和处理等也进行了规定。2007 年 6 月 1 日起施行《生产安全事故报告和调查处理条例》（第 493 号令），2011 年 9 月国家安全生产监督管理总局通过了关于修改《生产安全事故报告和调查处理条例》罚款处罚暂行规定的决定，2015 年更名为《生产安全事故罚款处罚规定（试行）》。

（五）劳动保护措施计划

1978 年国务院重申的《国务院关于加强企业生产中安全工作的几项规定》明确要求：企业单位必须在编制生产、技术、财务计划的同时，必须编制安全生产技术措施计划。1979 年，国家计划委员会、经济委员会、建设委员会又联合发出了《关于安排落实劳动保护措施经费的通知》。同年，国务院发出了第 100 号文件，重申"每年在固定资产更新和技术改造资金中提取 10% ~ 20%（矿山、化工、金属冶炼企业应大于 20%）用于改善劳动条件，不得挪用"。为了加快我国矿山企业设备的更新和改造，《矿山安全法》规定：矿山企业安全技术措施专项费用必须全部用于改善矿山安全生产条件，不得挪作他用；同时规定了对未按照规定提取或使用安全技术措施专项经费的罚则。

（六）建设工程项目的安全卫生规范

1977 年 8 月 24 日，国家计划委员会等联合发布的《关于加强有计划改善劳动条件工作的联合通知》，第四条提出：有新建、扩建、改建企业时，必须按照《工业企业设计卫生标准》的要求进行设计和施工，一定要做到主体工程和防尘防毒技措同时设计、同时施工、同时投产。《关于加强厂矿企业防尘防毒工作的报告》（国发〔1979〕100 号）明确规定：新的建设项目，要认真做到劳动保护设施主体工程同时设计、同时施工、同时投产，设计、制造新的生产设备，要有符合要求的安全卫生防护设施。《劳动法》规定：劳动安全卫生设施必须符合国家规定；新建、改建、扩建工程的劳动安全卫生设施必须与主体工程同时设计、同时施工、同时投入生产和使用。关于这方面的法律法规有：1978 年《中共中央关于认真做好劳动保护工作的通知》，1988 年《劳动部关于生产性建设工程项目职业安全卫生监督的暂行规定》，1990 年《建设项目（工程）竣工验收办法》，1996 年《建设项目工程）职业安全卫生监督规定》，1996 年《建设项目（工程）职业安全卫生监督规定》，1998 年《建设项目（工程）职业安全卫生预评价管理办法》等。

（七）安全生产监督制

在我国，国家授权行政主管部门（原国家安全生产监督管理总局）行使国家安全生产监督权。国家安全生产监督制度，由国家安全生产监督法规制度、监督组织机构和监督工作实践构成体系。这一体系还与企业、事业单位及其主管部门的内部监督，工会组织的群众监督相结合。1978—1979 年，国务院责成有关部门着手进行锅炉、矿山安全的立法和监督工作，并于 1982 年 2 月颁布了《锅炉压力容器安全监察暂行条例》，同年国务院发布了《矿山安全监察条例》。1983 年 5 月，国务院批转劳动人事部、国家经济委员会、中华全国总工会《关于加强安全生产和劳动保护安全监督工作的报告》同意对其他行业全面实行国家劳动安全监督制度和违章经济处罚办法，1997 年 1 月，劳动部发布了《建设项目（工程）职业安全卫生监督规定》明确了任何建设项目（工程）必须接受职业安全卫生监督和验收。2018 年 3 月，安全生产监督管理总局印发《安全生产监管执法监督办法》，督促应急管理部门依法履行职责、严格规范公正文明执法，及时发现和纠正安全生产监管执法工作中存在的问题。

（八）工伤保险制度

1993 年，党的十四届三中全会通过《中共中央关于建立社会主义市场经济体制若干问题的决定》，提出了"普遍建立企业工伤保险制度"的要求。1996 年 10 月，劳动部颁发了《企业职工工伤保险试行办法》，2002 年国务院发布了《工伤保险条例》，标志着我国探索建立符合社会保险通行原则的工伤保险工作进入了新阶段。1996 年，国家发布了《职工工伤与职业病致残程度鉴定标准》，为工伤的鉴定提供了技术规范。目前我国的工伤保险制度，贯彻了工伤保险与事故预防相结合的指导思想和改革思路，把过去企业自管的被动的工伤补偿制度改革成社会化管理的工伤预防、工伤补偿、职业康复三项任务有机结合的新型工伤保险制度。2010 年，国务院决定对《工伤保险条例》进行修改，2011 年 1月 1 日实施。《最高人民法院关于审理工伤保险行政案件若干问题的规定》于 2014 年 9 月1 日施行，其中细化了工伤认定中的"工作原因、工作时间和工作场所""因工外出期间"及"上下班途中"等问题，还对双重劳动关系、派遣、指派、转包和挂靠关系五类特殊的工伤保险责任主体进行了明确规定。

（九）注册安全工程师执业资格制度

注册安全工程师（Certified Safety Engineer，CSE），是指通过注册安全工程师职业资格考试并取得《中华人民共和国注册安全工程师执业资格证书》，并经注册的专业技术人员。注册安全工程师级别设置为：高级、中级、初级。

2002 年，国家人事部、国家安全生产监督管理局发布了《注册安全工程师执业资格制度暂行规定》和《注册安全工程师执业资格认定办法》，从而推行了我国的注册安全工程师执业资格制度，这一制度的实施对提高我国安全专业人员的专业素质水平发挥了重要的作用。2002 年对注册安全工程师执业资格进行认定，自 2004 年开始，首次举办注册安全工程师考试，到现在为止，中间只停考过一年。人事部、国家安全生产监督管理总局关于实施《注册安全工程师执业资格制度暂行规定》补充规定的通知（国人部发〔2007〕121 号）为适应中小企业安全生产管理工作的实际需要，根据《国务院关于进一步加强安全生产工作的决定》有关精神，经人事部、国家安全生产监督管理总局研究决定，在注册安全工程师制度中增设助理级资格。根据《劳动法》的有关规定，为了进一步完善国家职业标准体系，为职业教育、职业培训和职业技能鉴定提供科学、规范的依据，劳动和社会保障部组织有关专家，制定了《安全评价师国家职业标准（试行）》。2018 年 1 月 1 日起施行《注册安全工程师分类管理办法》；2021 年 12 月起，根据《人力资源社会保障部办公厅关于推行专业技术人员职业资格电子证书的通知》，注册安全工程师在专业技术人员职业资格中推行电子证书。

六、我国安全生产标准体系

（一）按标准的法律效力分类

1. 强制性标准

为改善劳动条件，加强劳动保护，防止各类事故发生，减轻职业危害，保护职工的安全健康，建立统一协调、功能齐全、衔接配套的劳动保护律体系和标准体系，强化职业安全卫生监督，必须强制执行。在国际上环境保护、食品卫生和职业安全卫生问题，越来越引起各国有关方面的重视，制定了大量的安全卫生标准，或者在国家标准、国际标准中列入了安全卫生要求，这已成了标准化的主要目的之一。另外，这些标准在世界各国都有明确规定，用法律强制执行。在这些标准中，经济上考虑往往是第二位的。

2. 推荐性标准

从国家和企业的生产水平、经济条件、技术能力和人员素质等方面考虑，在全国、全行业强制性统一执行有困难时，此类标准作为推荐性标准执行。例如，OHSMS 标准是一种推荐性标准。

（二）按标准对象特性分类

1. 基础标准

就是对职业安全卫生具有最基本、最广泛指导意义的标准。概括起来说，就是具有最一般的共性，因而是通用性很广的那些标准，如名词、术语等。

2. 产品标准

就是对职业安全卫生产品的型式、尺寸、主要性能参数、质量指标、使用、维修等所制定的标准。

3. 方法标准

把一切属于方法、程序规程性质的标准都归入这一类，如试验方法、检验方法、分析方法、测定方法、设计规程、工艺规程、操作方法等。

（三）安全生产标准的体系

我国安全生产标准属于强制性标准，是安全生产法规的延伸与具体化，其体系由基础标准、管理标准、安全生产技术标准、其他综合类标准组成，见表 2-1。

表2-1　职业安全卫生标准体系

标准类别		标　准　例　子
基础标准	基础标准	标准编写的基本规定、职业安全卫生标准编写的基本规定、标准综合体系规划编制方法、标准体系表编制原则和要求、企业标准体系表编制指南、职业安全卫生名词术语、生产过程危险和有害因素分类代码
	安全标志与报警信号	
管理标准		特种作业人员考核标准、重大事故隐患评价方法及分级标准、事故统计分析标准、职业病统计分析标准、安全系统工程标准、人机工程标准
安全生产技术标准	安全技术及工程标准	机械安全标准、电气安全标准、防爆安全标准、储运安全标准、爆破安全标准、焊接安全标准、燃气安全标准、建筑安全标准、焊接与切割安全标准、涂装作业安全标准、个人防护用品安全标准、压力容器及管道安全标准
	职业卫生标准	作业场所有害因素分类分级标准、作业环境评价及分类标准、防尘标准、防毒标准、噪声与振动控制标准、其他物理因素分级及控制标准、电磁辐射防护标准

安全标准虽然处于安全生产法规体系的底层，但其调整的对象和规范的措施很具体。安全标准的制定和修订由国务院有关部门按照保障安全生产的要求，依法及时进行。由于安全标准的重要性，生产经营单位必须执行。这在安全生产法中以法律条文加以强制规范。《安全生产法》第十一条规定：国务院有关部门应当按照保障安全生产的要求，依法及时制定有关的国家标准或者行业标准，并根据科技进步和经济发展适时修订。生产经营单位必须执行依法制定的保障安全生产的国家标准或者行业标准。

任务二　安全生产责任制

一、职能部门的安全生产职责

（一）厂长、主管生产副厂长、总工程师职责

（1）负责贯彻执行国家有关安全生产方面的方针、政策、法规、法令和技术标准，对本企业的安全生产负总的责任。

（2）同时计划、布置、检查、总结、评比生产和安全工作。

（3）领导编制安全技术措施计划，不断改善劳动条件，并组织贯彻实施。

（4）组织制定和贯彻本企业的安全技术操作规程和安全生产制度。

（5）组织定期的或专业的安全生产检查，研究解决存在的隐患。

（6）主持领导本单位安全生产委员会和安全职能机构，并积极开展工作。

（7）按国家规定审定本单位安全工作机构和安全干部的编制。

（8）按权限主持伤亡事故的调查、分析与处理，审定安全生产的表扬、奖励与处分。

（二）车间主任（或相当于车间主任）技术负责人的职责

（1）对所领导车间的安全生产负全面责任。

（2）贯彻执行安全生产规章制度和本企业的有关决定，开展安全活动，进行安全生产检查和评比。

（3）针对车间生产情况提出相应的安全防范措施，对检查和发现的隐患和尘毒危害，及时安排力量解决；对本车间不能解决的要及时上报，安排解决。

（4）经常对职工进行安全思想教育，严格贯彻三级安全教育制，注意职工的思想动态，提高安全意识，制止违章作业。

（5）定期对职工进行安全考核，不合格者不准上岗独立工作，特种作业人员要持有操作证，方可单独作业。

（6）按时编制年度安全技术措施计划，并负责组织实施。

（7）组织制定和执行施工安全技术措施方案、与生产同步进行的检修工程的安全措施及进行生产试验的临时安全措施，并亲临现场指挥，保证安全生产。

（8）发生事故时，要组织紧急抢救，保护现场，立即上报并查明原因，采取防范措施，避免事故扩大和重复发生。对险肇事故要查明原因，接受教训，采取措施，对安全生产有贡献者和事故责任者提出奖励和处分意见。

（9）严格执行个体防护用品和保健津贴的发放标准。

（10）按规定配备专（兼）职安全员。安全员要保持相对稳定。

（三）工段长、班（组）长的职责

（1）对本工段、班（组）工人在生产建设中的安全健康负责。

（2）认真执行安全生产政策、法令及本单位有关指示，严格执行各项安全规章制度和交接班制度。

（3）经常教育和检查工人遵守安全操作制度，正确使用机器设备、工具、原材料、安全设施、个体防护用品等，并注意它们是否处于良好状态。

（4）经常检查并使工作地点保持文明生产。保持成品、半成品、材料及废物的合理放置。

（5）组织安全日活动、事故须知活动，开好班前班后会。

（6）有权拒绝上级违章指挥，遇有事故险情时，有权立即指挥工作人员撤离现场。

（7）发生伤亡事故要积极抢救伤员，保护现场，立即报告，并如实提供事故发生的情况。

二、各级行政领导的安全生产职责

企业单位中的生产、技术、设计、供销、运输、财务等各有关专职机构，都应该在各自业务范围内，对实现安全生产的要求负责。

（一）办公室职责

在调研中，应把安全生产列为经常性的主要课题之一，定期总结交流安全工作经验；起草有关文件、领导讲话稿时，应将安全生产工作作为一项重要内容；督促协调各部门认真贯彻执行安全生产方针、政策、法令及有关规章制度。

（二）计划处（科）职责

编制年度生产经营计划时，要列入安全生产的指标和措施。公布各项生产经营指标的同时，公布安全生产指标及措施落实情况；分配年度更新改造资金时，必须按国家规定的比例，安排安全技术措施计划；新建、改建、扩建计划中，应有职业安全、卫生内容。计划下达前应征求安全技术处（科）的意见；组织审查技术改造工程初步设计时，应通知安全技术处（科）参加，并签署审查意见；凡新产品、新项目等投产前，不符合职业安全、卫生要求的不得下达计划和安排生产。

（三）总调度室（生产处）的职责

（1）坚持"管生产必须管安全"的原则，严格执行安全生产的"五同时"，即计划、布置、检查、总结、评比生产的时候同时计划、布置、检查、总结、评比安全生产。

（2）在指挥生产的过程中，生产与安全发生矛盾时，生产要服从安全，发现危及人身安全的重大隐患或紧急情况时，应立即下达停产处理的指令，不得违章指挥作业。

（3）及时掌握本单位安全生产动态，并通知有关部门。发生重伤以上事故时，下令保护好现场；立即报告上级有关部门，并同时派员赶赴现场参与抢救、调查、处理。待现场勘查处理完毕，经上级有关部门同意后，在保证安全的前提下，方可组织恢复生产。

（4）调度会应首先汇报生产、施工的安全情况，协调解决基层单位和部门在安全生产方面出现的问题。

（5）在安排生产、施工程序时，必须考虑安全生产的需要。对因生产指挥不当造成的伤亡事故，负指挥失误的责任。

（四）机动处（科）的职责

（1）对因设备长期失修、设备缺陷、备品备件不合格或因防护装置不全造成的设备事故和伤亡事故负责。

（2）定期组织对各种机械设备、电气设备、车辆和工业建筑物的安全检查。对不符合安全技术规程、标准的，要组织解决。对暂时解决不了的，必须立即采取可靠的防范措施，并限期解决。

（3）各种机电设备、锅炉、压力容器的引进设计、制造、安装、修理、改造和竣工验收等，要严格执行国家和上级部门发布的有关条例、规则和标准。

（4）新设备和自制或自行改造的设备，要有完备的安全保护设施和监测仪器，使用前要制定技术操作规程，并分送有关部门。

（5）组织大、中、小检修要签订安全协议，落实安全措施，并严格按有关安全技术操作规程进行，不准冒险作业。

（6）在进行有关电、汽、气等危险作业时，应事先会合安全技术处（科）组织制定安全措施，并监督实施。

（五）教育培训处（科）的职责

（1）制订教育培训计划时，应有职业安全、卫生教育培训计划，并负责解决教育经费。

（2）按照职业安全、卫生应知应会内容和继续工程再教育的要求，组织各级领导及职工的岗位培训。

（3）协助有关部门做好新工人入厂后的三级安全教育。

（4）对实习、代培人员等，须通知安全技术部门进行安全教育后，才能将其分配到车间工作。

（六）卫生、职防部门的职责

（1）发生伤亡事故后要全力组织抢救，因抢救不及时或因采取措施不当，误诊、误治造成伤势加重，甚至致死的，医疗卫生部门负有责任。

（2）负责职业病和职业中毒的防治与管理工作，定期组织有关工种职工进行体检。

（3）根据有害物质的测定数据，对各单位申请的保健食品和清凉饮料提出审批意见。

（4）负责组织厂、车间的事故抢救网，配备专用医疗抢救车，设立生产车间红十字卫生箱和配备兼职卫生员，在职工中普及职业病危害和伤害抢救知识。

（5）对工伤、职业病人员的劳动能力和健康状况提出鉴定意见。

三、职工安全通则

（1）自觉遵守安全生产规章制度，不违章作业，并随时制止他人违章作业。

（2）不断提高安全意识，丰富安全生产知识，增强自我防范能力。

（3）积极参加各种安全生产活动。

（4）爱护和正确使用机器设备、工具及个体防护用品。

（5）主动提出改进安全生产工作的意见。

任务三　我国安全管理体制

一、安全管理体制的发展

体制是关于一个社会组织系统的结构组成、管理权限划分、事务运作机制等方面的综合概念。安全生产管理体制就是安全管理系统的结构组成、管理权限划分、事务运作机制等方面的综合概念。为贯彻"安全第一、预防为主、综合治理"的方针，必须建立一个衔接有序、运作有效、保障有力的安全生产管理体制。

我国的安全生产监督管理体制经历了曲折的发展变化，安全生产监察制度从无到有，在摸索中不断发展完善，至今基本形成了较系统的安全生产监督管理体制。早在中华人民共和国成立的前夕，第一届中国人民政治协商会议通过的《共同纲领》中就提出了人民政府实行工矿检查制度，以改进工矿的安全和卫生设备。中华人民共和国一成立，中央人民政府就设立了劳动部，在劳动部下设劳动保护司，地方各级人民政府劳动部门也相继设立了劳动保护处、科、股。在政府产业主管部门也相继设立了专管劳动保护和安全生产工作的机构。1950年5月，政务院批准的《中央人民政府劳动部试行组织条例》和《省、市劳动局暂行组织通则》要求：各级劳动部门自建立伊始，即担负起监督、指导各产业部门和工矿企业劳动保护工作的任务，对工矿企业的劳动保护和安全生产工作实施监督管理。

十一届三中全会以后，经国务院批准，国家劳动总局（现人力资源和社会保障部）会同有关部门，从伤亡事故和职业病最严重的采掘工业入手，研究加强安全立法和国家监察问题工作。1979年5月，国家劳动总局召开全国劳动保护座谈会，重新肯定加强安全生产立法和建立安全生产监察制度的重要性和迫切性。1982年2月，国务院发布《矿山安全条例》《矿山安全监察条例》和《锅炉压力容器安全监察暂行条例》，宣布在各级劳动部门设立矿山、职业安全卫生和锅炉压力容器安全监察机构。

1988—1993 年，国家为了协调各部门和更有利于开展全国安全生产监督管理工作，成立了全国安全生产委员会，办公室设在劳动部。20 世纪 90 年代，在不断实践中，人们认识到安全生产涉及企业、职工、政府三个方面，认为行政管理的提法欠妥，企业是安全生产的主体，企业应该对搞好安全生产负有直接的责任。全国安全生产委员会为我国的安全生产作出了巨大贡献，由于种种原因，全国安全生产委员会于 1993 年被撤销。1993 年，国务院下发了《关于加强安全生产工作的通知》，在明确规定劳动部负责综合管理全国安全生产工作，对安全生产实行国家监察的同时，也明确要求各级综合管理生产的部门和行业主管部门，在管生产的同时必须管安全，提出一个建立社会主义市场经济过程中的新安全生产管理体制，即实行"企业负责、行业管理、国家监察、群众监督"的新体制。随后，在实践中又增加了劳动者遵章守纪的内容，形成了"企业负责、行业管理、国家监察、群众监督、劳动者遵章守纪"的安全管理体制。

1982—1995 年，我国各省、自治区、直辖市和一些城市通过地方立法，规定劳动厅（局）是主管安全生产监察工作的机关，在本地区实行安全生产监察工作。同时，下级劳动安全卫生监察机构在业务上接受上级安全生产监察机构的指导。从而，形成了中央统一领导，属地管理，分级负责的安全生产监察体制。

1998 年，在国务院机构改革中，国务院决定成立劳动和社会保障部，将原劳动部承担的安全生产综合管理、职业安全卫生监察、矿山安全卫生监察的职能，交由国家经济贸易委员会承担；原劳动部承担的职业卫生监察职能，交由卫生部承担；原劳动部承担的锅炉压力容器监察职能，交由国家质量技术监督局承担；劳动保护工作中的女职工和未成年工作特殊保护、工作时间和休息时间，以及工伤保险、劳动保护争议与劳动关系仲裁等职能，仍由劳动和社会保障部承担。国家经济贸易委员会成立安全生产局后，综合管理全国安全生产工作，对安全生产行使国家监督监察管理职权；拟订全国安全生产综合法律、法规、政策、标准；组织协调全国重大安全事故的处理。1999 年，国家煤矿安全监察局成立。国家煤矿安全监察局是国家经济贸易委员会管理的负责煤矿安全监察的行政执法机构，在重点产煤省和地区建立煤矿安全监察局及办事处。省级煤矿安全监察局实行以国家煤矿安全监察局为主，国家煤矿安全监察局和所在省政府双重领导的管理体制。

2000 年 12 月，为适应我国安全生产工作的需要，借鉴英国、美国等国家的一些先进经验和做法，国务院决定成立国家安全生产监督管理局和国家煤矿安全监察局，实行一个机构、两块牌子。涉及煤矿安全监察方面的工作，以国家煤矿安全监察局的名义实施。国家安全生产监督管理局是综合管理全国安全生产工作、履行国家安全生产监督管理和煤矿安全监察职能的行政机构，由国家经济贸易委员会负责管理。

2001 年 3 月，国务院决定成立国务院安全生产委员会，安全生产委员会成员由国家经济贸易委员会、公安部、监察部、中华全国总工会等部门的主要负责人组成。安全委员会办公室设在国家安全生产监督管理局。

2003 年 3 月，第十届全国人民代表大会第一次会议通过了《国务院机构改革方案》。《国务院机构改革方案》将国家经济贸易委员会管理的国家安全生产监督管理局改为国务院直属机构，负责全国生产综合监督管理和煤矿安全监察。安全生产机构从削减到恢复，再到单独设置，体现了我国政府对安全生产工作的高度重视，标志着我国安全生产监督管理工作达到了一个更高的高度。

2004 年 11 月，国务院调整补充了部分省级煤矿安全监察机构，将煤矿安全监察办事处改为监察分局。目前，有省级煤矿安全监察局 20 个，地区煤矿安全监察分局 71 个。与国家煤矿安全监察局的垂直管理不同的是，安全生产监督管理的体制是在省、地、市分别设置应急管理部门，由各级地方政府分级管理。

2005 年 2 月，国家安全生产监督管理局调整为国家安全生产监督管理总局，升为正部级，为国务院直属机构；国家煤矿安全监察局单独设立，为副部级，为国家安全生产监督管理总局管理的国家局。把国家安全监管局升为总局，提高了政府安全生产监督管理的权威性和严肃性，使政府对企业安全生产管理力度明显加大；并且有利于规范我国安全生产监督管理体制和机制。1983 年，国务院在批转劳动人事部、国家经济委员会、中华全国总工会《关于加强安全生产和劳动安全监察工作的报告》的通知中，确定了在我国安全生产工作中实行"国家劳动安全监察、行政管理和群众（工会组织）监督相结合的工作体制"。

2005 年 5 月 11 日，温家宝总理在国务院常务工作会议上指出：要加强"国家监察、地方监督、企业负责"的安全生产管理体制建设。

2021 年 9 月 1 日，《安全生产法》规定：安全生产工作实行管行业必须管安全、管业务必须管安全、管生产经营必须管安全，强化和落实生产经营单位主体责任与政府监管责任，建立生产经营单位负责、职工参与、政府监管、行业自律和社会监督的机制。

二、安全管理体制的含义

（一）生产经营单位负责

生产经营单位的主要负责人是本单位安全生产第一责任人，对本单位的安全生产工作全面负责。其他负责人对职责范围内的安全生产工作负责。生产经营单位作出涉及安全生产的经营决策，应当听取安全生产管理机构及安全生产管理人员的意见。生产经营单位不得因安全生产管理人员依法履行职责而降低其工资、福利等待遇，或者解除与其订立的劳动合同。危险物品的生产、储存单位及矿山的安全生产管理人员的任免，应当告知主管的负有安全生产监督管理职责的部门。

（二）职工参与

生产经营单位的从业人员有依法获得安全生产保障的权利，并应当依法履行安全生产方面的义务。职工能够直接参与企业的决策。从业人员有权对本单位安全生产工作中存在的问题提出批评、检举、控告；有权拒绝违章指挥和强令冒险作业。从业人员发现直接危及人身安全的紧急情况时，有权停止作业或者在采取可能的应急措施后撤离作业场所。

（三）政府监管

国务院和县级以上地方各级人民政府应当根据国民经济和社会发展规划制定安全生产规划，并组织实施。安全生产规划应当与国土空间规划等相关规划相衔接。各级人民政府应当加强安全生产基础设施建设和安全生产监管能力建设，所需经费列入本级预算。县级以上地方各级人民政府应当组织有关部门建立完善安全风险评估与论证机制，按照安全风险管控要求，进行产业规划和空间布局，并对位置相邻、行业相近、业态相似的生产经营单位实施重大安全风险联防联控。国务院和县级以上地方各级人民政府应当加强对安全生产工作的领导，建立健全安全生产工作协调机制，支持、督促各有关部门依法履行安全生产监督管理职责，及时协调、解决安全生产监督管理中存在的重大问题。乡镇人民政府和街道办事处，以及开发区、工业园区、港区、风景区等应当明确负责安全生产监督管理的有关工作机构及其职责，加强安全生产监管力量建设，按照职责对本行政区域或者管理区域内生产经营单位安全生产状况进行监督检查，协助人民政府有关部门或者按照授权依法履行安全生产监督管理职责。

负有安全生产监督管理职责的部门应当建立安全生产违法行为信息库，如实记录生产经营单位及其有关从业人员的安全生产违法行为信息；对违法行为情节严重的生产经营单位及其有关从业人员，应当及时向社会公告，并通报行业主管部门、投资主管部门、自然资源主管部门、生态环境主管部门、证券监督管理机构及有关金融机构。有关部门和机构应当对存在失信行为的生产经营单位及其有关从业人员采取加大执法检查频次、暂停项目审批、上调有关保险费率、行业或者职业禁入等联合惩戒措施，并向社会公示。

（四）行业自律

有关协会组织依照法律、行政法规和章程，为生产经营单位提供安全生产方面的信息、培训等服务，发挥自律作用，促进生产经营单位加强安全生产管理。

依法设立的为安全生产提供技术、管理服务的机构，依照法律、行政法规和执业准则，接受生产经营单位的委托为其安全生产工作提供技术、管理服务。

行业管理是行业管理部门、生产管理部门和企业自身，按照"管生产必须管安全"的原则，对企业生产进行安全管理、检查、监督和指导。行业管理是通过对安全工作的组织指挥、计划、决策和控制等过程来实现安全生产目标，它起到对安全管理的督导作用。

（五）社会监督

工会有权对建设项目的安全设施与主体工程同时设计、同时施工、同时投入生产和使用进行监督，提出意见。工会对生产经营单位违反安全生产法律、法规，侵犯从业人员合法权益的行为，有权要求纠正；发现生产经营单位违章指挥、强令冒险作业或者发现事故隐患时，有权提出解决的建议，生产经营单位应当及时研究答复；发现危及从业人员生命安全的情况时，有权向生产经营单位建议组织从业人员撤离危险场所，生产经营单位必须立即作出处理。工会有权依法参加事故调查，向有关部门提出处理意见，并要求追究有关人员的责任。

任何单位或者个人对事故隐患或者安全生产违法行为，均有权向负有安全生产监督管理职责的部门报告或者举报。

居民委员会、村民委员会发现其所在区域内的生产经营单位存在事故隐患或者安全生产违法行为时，应当向当地人民政府或者有关部门报告。

县级以上各级人民政府及其有关部门对报告重大事故隐患或者举报安全生产违法行为的有功人员，给予奖励。具体奖励办法由国务院应急管理部门会同国务院财政部门制定。

新闻、出版、广播、电影、电视等单位有进行安全生产公益宣传教育的义务，有对违反安全生产法律、法规的行为进行舆论监督的权利。

负有安全生产监督管理职责的部门应当加强对生产经营单位行政处罚信息的及时归集、共享、应用和公开，对生产经营单位作出处罚决定后七个工作日内在监管部门公示系统予以公开曝光，强化对违法失信生产经营单位及其有关从业人员的社会监督，提高全社会安全生产诚信水平。

任务四　我国安全管理模式

一、安全管理模式的定义

安全管理模式是指安全管理的方式方法。

壳牌公司的 HSE 管理体系。HSE 管理体系就把健康（health，H）、安全（safety，S）和环境（environment，E）融合在一起形成一个更加广泛的综合性管理体系标准模式。其特点主要有：①采用戴明运行模式，即"PDCA"循环［plan（计划）、do（执行）、check（检查）、act（处理）］，沿用 ISO9000 管理方式来管理活动，具有质量管理体系的特点，是一个持续循环和不断改进的结构，即"计划—实施—检查—持续改进"的结构；②由若干个"要素"组成，关键要素主要有领导和承诺、方针和战略目标、组织机构、资源和文件、风险评估和管理、计划、实施和监测、审核和评审等；③各"要素"不是孤立的，而是密切相关的，这些要素中，领导和承诺是核心，方针和战略目标是方向，组织机构、资源和文件作为支持，计划、实施、检查、改进是循环链过程。

挪威国家石油公司的"零"思维模式。在 HSE 管理方面，挪威国家石油公司采取"零"思维模式，即"零事故、零伤害、零损失"，并将其置于挪威国家石油公司企业文化的显著位置。"零事故、零伤害、零损失"的意思是：无伤害、无职业病、无废气排放、无火灾或气体泄漏、无财产损失。由以上事故造成的意外伤害和损失是完全不允许的。所有事故和伤害都是可以避免的，所以，公司不会给任何一个部门发生这些事故的"限额"或"预算"的余地。

斯伦贝谢（Schlumberger）公司的 QHSE［质量（quality）、健康（health）、安全（safety）、环境（environment）］管理体系。一个好的管理体系不该将质量、健康、安全和环境分割，而是把这几项内容融入每天的商业活动中。斯伦贝谢相信其综合的、可行的 QHSE 管理体系融合到生产线中是一个"最好的商业实践"。一个好的 QHSE 管理体系通过预先找到问题并采取措施预防问题来降低风险。一个极好的 QHSE 管理体系可以创造价值并带来增长，这是通过认可新的商务机会、实施持续的改进和有创造性的解决办法来达到的。

NOSA（National Occupational Safety Association，南非国家职业安全协会）"安全五星"综合评价系统是由南非发展起来的，致力于提高职业健康、安全、环保水平，该系统应用范围较为宽广。NOSA"安全五星"管理系统设定了五大类别 73 个元素，每个元素又提出了若干具体的项目要求，标准中给各大类和元素均赋予了规定的分数，按照各要素所有要求的满足情况及实效，对企业进行评分，并计算出工伤意外发生率，根据企业所得的分数，对照星级判定准则，给出企业的安全管理水平，即安全星级。

二、典型安全管理模式

从 1978 年改革开放起，中国逐步进入了世界市场经济体系。中国作为一个资源、技术、管理水平都十分欠缺的后发国家，企业安全管理模式的成败成为制约中国企业发展的重要原因。国内很多企业在吸取西方安全管理模式的基础上进行改进和完善，比较典型的安全管理模式主要有：宝钢集团的"FPBTC"安全管理模式、葛洲坝电厂的"014"安全管理模式、辽河集团的"0342"安全管理模式、永煤集团的"012345"管理模式等。

（一）宝钢集团的"FPBTC"安全管理模

"FPBTC"安全管理模式是在吸收了日本新日铁公司和国内外安全管理有关经验的基础上，结合自身的实践和对安全工作的研究，取得发展后初步定型的。其具体含义是：F（first aim，一流目标）；P（two pillars，二根支柱）；B（three bases，三个基础）；T（total control，四全管理）；C（counter measure，五项对策）。

（二）葛洲坝电厂的"014"安全管理模式

葛洲坝电厂针对"冬修、夏防、常年管"的生产特点，在实践中不断摸索总结经验教训，最后确立了一套可行的安全生产管理模式，即"014"安全生产管理模式。"014"安全管理模式的主要内容："0"，以0事故为目标（0事故）；"1"，以一把手为核心的安全生产责任制作保证（一把手）；"4"，以严防、严管、严查、严教为手段（四严）。

（三）辽河集团的"0342"安全管理模式

"0342"安全管理模式主要内容："0"，规定了安全工作所要达到的目标，即重大人身伤亡事故为零，重大人为责任事故为零，重大火灾、爆炸事故为零，多人中毒窒息事故为零；"3"，规定了搞好安全生产的基本原则和工作方针，提出了安全工作要实行"三严"管理，即严格执行"安全第一、预防为主"的方针，严格执行安全生产规章制度和规程，严肃处理"三违"行为；"4"，明确了安全管理的基本思路和方法，即安全工作要实施"四个三"安全工程战略；"2"，明确了为确保"四个三"安全工程战略实施而采取的主要措施，即两抓两重的管理对策，具体是抓领导、重关键，抓基础、重落实。

（四）鞍钢集团首创的"0123"安全管理模式

"0123"安全管理模式曾被国内很多企业学习、效仿。"0123"安全管理模式的主要内容："0"，以人身死亡事故是零为目标；"1"，以一把手负责制为核心的安全生产责任制为保证；"2"，以标准化作业、安全标准化班组建设（简称"双标"）为基础；"3"，以全员教育、全面管理、全线预防（简称"三全"）为对策，做好安全工作，实现安全生产。该模式吸收了经典安全管理的精华，同时提炼了企业本身安全生产的经验和运用了现代化安全管理理论。

（五）永煤集团的"012345"管理模式

"012345"管理模式，即"安全零理念、一号工程、双基建设、三项机制、四大体系、五自管理"。"0"，安全工作零起点、执行制度零距离、安全生产零事故、发生事故零效益、系统运行零隐患、设备状态零缺陷、生产组织零违章、操作过程零失误、隐患排查零盲区、隐患治理零搁置"10个"零"理念为主体的安全理念体系；"1"，始终把安全工作放在高于一切、重于一切、先于一切的地位，作为"一号工程"严格落实；"2"，基层建设和基础建设，基层建设的核心是组织建设，基础建设的核心是抓好制度建设和落实；"3"，优化用人机制，严格奖惩机制，完善考核机制；"4"，建立以科技投入为导向的安全保障体系，建立以素质提升为导向的职工培训体系，建立以强化管理为导向的安全评价体系，建立以防灾抗灾为导向的应急救援体系；"5"，积极构建矿井自主、系统自控、区队自治、班组自理、员工自律的"五自"管理体系。

目前，中国企业中存在的安全管理模式大多仿效国外模式，或者在国外安全管理模式的基础上加以改进和修正，但是制度上的模仿、程序上的跟随并不能从根本上将国外安全管理模式"为我所用"。将西方管理体系与中国传统文化相结合才能形成深入中国群众内心的管理模式，真正地为我国企业安全管理服务。此思想是在曾仕强教授所提出的中国式管理的基础上提出的，以曾仕强教授为代表的管理学家对中国式管理进行了深入剖析和研究，但是对中国式安全管理模式提出系统研究还很少。

复习思考题

1. 简述我国安全生产法律法规体系。
2. 简述安全管理法规。
3. 职工的安全生产责任主要有哪些？
4. 解释安全管理体制和安全管理模式。
5. 简述我国安全管理体制的含义。
6. 我国典型的安全管理模式哪些？选择一个进行解释。

项目三　安全文化与目标管理

学习目标

➢ 了解安全文化和安全目标管理的相关概念。
➢ 掌握安全文化建设和安全目标管理的基本思路。

任务一　安全生产方针

一、安全生产方针的形成与发展

在中华人民共和国成立初期，全国开展轰轰烈烈的"增产节约、支援前线"的大生产运动，但各类事故频繁发生。当时毛泽东主席就指出：在实施增产节约的同时，必须注意职工的安全和健康……后来国家有关部门进一步提出"安全为了生产，生产必须安全"的口号。这些都反映了党和国家对安全工作的重视，已经把安全提到很高的地位。1959年，周恩来总理视察河北井陉煤矿时指出：在煤矿，安全生产是主要的，生产与安全发生矛盾时，生产要服从安全。应该说，是周恩来总理最早提出煤矿生产中的"安全第一"的思想。

20世纪70年代末，煤炭工业部提出"安全第一、预防为主、综合治理、总体推进、依靠科学、讲求实效"的安全生产指导思想，以后又演变成"安全第一、预防为主、综合治理、总体推进、管理与装备并重，当前以管理为主"的指导方针。这个方针提出了管理与装备并重的思想，强调了依靠"管理"和"装备"两大手段来达到安全生产的目的，这对强调管理的重要性，统一大家的思想是很有必要的。这个指导方针同时提出"当前以管理为主"，意思是在装备还不可能得到根本改变的"当前"，应更加重视和加强管理来弥补装备的不足。实践告诉我们，个别采用国外先进装备的煤矿，由于管理不善或疏忽，仍然发生了特大瓦斯爆炸事故。因此，任何时候都必须特别重视管理，装备改善了，管理放松了，同样会出事故。

1992年末，原煤炭工业部又将"管理与装备并重，以管理为主"改为"管理、装备与培训并重"，这样就更加完善了安全工作指导方针，同时突出了培训和提高人的素质的重要性。1995年1月11日，煤炭工业部张宝明副部长在全国煤矿安全生产会议上指出："1995年安全工作的指导思想是继续贯彻'安全第一、预防为主'的方针，坚持'管理、装备、培训并重'的原则，对安全生产实行综合治理、整体推进。"这进一步明确了煤炭工业安全生产方针。1998年12月1日起实施的《煤炭法》总结了中华人民共和国成立以来的安全生产工作经验，在第七条明确规定"煤矿企业必须坚持安全第一、预防为主的安全生产方针"。从此，"安全第一、预防为主"的煤矿安全生产方针被写入全国人民代表大会常务委员会制定的法律中，拥有更高的威严和地位，违反该方针就是严重的违法行为。

2002 年 6 月颁布的《安全生产法》是全面规范我国安全生产工作的一部综合性大法，其中第三条规定："安全生产管理，坚持安全第一、预防为主的方针。""安全第一、预防为主"是法律形式加以固定和实施的安全生产基本方针，是《安全生产法》的灵魂。

2005 年 10 月，在十六届五中全会上，党和国家坚持以科学发展观为指导，从经济和社会发展的全局出发，不断深化对安全生产规律的认识，提出了"安全第一，预防为主，综合治理"的安全生产方针。

2014 年 12 月 1 日施行的《安全生产法》第三条规定安全生产工作坚持"安全第一，预防为主，综合治理"的方针。

我国安全生产方针的形成与发展过程，如图 3-1 所示。

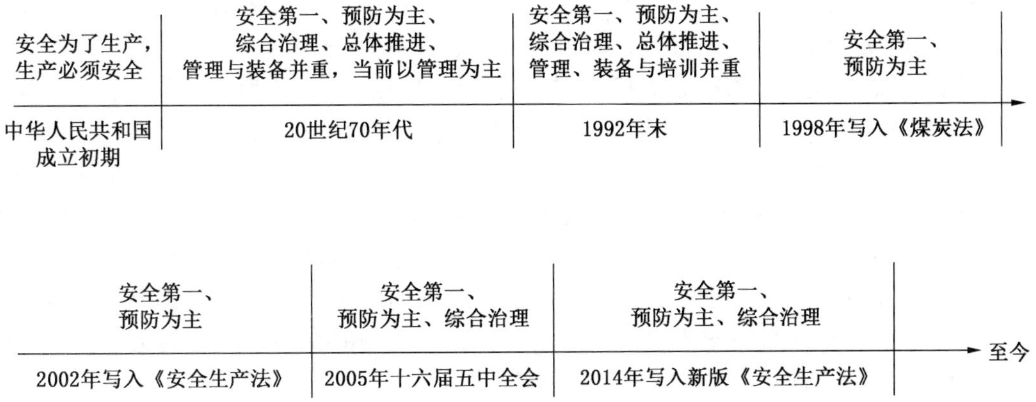

安全为了生产，生产必须安全	安全第一、预防为主、综合治理、总体推进、管理与装备并重，当前以管理为主	安全第一、预防为主、综合治理、总体推进、管理、装备与培训并重	安全第一、预防为主
中华人民共和国成立初期	20世纪70年代	1992年末	1998年写入《煤炭法》

安全第一、预防为主	安全第一、预防为主、综合治理	安全第一、预防为主、综合治理	
2002年写入《安全生产法》	2005年十六届五中全会	2014年写入新版《安全生产法》	至今

图 3-1 我国安全生产方针的形成与发展过程

二、安全生产方针的内涵

"安全第一"要求从事生产经营活动必须把安全放在首位，不能以牺牲人的生命、健康为代价换取发展和效益。要求优先考虑从业人员和其他人员的人身安全，实行"安全优先"的原则。在确保安全的前提下，努力实行生产的其他目标。"安全第一"要求一切政府机构和煤炭企业的领导者要把安全当作头等大事，要把安全工作作为完成各项任务、做好各项工作的前提条件。在计划、布置和实施各项工作时首先要想到安全，预先采取措施、防止事故的发生。"安全第一"意味着必须把安全生产作为衡量企业工作好坏的一项基本内容，作为一项有"否决权"的指标。"安全第一"还体现了在煤矿生产建设中，职工生命安全第一的思想，必须把职工的生命和健康作为第一位工作来抓，作为一切工作的指导思想和行动准则。

"预防为主"要求把安全生产工作的重心放在预防上，强化隐患排查治理，打非治违，从源头上控制、预防和减少生产安全事故。要求按照系统化、科学化的管理思想，按照事故发生的规律和特点，千方百计预防事故的发生，做到防患于未然，将事故消灭在萌芽状态。虽然人类在生产活动中还不能完全杜绝事故的发生，但只要思想重视，预防措施得当，事故是可以大大减少的。"预防为主"，要求对矿井自然灾害因素和生产过程中的不安全因素要事先掌握和熟悉，从管理角度研究如何有效地预防、控制事故，制定相应的安全措施并予以实施，达到防止灾变、控制事故发生的目的。

"综合治理"要求运用行政、经济、法治、科技等多种手段，充分发挥社会、职工、舆论监督各个方面的作用，抓好安全生产工作。就是标本兼治，重在治本，在采取断然措施遏制重特大事故，实现治标的同时，积极探索和实施治本之策，综合运用科技手段、法律手段、经济手段和必要的行政手段，从发展规划、行业管理、安全投入、科技进步、经济政策、教育培训、安全立法、激励约束、企业管理、监管体制、社会监督，以及追究事故责任、查处违法违纪等方面着手，解决影响制约我国安全生产的历史性、深层次问题，做到思想认识上警钟长鸣，制度保证上严密有效，技术支撑上坚强有力，监督检查上严格细致，事故处理上严肃认真。

"安全第一、预防为主、综合治理"的安全生产方针是一个有机统一的整体。"安全第一"是"预防为主、综合治理"的统帅和灵魂，没有"安全第一"的思想，"预防为主"就失去了思想支撑，"综合治理"就失去了整治依据。"预防为主"是实现安全第一的根本途径。只有把安全生产的重点放在建立事故隐患预防体系上，超前防范，才能有效减少事故损失，实现安全第一。"综合治理"是落实"安全第一、预防为主"的手段和方法。只有不断健全和完善综合治理工作机制，才能有效贯彻安全生产方针，真正把安全第一、预防为主落到实处，不断开创安全生产工作的新局面。因此，坚持安全第一，必须以预防为主，实施综合治理；只有认真治理隐患，有效防范事故，才能把安全第一落到实处。贯彻落实好这个方针，对于处理安全与生产，以及与其他各项工作的关系，科学管理、搞好安全，促进生产和效益提升，推动各项工作的顺利进行有重大意义。

三、安全生产方针的原则与措施

（一）坚持管理、装备和培训并重的原则

管理、装备和培训并重的原则是我国安全生产长期实践经验的总结。"管理"体现了人的主观能动性，体现了对生产的组织、计划、指挥、协调和控制。先进有效的管理是安全生产的重要保证。即使装备比较差，只要管理科学，安全生产就有保障。"装备"是人们向自然做斗争的武器，先进的技术装备不但有很高的效率，同时可以创造良好的安全作业环境，避免事故的发生。"培训"是提高职工素质的主要手段。只有高素质的人才，才能使用高技术的装备和进行高水平的管理，才能确保安全生产的进行。所以，管理、装备和培训是安全生产的三大支柱。

（二）贯彻落实安全生产方针的制度和措施

贯彻落实"安全第一、预防为主、综合治理"的方针，坚持管理、装备和培训并重原则，推行综合治理方法，必须有一系列的制度和措施来保障。长期以来，以煤矿为代表的广大企业干部、职工总结出一套行之有效的制度和措施。

1. 树立安全法治观念，依法治理安全

中华人民共和国成立以来，国家及有关部委颁布了许多安全生产的法律、法规、规章和制度，这些法律、法规、规章和制度为企业安全生产提供了重要的法律保证。实践证明，只要认真贯彻执行这些安全法律、法规、规章和制度，就能实现安全生产。所以，各级领导要严格按安全法律、法规、规章和制度组织指挥生产，依法治理安全；每个职工要严格按法律、法规、规章、制度作业或操作，依法生产，这是企业安全生产的基本保证。

各企、事业单位都要根据安全生产的法律规范的要求，制定具体的实施细则，以保证安全生产方针的贯彻执行和落实到实处。

2. 建立健全安全生产责任制

建立健全一套完善的安全生产责任制，要将安全生产责任细化到每一个岗位，分解到每一个人。

3. 建立健全安全生产管理体系

《安全生产法》规定：生产经营单位必须遵守本法和其他有关安全生产的法律、法规，加强安全生产管理，建立健全全员安全生产责任制和安全生产规章制度，加大对安全生产资金、物资、技术、人员的投入保障力度，改善安全生产条件，加强安全生产标准化、信息化建设，构建安全风险分级管控和隐患排查治理双重预防机制，健全风险防范化解机制，提高安全生产水平，确保安全生产。

4. 加强安全教育培训，提高队伍素质

安全教育培训是非常重要的智力投资，是企业强化安全管理，搞好安全生产的基础工作和主要内容之一，更是实现安全生产状况根本好转的重要途径。所以，企业要经常对职工进行安全生产方针、安全法律法规、安全思想、安全知识、安全技术、安全技能等的教育培训，使职工熟悉与本职工作有关的各项法律、法规、制度和作业操作方法，做到应知应会，掌握标准化工作、标准化作业、标准化操作的各项知识和技能。对于矿长和特种作业人员必须经过培训合格、取得资格证书后才可以上岗操作。

5. 加强安全监察工作

贯彻安全生产方针，落实《安全生产法》等安全法律、法规及行业技术标准，强化安全生产监督与管理，保障职工安全与健康，保护国家资源与财产，保证生产建设正常进行，促进行业健康发展，必须实行安全监察制度。这是贯彻执行安全生产方针、加强社会主义法制的一项基本制度。例如，设置煤矿安全监察机构、配备安全监察员，对各种所有制形式的煤炭企业、各级管理部门执行有关安全法律、法规及有关制度的情况进行监察，确保广大煤矿职工树立坚定明确的法治观念和按照客观规律办事的安全思想意识，建立健全安全生产责任制，实行科学管理，促使其以高度负责的精神把煤矿安全生产搞好。煤矿企业及其员工对煤矿安全监察工作必须履行义务、积极配合和协助。

监察机构和监察人员应该加强安全监察工作的力度，使企业安全管理部门和有关人员切实做到指导思想上安全第一、工作安排上安全第一、物资保证上安全第一、资金使用上安全第一，将安全生产方针真正落到实处。

6. 做好事故预防和处理工作

做好事故预防，要求对矿井自然灾害因素和生产过程中的不安全因素要事先掌握和熟悉，从管理角度研究如何有效地预防、控制事故，制定相应的安全措施并予以实施，保证劳动生产者在生产过程中的安全、健康和设备的安全运行，实现安全生产。这要采取先导预防、根本预防、跟踪预防、查变预防和延续预防的"五防合一"的安全科学管理方法，达到防止灾变、控制事故发生的目的。

做好事故处理，就是在事故发生后必须按照有关规定并结合实际情况，有组织地对事故进行应急处理、抢救处理、调查处理和结案处理。事故处理要坚持"四不放过原则"，达到弄清事故情况、查明事故原因、分清事故责任、吸取事故教训、制定防范措施、整改存在问题、防止同类事故重复发生的目的。

任务二　安　全　文　化

一、安全文化的概述

（一）安全文化的概念及定义

要对安全文化下定义，首先需要引用文化的概念。目前对于文化的定义有 100 余种。从不同的角度，在不同的领域，为了不同的应用目的，对文化的理解和定义是不同的。在安全生产领域，一般从广义角度来理解文化的含义，这里的文化不仅仅是通常的"学历""文艺""文学""知识"的代名词，而应从广义的概念来认识，"文化是人类活动所创造的精神、物质的总和"。对文化的不同理解，就会产生对安全文化的不同定义。目前对安全文化的定义有多种，归纳一些专家的论述，一般有"广义说"和"狭义说"两类。

"狭义说"的定义强调文化或安全内涵的某一层面，如人的素质、企业文化范畴等。例如，1991 年国际安全核安全咨询组在 IAG-4 报告中给出的安全文化定义是："安全文化是存在于单位和个人中的种种素质和态度的总和，它建立一种超出一切之上的观念，即核电厂的安全问题由于它的重要性要保证得到应有的重视。"西南交通大学曹琦教授在分析了企业各层次人员的本质安全素质结构的基础上，提出了安全文化的定义：安全文化是安全价值观和安全行为准则的总和。安全价值观是指安全文化的里层结构，安全行为准则是反映安全文化的表层结构。另外，他还指出我国安全文化产生的背景具有现代工业社会生活的特点、现代工业生产的特点和企业现代管理的特点。上述两种定义都具有强调人文素质的特点。还有定义认为：安全文化是社会文化和企业文化的一部分，特别是以企业安全生产为研究领域，以事故预防为主要目标。或者认为：安全文化就是运用安全宣传、安全教育、安全文艺、安全文学等文化手段开展的安全活动。这种定义主要强调了安全文化应用领域和安全文化的手段方面。

"广义说"把"安全"和"文化"两个概念都作广义解，安全不仅包括生产安全，还扩展到生活、娱乐等领域，文化的概念不仅包含了观念文化、行为文化、管理文化等人文方面，还包括物态文化、环境文化等硬件方面。广义的定义如下。

（1）英国保健安全委员会核设施安全咨询委员会组织认为，国际核安全咨询组织的安全文化定义是一个理想化的概念，在定义中没有强调能力和精通等必要成分，因此提出了修正的定义：一个单位的安全文化是个人和集体的价值观、态度、能力和行为方式的综合产物，它决定于保健安全管理上的承诺、工作作风和精通程度。具有良好安全文化的单位有如下特征：相互信任基础上的信息交流，共享安全是重要的想法，对预防措施效能的信任。

（2）中国劳保科技学会副秘书长徐德蜀研究员的定义是：在人类生存、繁衍和发展的历程中，在其从事生产、生活乃至实践的一切领域内，为保障人类身心安全（含健康）并使其能安全、舒适、高效地从事一切活动，预防、避免、控制和消除意外事故和灾害（自然的、人为的或天灾人祸的）；为建立起安全、可靠、和谐、协调的环境和匹配运行的安全体系；为使人类变得更加安全、康乐、长寿，使世界变得友爱、和平、繁荣而创造的安全物质财富和安全精神财富的总和。

（3）一种看法，认为：安全文化是人类安全活动所创造的安全生产、安全生活的精神、观念、行为与物态的总和。这种定义建立在"大安全观"和"大文化观"的概念基础上。在安全观方面包括企业安全文化、全民安全文化、家庭安全文化等；在文化观方面既包含精神、观念等意识形态的内容，也包括行为、环境、物态等实践和物质的内容。

（4）《企业安全文化建设导则》中企业安全文化的定义是：被企业组织的员工群体所共享的安全价值观、态度、道德和行为规范组成的统一体。安全价值观是指被企业的员工群体所共享的、对安全问题的意义和重要性的总评价和总看法。有什么样的安全价值观就有什么样的安全态度，安全价值观决定着安全态度。安全态度是指在安全价值观指导下，员工个人对各种安全问题所产生的内在反应倾向，安全态度决定着安全行为规范。有效引导全体员工的安全态度从不够良好的状态向良好状态转变，是安全文化的重要任务之一。安全道德是指人们在生产劳动过程中，具有维护国家和他人的安全利益的良好品性和才干。弘扬培育员工团结、友爱、互助、"四不伤害"的优良品质，即树立"不伤害自己，不伤害别人，不被别人伤害，保护别人不被伤害"的安全道德观。安全行为规范是指为了员工的健康和安全，对人们的劳动、作业、操作等行为所做的统一规定。

上述定义有如下共同点：①文化是观念、行为、物态的总和，既包含主观内涵，也包括客观存在；②安全文化强调人的安全素质，要提高人的安全素质需综合的系统工程；③安全文化是以具体的形式、制度和实体表现出来的，并具有层次性；④安全文化具有社会文化的属性和特点，是社会文化的组成部分，属于文化的范畴；⑤安全文化的最重要领域是企业，要建设好企业安全文化。

上述定义的不同点在于：①内涵不同，广泛的定义既包括了安全物质层面又包括了安全精神层面，狭义的定义主要强调精神层面；②外延不同，广义的定义既涵盖企业，还涵盖公共社会、家庭、大众等领域。

（二）安全文化的起源

安全文化伴随人类的产生而产生、伴随人类社会的进步而发展。但是，人类有意识地发展安全文化，仅仅是近十余年的事。具体来说，最初提出安全文化的概念和要求，起源于 20 世纪 80 年代的国际核工业领域。1986 年，国际原子能机构召开的"切尔诺贝利核电站事故后评审会"认识到"核安全文化"对核工业事故的影响。当年，美国 NASA（National Aeronautics and Space Administration，美国航天局）机构把安全文化应用到航空航天的安全管理中。1988 年，国际原子能机构在其"核电的基本原则"中将安全文化的概念作为一种重要的管理原则予以落实，并渗透到核电厂及相关的核电保障领域。其后，国际原子能机构在 1991 年编写的"75-IAG-4"评审报告中，首次定义了"安全文化"的概念，并建立了一套核安全文化建设的思想和策略。

我国核工业总公司不失时机地跟踪国际核工业安全的发展，把国际原子能机构的研究成果和安全理念介绍到我国。1993 年，我国劳动部部长李伯勇同志指出：要把安全工作提高到安全文化的高度来认识。在这一认识基础上，我国的安全科学界把这一高技术领域的思想引入了传统产业，把核安全文化深化到一般安全生产与安全生活领域，从而形成一般意义上的安全文化。安全文化从核安全文化、航空航天安全文化等企业安全文化，拓宽到全民安全文化。

（三）人类安全文化的发展

依据历史学，人类安全文化伴随人类的生存而生存，伴随人类的发展而发展。其发展可分为四大阶段。17 世纪前，人类安全观念是宿命论的，行为特征是被动承受型的，这是人类古代安全文化的特征。17 世纪末期至 21 世纪初，人类的安全观念提高到经验论水平，行为方式有了"事后弥补"的特征；这种由被动式的行为方式变为主动式的行为方式，由无意识变为有意识的安全观念，不能说不是一种进步。20 世纪 50 年代，随着工业社会的发展和技术的不断进步，人类的安全认识论进入了系统论阶段，从而在方法论上能够推行安全生产与安全生活的综合性对策，进入了近代的安全文化阶段。20 世纪 50 年代以来，人类高技术不断应用，如宇航技术、核技术的利用、信息化社会的出现，人类的安全认识论进入了本质论阶段，超前预防型成为现代安全文化的主要特征；这种高技术领域的安全思想和方法论推进了传统产业和技术领域的安全手段和对策的进步。

对安全文化理论和实践的认识和研究是一项长期的任务，随着人们对安全文化的理解，以及自觉的运用和实践，人类安全文化的内涵必定会丰富起来；社会安全文化的整体水平也会不断得到提高；企业通过建设安全文化提升员工安全素质、创造有效预防事故的人文氛围和物化条件的效果将会显现。只要有努力的安全文化建设之实践，必然会结出现代的安全文化之硕果。

通过对安全文化的研究，人类已初步认识到：安全文化的发展方向需要面向现代化、面向新技术、面向社会和企业的未来，面向决策者和社会大众；发展安全文化的基本要求是要体现社会性、科学性、大众性和实践性；安全文化的科学含义包括领导的安全观念和全民的安全意识和素质；建设安全文化的目的是为人类安康生活和安全生产提供精神动力、智力支持、人文氛围和物态环境。

二、安全文化与安全管理

管理产生于人类的生产活动的实践中，是生产力发展到一定水平的产物，是人类共同劳动、生存的需要。管理是生产力的基本组织成分之一，即其自然属性；它又是一定的生产关系，即其社会属性。企业是现代经济的细胞和基本单位，企业的一切经营活动必须通过某种机制和方法进行管理，方能达到预期的效能目标。管理离不开文化，也可以说不同的文化背景有不同的管理理论和方法，而管理的进步实际上是一种文化现象，管理也属于文化的范畴。当今正在我国盛行的企业文化管理，使企业文化成为职工的精神、信念和行为准则，是新时代企业管理的新特点，是企业更加重视职工、重视激励人的精神的一种文化现象。

安全管理的效能发挥，自然离不开管理的主体、对象，其最根本的决定因素是人，即管理者和被管理者，他们的安全文化素质及其安全文化环境直接影响管理的机制和能接受的方法。人们越来越注意到，职工安全文化素质的提高，是不断推动安全文明生产，保护职工在劳动中的安全和健康的关键。

企业安全文化的氛围和背景或特定的安全文化人文环境也会形成或造就企业特殊的安全管理模式。无论是企业的决策层、管理层、执行（操作）层，他们对自己的安全的意识、态度、认知、信念、价值观，他们所具有的安全物质环境及各自具有的安全知识和操作技能都是企业安全管理的基础。企业安全文化不仅在安全科技的物质领域，还在人对安全的生理、心理、社会、道德、习俗、修养等无形的上层建筑的精神领域，为现代企业安全管理提供了顺应时代发展的基础和成长的背景（环境）。因此，企业安全文化也直接影响或造就了与时代经济、文化发展相协调的企业安全管理的机制和方法。当然，企业安全管理的进步和发展，作为一种独特的安全文化发展过程，作为企业安全文化的一种表现和相对独立的现象，自然也丰富了企业安全文化，也反过来促进了安全文化对人类的发展。

企业管理是有投入、有产出、有目标、有实践的生产经营活动全过程。企业安全管理是企业管理全过程中同步进行的子功能系统，企业安全文化是企业安全管理的基础和背景，是理念和精神支柱，企业安全管理的哲学、管理者与被管理者的安全素养、安全管理的伦理道德等这些无形的高尚境界却都用安全来培养、影响和造就。安全文化（称前者）与企业安全管理（称后者）虽然都是为了人的安全和健康，但各自的目标值和广度及深度大不相同，两者之间的区别可以简要归纳为以下几方面。

（1）涉及对象：前者针对全民、全社会，即公民、大众、家庭、社会、全人类；后者针对工人、职工、劳动者、生产经营活动的人员、雇员。

（2）范围及环境：前者指生产及非生产环境，即生产、生活、生存领域，凡人类能到达进行活动的地方；后者指生产（劳动）环境、作业环境，或者生产经营过程中的环境。

（3）时空观念：前者指人活动的时空领域，安全涉及全方位、全天候，只要有人类存在，在人能到达的地方，在人进行活动的任何时间都要考虑安全；后者的时、空，主要指企业生产过程的时间和空间，在企业或在企业相关的地方，也可以扩展到从事生产经营活动的全过程中的时间和地方。

（4）追求安全与健康程度：前者强调全民、公众（消费者）、人类身心的安全与健康，是一种高尚的人道、文明标志，保障人的生理和心理的安全、舒适、健康；后者现阶段强调了要在生产过程中，或在生产经营活动中工人职工、管理者、被管理者的不伤、不死、不得职业病，有符合国家法定要求的劳动条件和作业环境。

（5）采用的方法：前者主要通过传播、宣传、科学普及、教育、倡导、法律等手段，从人的思想、意识、观念、人生价值观、道德行为去启发教育人，以人为本，珍惜人生，爱护生命，互爱互帮，学会自救互救、逃生应急本领，提倡博爱、伦理、自律，达到人、群体、社会、家庭在生理、心理、各方面实现完满、舒适、安全、健康的境地；后者采用行政、法制、经济、科技、教育等手段，带有强制性、限制性和惩罚性的形式，是以实现生产经营活动总目标为最终目的，是以保障劳动者的安全与健康为条件，在一定范围内是一种安全生产约束手段。

（6）对人影响侧重点：前者突出影响人的安全思想、意识、思维方法、人生观、价值观、伦理、道德规范，主要从精神领域和安全管理的"软件"方面及智能开发影响人的安全行为和自律能力，全方位、全时空接受安全文化的塑造，成为理智、高素质的安全人；后者主要从安全技术、安全生产的物质环境，以及安全生产关系等方面得到有限的教育和培训，在生产经营活动中受到更多的影响是强制、规范和约束，采用的种种管理手段主要侧重于人对技术和物质环境的安全控制，偏重"硬件"。

（7）对人影响的深度：前者对人的整个人生过程都不断影响、注入、培养、塑造，用安全的精神财富和物质财富教育和激励人，提高人的安全素质，即安全技术和安全文化知识，安全的社会适应力和安全的生理、安全的心理承受能力。这种开放、无约束、无强制的自然、自由的教育，突出对人的爱，对人生、人类的爱，这种合乎时代发展的安全文化可以一代一代地传承下去，并不断优化和繁荣，一个人无论在何时何地都自觉或不自觉地被当时当地的安全文化熏陶、改造和提高，安全文化的传播和光大是没有国界的，安全文化注入就会在心灵的深处发生质的改变；后者是通过有局限性的。企业安全管理技术和方法，在企业职工从事生产经营活动的过程中发挥作用，由于是强制、惩罚、约束性的，被管理者又始终是处在一种被动安全，服从安全，要我安全的强迫、监督状态，从精神上、心理上的影响是相对短暂的、有限的，调换岗位或另寻职业后，又要重复被动安全强制、压抑的局面。难怪有人提出并研究安全行为科学，在企业安全管理上，要研究人的安全心理和安全人机学，给职工投入感情，讲人情味，讲辩证法，以人为本，对工人要"爱"要"护"，企业安全管理才能持久、深远。

（8）从经济投入考虑：前者需要长久不懈的安全文化教育，全民响应和社会响应，虽然是持久地、世代相传的，但每时期的投入是不会太多的；后者需要不断地坚持技改、培训和维修，或淘汰陈旧的设备、工具，也投入安全教育，对于企业来说，压力是很大的。当然前者培养出更高质量的生产者，也就是大大降低了企业对工人的安全投入，后者的经济压力和安全生产方面的欠债，已影响到企业的兴衰和企业的安全形象。

（9）对外部环境的反应能力：前者具有独特性、继传性、开放性、先进性、吸收选择性，对人类身心安全与健康有益的做法或表现形式都会被融于安全文化的洪流之中，反之就被排出。一种优胜劣汰的自我保护能力，保持了安全文化的永昌不败；后者的企业的传统性、科学性、受外部市场经济影响很大，经济是安全管理的根本制约。

（10）学科归属：前者归于文化学，是人类文化宝库的璀璨明珠和瑰宝。安全文化与文化、人类学紧密相连，而文化学是安全文化学的母体。安全文化学也应该是有希望发展的学科。钱学森教授曾多次呼吁在我国要创立研究社会精神财富事业的学问——文化学，而安全文化学也应归属于文化学的大家庭，它是研究保护人类身心安全与健康运动规律和本质的学问。它渗入到人能活动而到达的一切地方，即生活、生产、生存的一切时空；后者归属于管理科学，将传统管理学、科学及现代管理的方法和理论应用于企业安全管理，成了企业安全管理的学问，有人称安全生产管理学，有人称安全管理工程学，也有人称现代安全管理，或称为企业安全管理，也属于交叉科学的范畴。

任务三　安全目标管理

一、目标管理

目标管理是让企业管理人员和工人参与制定工作目标，并在工作中实行自我控制，努力完成工作目标的管理方法。目标管理的目的是，通过目标管理的激励作用来调动广大职工的积极性，从而保证实现总目标。目标管理的核心是强调工作成果，重视成果评价，提倡个人能力的自我提高。目标管理以目标作为各项管理工作的指南，并以实现目标的成果来评价贡献的大小。

美国管理大师彼得·德鲁克于1954年在《管理实践》一书中最先提出了"目标管理"的概念，其后他又提出"目标管理和自我控制"的主张。彼得·德鲁克认为：如果一个领域没有特定的目标，则这个领域必然会被忽视；一个组织的目的和任务必须转化为目标，各级管理人员只有通过这些目标对下级进行领导，并以目标来衡量每个人的贡献大小，才能保证一个组织的总目标的实现。先有目标才能确定工作，所以"企业的使命和任务，必须转化为目标"。因此，管理者应该通过目标对下级进行管理，当组织最高层管理者确定了组织目标后，必须对其进行有效分解，转变成各个部门及各个人的分目标，管理者根据分目标的完成情况对下级进行考核、评价和奖惩。彼得·杜拉克的主张重点放在了各级管理人员身上。乔治·奥迪奥恩把参与目标管理的范围扩大整个企业的全体职工，他认为只有每个职工都能完成自己的工作目标，这个企业的总目标才能完成。因此，他提出让每个职工根据总目标的要求制定个人目标，并努力实现个人目标。在实施目标管理的过程中，应该充分信任职工，实行权限下放和民主协商，使职工实行自我控制并独立自主地完成自己的任务；要严格按照每个职工完成个人目标的情况进行考核和奖惩，这样可以进一步激励每个职工的工作热情，发挥每个职工的主动性和创造性。

安全目标管理是目标管理在安全管理方面的应用。安全目标管理是指企业内部各个部门以至每个人，从上到下围绕企业安全生产的总目标，制定各自的目标，确定行动方针，安排工作进度，有效地组织实现，并对成果严格考核的一种管理制度。安全目标管理是参与管理的一种形式，是根据工作目标来控制企业安全生产的一种民主的科学有效的管理方法，是我国工业企业实行现代安全管理的一项重要内容。

二、安全目标管理的作用

实行安全目标管理，将充分启发、激励、调动企业全体职工在安全生产中的责任感和创造力，有效地提高企业的现代安全管理水平。安全目标管理的作用具体体现在以下三个方面。

（一）充分体现了"安全生产，人人有责"的原则，使安全管理向全员管理发展

安全目标管理通过目标层层分解、措施层层落实、工作层层开展来实现全员参加全员管理和全过程管理。这种管理事先只为企业每个成员确定了明确的责任和清楚的任务，并对这些责任、任务的完成规定了时间、指标、质量等具体要求，每个人都可以在自己的管辖或工作范围内自由选择实现这些目标的方式和方法。职工在"自我控制"的原则下，充分发挥自己的能动性、积极性和创造性，从而使人人参加管理，这样可以克服传统管理中常出现的"管理死角"的弊端。

（二）有利于提高职工的安全技术素质

安全目标管理的重要特色之一，就是推行"成果第一"的方针，而成果的取得主要依赖个人的知识结构、业务能力和努力程度。安全生产以预防各类事故的发生为目标，因此，每个职工为了实现通过目标分解下达给自己的安全目标，就必须在日常的生产工作等过程中，增长知识，提高自己在安全生产上的技术素质。这样就能够促使职工自我学习和工作能力的提高，使职工对安全技术知识的学习由被动型转化为主动型。经过若干个目标周期，职工的安全意识、安全知识、安全技术水平都将会得到很大的提高，职工的自我预防事故的能力也会得到增强。

（三）促进在企业内推行安全科学管理

在目标管理上，传统安全管理不能明确地提出降低事故目标值的要求和制定出实现目

标值的保证措施。同时，传统安全管理不能对事故进行定量分析，达不到预测、预防事故的根本目的。目标管理却要求为了目标的实现，利用科学的预测方法，确定设计过程、生产过程、检修过程和工艺设备中的危险部位，明确重点部位的"危险控制点"或"事故控制点"。

要想控制事故的发生，就必须采用安全检查、事故树分析法、故障类型及影响分析法等安全系统工程的分析法和 QC（quality control，质量控制）活动中的 PDCA［plan（计划）、do（实施）、check（检查）、act（处理）］循环、排列图、因果图和矩阵数据分析图等全面质量管理的方法，确定影响安全的重要岗位、危险部位、关键因素、主要原因，然后，依据测定、分析、归纳的结果，采取相应的措施，加强重点管理和事故的防范，以达到目标管理的最终目的。

三、安全目标管理的内容

安全目标管理的基本内容是，动员全体职工参加制定安全生产目标，并保证目标的实现，如图 3-2 所示。具体地，由企业领导者根据上级要求和本单位具体情况，在充分听取广大职工意见的基础上，制定出企业的安全生产目标，即组织目标，然后层层展开，层层落实，下属各部分以至每个职工根据安全生产总目标，分别制定部门及个人安全生产目标和保证措施，形成一个全过程、多层次的安全目标管理体系。

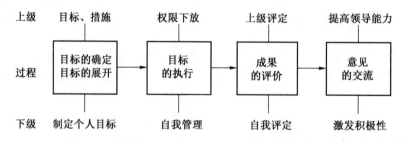

图 3-2　安全目标管理的基本内容

（一）目标制定

安全管理目标对企业的安全管理方向有指引作用。正确的安全管理目标能把企业的安全管理活动引向正确的方向，从而取得好的效果。正因为目标有指引方向的作用，所以目标是否正确是衡量企业安全工作的首要标准。制定安全管理目标时要特别慎重，如果目标不正确，工作效率再高也不会得到满意的效果。

制定安全管理目标要有广大职工参与，领导要与群众共同商定切实可行的工作目标。安全目标要具体，根据实际情况可以设置若干个。例如，事故发生率指标、伤害严重度指标、事故损失指标或安全技术措施项目完成率等。

1. 安全目标

安全目标是在一定条件下、一定时间内完成安全活动所达到的某一预期目的的指标。安全生产目标指标主要内容如下。

1）事故控制指标

事故控制指标一般在事故统计的基础上，根据上级在计划期内对事故及损失的控制要求，科学地测定下降比例，提出计划期内的事故控制指标。事故控制指标一般按下式确定：

$$a_n = a_1(1 - k)^{n-1} \qquad (3-1)$$

式中　a_n——计划期的事故控制指标；

　　　a_1——统计期的事故实际指标；

　　　k——下降比例；

　　　n——统计期至计划期的时间。

[例题]　已知某企业 2008 年千人死亡率为 0.05，要求 2019 年达到 0.01，求每年下降率 k。

解：已知 $a_1 = 0.05$；$a_n = 0.01$；$n = 11$

由公式 $a_n = a_1(1 - k)^{n-1}$，可得

$$k = 1 - \sqrt[n-1]{\frac{a_n}{a_1}} = 1 - \sqrt[n-1]{\frac{0.01}{0.05}} = 1 - \sqrt[10]{0.2} = 1 - 0.85 = 0.15 = 15\%$$

$k = 15\%$，说明该企业要在 2019 年达到千人死亡率 0.01，需每年按 15% 的速度递减死亡事故，才能达到其目标。

根据公式 $a_n = a_1(1 - k)^{n-1}$，若已知 k，也可以求 a_n，式中的 a_n、a_1 可以是千人死亡率、千人重伤率、死亡人数、损失率、伤亡率、粉尘合格点数、隐患数等。

（1）千人死亡率，表示某时期内，平均每千名职工中，因伤亡事故造成的死亡人数。其计算公式为

$$千人死亡率 = \frac{死亡人数}{某时期内平均职工人数} \times 10^3 \qquad (3-2)$$

（2）千人重伤率，表示某时期内，平均每千名职工中事故造成的重伤人数。其计算公式为

$$千人重伤率 = \frac{重伤人数}{平均职工人数} \times 10^3 \qquad (3-3)$$

适用于行业、企业内部事故统计分析，使用的计算方法有：

（3）伤害频率，表示某时期内，每百万工时，事故造成伤害的人数。伤害人数指轻伤、重伤、死亡人数之和。其计算公式为

$$百万工时伤害率(A) = \frac{伤害人数}{实际总工时} \times 10^6 \qquad (3-4)$$

（4）伤害严重率，表示某时期内，每百万工时事故造成的损失工作日。其计算公式为

$$伤害严重率(B) = \frac{总损失工作日}{实际总工时} \times 10^6 \qquad (3-5)$$

（5）伤害平均严重率，表示每人次受伤害的平均损失工作日。其计算公式为

$$伤害平均严重率(N) = \frac{B}{A} = \frac{总损失工作日}{伤害人数} \qquad (3-6)$$

适用于以吨、立方米产量为计算单位的行业、企业，其使用的方法如下：

（6）按产品产量计算死亡率。其计算公式为

$$百万吨死亡率 = \frac{死亡人数}{实际产量(吨)} \times 10^6 \qquad (3-7)$$

$$万立方米木材死亡率 = \frac{死亡人数}{木材产量(米^3)} \times 10^4 \qquad (3-8)$$

（7）按经济损失计算千人经济损失率。其计算公式为

$$千人经济损失率 R_S = \frac{E}{S} \times 10^3 \qquad (3-9)$$

式中　R_S——千人经济损失率；

　　　E——全年内经济损失；

　　　S——企业平均职工人数。

$$百万元产值经济损失率(R_v) = \frac{E}{V} \times 10^2 \qquad (3-10)$$

式中　E——全年内经济损失；

　　　V——企业全年总产值。

有些单位提出"0，0，0"目标，即死亡、重伤为0，火灾爆炸事故为0。

2）安全措施指标

安全措施指标主要包括：①要有完善的安全生产责任制度、安全操作制度、设备定期维修制度和保证严格执行劳动安全规章制度的有效措施。②制订承包期内改善劳动安全卫生条件的技术措施规划。③制订安全技术培训计划，提高人员素质。新工人入厂"三级"安全教育［厂级安全教育（公司级）、车间级安全教育（部门级）和岗位安全教育（班组级）］和特种作业人员持证上岗率要达到百分之百。④建立健全安全生产管理机构、配备与生产相适应的安全技术与管理人员，并保证其行使职权。

3）尘毒治理合格指标。尘毒治理合格指标包括：①粉尘合格率指标；②"三废"（废水、废气、固体废弃物）及噪声合乎国家标准；③消除尘肺病。

2. 确定安全目标时应考虑的因素

（1）根据企业经济技术条件确定指标。例如，投资大、基础设施好，或者安全工作基础强、机械装备先进、经济效益好的企业，安全指标应高一些。

（2）以统计期内的安全状况为基础，测定计划期实现的安全指标。

（3）根据行业特点，提出针对性较强的安全指标。例如，化工、煤炭等行业除下达伤亡事故控制指标外，还要下达尘毒有害物质控制指标。

（4）目标的设立要充分发挥职工群众的积极性，使其主动参与目标设置，或者就目标选择提出建议，目标要定得尽可能结合实际且具体。

安全管理目标确定后，还要把它变成各个科室、车间、工段、班组和每个职工的分目标。这一点是非常重要的，否则安全管理目标只能压在少数领导人和安全干部身上，无法变成广大职工的奋斗目标和实际行动。因而，企业领导应把安全管理目标的展开过程组织成为动员各部门和全体职工为实现工厂的安全目标而集中力量和献计献策的过程。因此，安全目标的展开非常重要。在把安全管理目标展开时，应注意：第一，要使每个分目标与总目标密切配合，直接或间接地有利于总目标的实现；第二，各部门或个人的分目标之间要协调平衡，避免项目牵制或脱节；第三，各分目标要能够激发下级部门和职工的工作欲

望和充分发挥工作能力，应兼顾目标的先进性和实现的可能性。

系统图法是一种常用的安全管理目标展开法。它是将价值工程中进行机能分析所用的机能图的思想方法应用于安全目标管理的一种图法。为了达到某种目标，需要选择某种措施。为了采取这种措施，又必须考虑下一水平上应采取的措施。这样，上一层的措施，对下一层来说，就成了目标。利用这一概念，把达到某一目标所需要的措施层层展开成图形，就可以对全部问题有一个全面的认识。对于重点问题也可以明确并掌握，从而能合理地寻求预定目的的最佳手段和策略。

应用系统图发展开安全管理目标的方法是，下一级为了保证上一级目标的实现，需要运用一定的手段和方法，找出本部门为实现目标必须解决的关键问题，并针对这个关键问题制定相应的措施，从而确定本部门的目标及措施，这样一级一级地向下展开，直到能够进行考核的一层。车间一般展开到生产班组，科室展开到个人，形成目标管理体系，如图3-3所示。

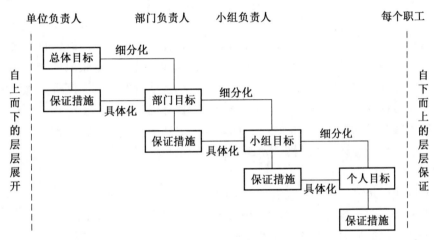

图 3-3　目标管理体系

目标层层分解构成目标体系，可看下面两个实例。

实例一：某化工厂安全目标体系，总安全目标按工种项目层层分解如图3-4所示。

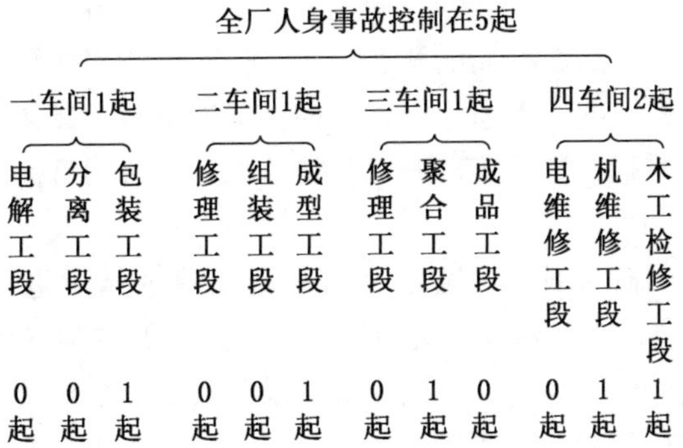

全厂人身事故控制在5起

一车间1起			二车间1起			三车间1起			四车间2起		
电解工段	分离工段	包装工段	修理工段	组装工段	成型工段	修理工段	聚合工段	成品工段	电维修工段	机维修工段	木工检修工段
0起	0起	1起	0起	0起	1起	0起	1起	0起	0起	1起	1起

图 3-4　安全目标分解图

实例二：某厂安全总目标中对尘点控制，欲使之合格率达 70%，保障措施分解如图 3-5 所示。

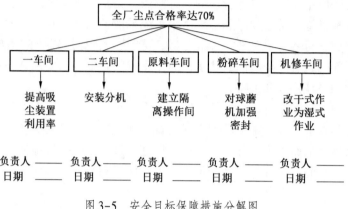

图 3-5　安全目标保障措施分解图

安全管理目标展开后，实施目标的部门应该对目标中各个重点问题制订一个实施计划表。实施计划表中，应包括实施该目标时存在的问题和关键、必须采取的措施项目、要达到的目标值、完成时间、负责执行的部门和人员，以及项目的重要程度等。编制实施计划表是实行安全目标管理的一项重要内容。安全管理目标确定后，为了使每个部门的职工明确工厂为实现安全目标需要采取的措施，明确部门之间的配合关系，厂部、车间、工段和班组都要绘制安全管理目标展开图，班组要绘制安全目标图。

（二）目标实施

目标实施阶段是完成预定安全管理目标的阶段，主要工作内容如下。

（1）根据目标展开情况相应地对下级人员授权，使每个人都明确在实现总目标中自己应负的责任、行使的权力，发挥主动性和积极性去实现自己的工作目标。

（2）加强领导和管理，主要是加强与下级的意见交流及进行必要的指导等。实施过程中的管理，一方面需要控制、协调，另一方面需要及时反馈。因为原定目标或目标计划的修订等是可能的。在目标完成以前，上级对下级或职工完成目标或目标计划的进度进行检查，就是为了控制、协调、取得信息并传递反馈。

（3）严格按照实施计划表上的要求来进行工作，是为了在整个目标实施阶段，使每一个工作岗位都能有条不紊、忙而不乱地开展工作，从而保证完成预期的各项目标值。实践证明，实施计划表编制得越细，问题分析越透彻，保证措施越具体、明确，工作的主动性越强，实施的过程就越顺利，目标实现的把握就越大，取得的目标效果也就越好。

（三）成果评价

在达到预定期限或目标完成后，上、下级一起对完成情况进行考核，总结经验和教训，确定奖惩，并为设立新的目标，开始新的循环准备。成果评价必须和奖励挂钩，使达到目标者获得物质的或精神的奖励。要把评价结果及时反馈给执行者，让他们总结经验教训。评价阶段是上级进行指导、帮助和激发下级工作热情的最好时机，也是发挥民主管理、群众参与管理的一种重要形式。

安全目标管理还应做好以下几件事情。

（1）确定切实可行的目标值。采用科学的目标预测法，根据企业的需要和可能，采取系统分析方法，确定合适的目标值，并研究为此而应采取的措施和手段。

（2）根据安全决策和目标的要求，制定实施办法，做到有具体的保证措施，包括组织技术措施，明确完成程序和时间，承担责任的具体负责人，并签订有关合同，措施力求定量化，以便实施和考核。

（3）规定具体考核标准和奖惩办法。企业要认真贯彻执行《安全生产目标管理考核标准》。考核标准不仅要规定目标值，而且要把目标值分解为若干个具体要求加以考核。

（4）安全生产目标管理必须与安全生产责任制挂钩，层层负责，实行个人保班组、班组保工段、工段保车间、车间保全厂。

（5）安全生产目标管理必须与企业经营承包责任制挂钩，作为整个企业目标管理的一个重要组成部分，实行厂长（经理）任期目标责任制、租赁制和各种经营承包制的单位负责人，应把安全生产目标管理实现与所受到的奖惩挂钩，完成则增加奖励，未完成则依据具体情况给予处罚。

（6）企业与主管部门对安全生产目标管理计划的执行要定期进行检查与考核。对于弄虚作假者，要严肃处理。

四、安全目标管理的原则

安全目标管理要求体现目的性、分权性和民主性的原则。

（一）目的性

实行目标管理，将企业在一定时期内的目的和任务转化为全体人员上下一致的、明确的目标，使每个成员有努力的方向，有利于上级的领导、检查和考核，并减少企业内部的矛盾和浪费。这里所说的目标与过去传统的目标概念有所不同，它包含达成程度、达成期限、完全体系、根据原定目标测定执行人员的成绩等。

（二）分权性

随着企业安全生产总目标的逐层分解、展开，也要逐层下放目标管理的自主权，实行分权，即在目标制定以后，上级根据目标的内容授给下级人事、财务和对外的最大限度的权力，使下级能运用这些权力来实现目标。有工作水平的上级领导在目标管理中只抓两项工作：一是根据企业总目标向下一层次发出指令信息，最后考核指令的执行结果；二是解决下一层次各单位之间的不协调关系，对有争议的问题作出裁决。

（三）民主性

安全目标管理是全员参加的，为实现其目标的体系性活动，由企业领导者制定目标和集中全体职工的智慧和力量去实现。在工业企业，就是领导制定目标，经过职工代表大会讨论通过，然后编制企业目标展示图，层层展开，层层落实，围绕目标值制定主要措施，落实责任者和进度要求，从而形成目标连锁。这样，通过有效地实行自主管理和自我控制，就可以进一步发挥广大职工的主人翁责任感，充分发挥他们的积极性、创造性和主动性，更好地达到企业的总目标。

总之，安全目标管理工作，在企业的安全管理中运用很广，但它作为一种先进的科学管理方法，今后必会在企业管理中起到越来越大的作用。

复习思考题

1. 简述我国安全生产方针的形成与发展过程。
2. 简述我国现行安全生产方针的内涵。
3. 请说明安全文化与安全管理之间的关系。
4. 请说明安全目标管理的定义和作用。
5. 请说明安全目标管理的要求。

项目四 事故致因理论

学习目标

➤ 掌握事故的概念及海因里希法则的含义。
➤ 了解事故发生的原因及事故的分类方法。
➤ 了解事故致因理论及事故发展的规律。

任务一 事故原因与分类

一、事故的概念

事故是发生于预期之外的造成人身伤害或经济损失的事件。在事故的种种定义中，伯克霍夫的定义较著名。

伯克霍夫认为，事故是人（个人或集体）在为实现某种意图而进行的活动过程中，突然发生的、违反人的意志的、迫使活动暂时或永久停止，或者迫使之前存续的状态发生暂时或永久性改变的事件。事故的含义包括如下几种。

（1）事故是一种发生在人类生产、生活活动中的特殊事件，人类的任何生产、生活活动过程中都可能发生事故。

（2）事故是一种突然发生的、出乎人们意料的意外事件。由于导致事故发生的原因非常复杂，往往包括许多偶然因素，因而事故的发生具有随机性质。在一起事故发生之前，人们无法准确地预测什么时候、什么地方、发生什么样的事故。

（3）事故是一种迫使进行着的生产、生活活动暂时或永久停止的事件。事故中断、终止人们正常活动的进行，必然给人们的生产、生活带来某种形式的影响。因此，事故是一种违背人们意志的事件，是人们不希望发生的事件。

事故是一种动态事件，它开始于危险的激化，并以一系列原因事件按一定的逻辑顺序流经系统而造成的损失，即事故是指造成人员伤害、死亡、职业病或设备设施等财产损失和其他损失的意外事件。事故有生产事故和企业职工伤亡事故之分。生产事故是指生产经营活动（包括与生产经营有关的活动）过程中，突然发生的伤害人身安全和健康或损坏设备设施或造成经济损失，导致原活动暂时中止或永远终止的意外事件。设备事故是指正式投运的设备，在生产过程中由于设备零件、构件损坏使生产突然中断或造成能源供应中断、设备损坏，从而使生产中断。其中，在生产过程中设备的安全保护装置正常动作，安全件损坏使生产中断而未造成其他设备损坏的，不列为设备事故。

二、事故的特征

事故的特征主要包括：事故的因果性，事故的偶然性、必然性和规律性，事故的潜在性、再现性和预测性。

（一）事故的因果性

因果，即原因和结果。因果性即事物之间，一事物是另一事物发生的根据，这样一种关联性。事故是许多因素互为因果连续发生的结果。一个因素是前一个因素的结果，而又是后一个因素的原因。也就是说，因果关系有继承性，是多层次的。

（二）事故的偶然性、必然性和规律性

事故是由于客观存在不安全因素，随着时间的推移，出现某些意外情况而发生的，这些意外情况往往是难以预知的。因此，事故的偶然性是客观存在的，这与是否掌握事故的原因毫无关系。换言之，即使完全掌握了事故原因，也不能保证绝对不发生事故。事故的偶然性还表现在事故是否产生后果，以及后果的大小如何都是难以预测的。反复发生的同类事故并不一定产生相同的后果。

事故的偶然性决定了要完全杜绝事故发生是困难的，甚至是不可能的。事故的因果性决定了事故的必然性。事故因素及其因果关系的存在决定事故或迟或早必然要发生。其随机性仅表现在何时、何地、因什么意外事件触发产生而已。掌握事故的因果关系，砍断事故因素的因果连锁，就消除了事故发生的必然性，就可能防止事故发生。事故的必然性中包含着规律性。既为必然，就有规律可循。必然性来自因果性，深入探查、了解事故因素关系，就可以发现事故发生的客观规律，从而为防止发生事故提供依据。由于事故或多或少地含有偶然的本质，因而要完全掌握它的规律是困难的。但在一定范畴内，用一定的科学仪器或手段却可以找出它的近似规律。从外部和表面上的联系，找到内部决定性的主要关系却是可能的。从偶然性中找出必然性，认识事故发生的规律性，变不安全条件为安全条件，把事故消除在萌芽状态之中，这就是防患于未然，是以预防为主的科学根据。

（三）事故的潜在性、再现性和预测性

事故往往是突然发生的，然而导致事故发生的因素，即所谓隐患或潜在危险是早就存在的，只是未被发现或未受到重视而已。随着时间的推移，一旦条件成熟，就会显现而酿成事故。这就是事故的潜在性。事故一经发生，就成为过去。时间是一去不复返的，完全相同的事故不会再次显现，然而没有真正地了解事故发生的原因，并采取有效措施去消除这些原因，就会再次出现类似的事故。因此，我们应当致力于消除这种事故的再现性，这是能够做到的。人们根据对过去事故所积累的经验和知识，以及对事故规律的认识，并使用科学的方法和手段，可以对未来可能发生的事故进行预测。

事故预测就是在认识事故发生规律的基础上，充分了解、掌握各种可能导致事故发生的危险因素及它们的因果关系，推断它们发展演变的状况和可能产生的后果。事故预测的目的在于识别和控制危险，预先采取对策，最大限度地减少事故发生的可能性。

三、事故法则

事故法则是1941年美国的海因里希统计许多灾害后得出的。当时，海因里希统计了55万件机械事故，其中死亡、重伤事故1666件，轻伤48334件，其余则为无伤害事故。从这些数据中，海因里希得出一个重要结论，即在机械事故中，死亡、重伤、轻伤和无伤害事故的比例为1：29：300，国际上把这一法则叫作事故法则。这个法则说明，在机械生产过程中，每发生330起意外事件，有300件未产生人员伤害，29件造成人员轻伤，1件导致重伤或死亡。事故法则的另一个名字是"1：29：300法则"或"300：29：1法则"

如图 4-1 所示。1972 年，日本青岛贤司调查表明，伤亡事故与无伤害事故的比例为：重型机械和材料工业 1 : 8；轻工业 1 : 32。

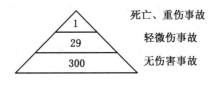

图 4-1　海因里希事故法则

对于不同的生产过程和不同类型的事故，上述比例关系不一定完全相同，但这个统计规律说明了在进行同一项活动中，无数次意外事件，必然导致重大伤亡事故的发生。要防止重大事故的发生必须减少和消除无伤害事故，要重视事故的苗头和未遂事故，否则终会酿成大祸。例如，某机械师企图用手把皮带挂到正在旋转的皮带轮上，因未使用拨皮带的杆，且站在摇晃的梯板上，又穿了一件宽大长袖的工作服，结果被皮带轮绞入碾死。事故调查结果表明，他这种上皮带的方法使用已有数年之久。调查人员查阅四年病志（急救上药记录）后，发现他有 33 次手臂擦伤后治疗处理记录，他手下的工人均佩服他技术高超，结果还是导致死亡。这一事例说明，重伤和死亡事故虽有偶然性，但是不安全因素或动作在事故发生之前已暴露过许多次，如果在事故发生之前，抓住时机，及时消除不安全因素，许多重大伤亡事故是完全可以避免的。

从这里我们可以看出，伤亡事故是指一次事故中，人受到伤害的事故；无伤害的一般事故是指一次事故中，人没有受到伤害的事故。伤亡事故和无伤害事故是有一定的比例关系和规律的。为了消除伤亡事故，必须首先消除无伤害事故。无伤害事故不存在，则伤亡事故也就杜绝了，这是我们要予以充分认识的问题。

四、事故原因分析

根据事故的特性可知，事故的原因和结果之间存在着某种规律，所以研究事故最重要的是找出事故发生的原因。事故的原因分为事故的直接原因、间接原因。

（一）事故的直接原因

所谓事故的直接原因，即直接导致事故发生的原因，又称"一次原因"。大多数学者认为，事故的直接原因只有两个，即人的不安全行为和物的不安全状态。少数学者，如美国的皮特森则认为事故的直接原因为管理失误和物的不安全状态。为统计方便，我国国家标准《企业职工伤亡事故分类》（GB 6441—1986）对人的不安全行为和物的不安全状态进行了详细分类。

1. 人的不安全行为方面的原因

（1）操作错误、忽视安全、忽视警告。

（2）造成安全装置失效。

（3）使用不安全设备。

（4）手代替工具操作。

（5）物体存放不当。

（6）冒险进入危险场所。

（7）攀、坐不安全位置，如平台护栏、汽车挡板、吊车吊钩等。

（8）在起吊物下作业、停留。

（9）机器运转时加油、修理、检查、调整、焊接、清扫等。

（10）有分散注意力的行为。

（11）在必须使用个人防护用品用具的作业或场合中，忽视其使用。

（12）不安全装束。

（13）对易燃易爆危险品处置错误。

2. 物的不安全状态方面的原因

（1）防护、保险、信号等装置缺乏或有缺陷。

（2）设备、设施、工具附件有缺陷。

（3）个人防护用品、用具缺少或有缺陷。

（4）生产（施工）场地环境不良。

（二）事故的间接原因

事故的间接原因，则是指使事故的直接原因得以产生和存在的原因。

1. 技术上和设计上有缺陷

技术上和设计上有缺陷指从安全的角度来分析，在设计上和技术上存在的与事故发生原因有关的缺陷，包括工业构件、建筑物、机械设备、仪器仪表、工艺过程、控制方法、维修检查等在设计、施工和材料使用中存在的缺陷。这类缺陷主要表现在：在设计上因设计错误或考虑不周造成的失误；在技术上因安装、施工、制造、使用、维修、检查等达不到要求而留下的事故隐患。

2. 教育培训不够

教育培训不够指形式上对职工进行了安全生产知识的教育和培训，但是在组织管理、方法、时间、效果、广度、深度等方面还存在一定差距，职工对党和国家的安全生产方针、政策、法规和制度不了解，对安全生产技术知识和劳动纪律没有完全掌握，对各种设备、设施的工作原理和安全防范措施等没有学懂弄通，对本岗位的安全操作方法、安全防护方法、安全生产特点等一知半解，应对不了日常操作中遇到的各种安全操作规程等不重视，不能真正按规章制度操作，以致不能防止事故的发生。

3. 身体的原因

身体的原因包括身体有缺陷，如眩晕、头痛、癫痫、高血压等疾病，近视、耳聋、色盲等残疾，身体过度疲劳、醉酒、药物的作用等。

4. 精神的原因

精神的原因包括怠慢、反抗、不满等不良态度，烦躁、紧张、恐怖、心不在焉等精神状态，偏狭、固执等性格缺陷等。此外，兴奋、过度积极等精神状态也有可能产生不安全行为。

5. 管理上有缺陷

管理上有缺陷包括劳动组织不合理，企业主要领导人对安全生产的责任心不强，作业标准不明确，缺乏检查保养制度，人事配备不完善，对现场工作缺乏检查或指导错误，没有健全的操作规程，没有或不认真实施事故防范措施等。

除上述 5 个原因外，还有学校教育原因和社会历史原因。事故统计表明，85%左右的事故都与管理因素有关。换句话说，如果采取了合适的管理措施，大部分事故将会得到很好的控制。因此可以说，管理因素是事故发生乃至造成严重损失的最主要原因。

五、事故分类

为了全面认识事故，对事故进行调查和处理，必须对事故进行归纳分类。至于如何分类，由于研究的目的不同、角度不同，分类的方法也有所不同。根据我国有关安全法律、法规、标准和管理体制及今后防范事故的要求，目前应用比较广泛的事故分类方法主要有以下几种。

（一）事故按事故属性分类

依照事故的属性不同，事故分为自然事故和人为事故两大类。

（二）事故按危害后果分类

依照生产事故造成的后果不同，事故分为伤亡事故、物质损失事故和险肇事故三大类。

1. 伤亡事故

伤亡事故是指个（体）人或集体在行动过程中接触或遇到了与周围条件有关的外来能量，作用于人体，致使人体生理机能部分或全部的丧失。

2. 物质损失事故

物质损失事故是指在生产过程中发生的，只有物质、财产受到破坏，使其报废或需要修复的事故。

3. 险肇事故

险肇事故是指虽然发生事故，但是没有造成人员伤亡和财产损失的事故（即发生事故后，未发生人员伤害，又未出现物质、经济损失或物质、经济损失极少的事故）。

（三）事故按行业分类

依照我国的安全监督管理的行业不同，事故又分为行业或企业事故，主要有如下八大类：企业职工伤亡事故、火灾事故、道路交通事故、水上交通事故、铁路交通事故、民航飞行事故、农业机械事故和渔业船舶事故。

（四）事故按伤害程度分类

事故发生后，按事故对受伤害者造成损伤以致劳动能力丧失的程度分为如下三大类。

1. 轻伤事故

轻伤事故是指造成职工肢体伤残，或者某器官功能性或器质性轻度损伤，表现为劳动能力轻度或暂时丧失的伤害。一般是指受伤职工歇工（治疗）在 1 个工作日以上，低于104 个工作日的失能伤害，但够不上重伤者。

2. 重伤事故

重伤事故是指造成职工肢体残缺或视觉、听觉等器官受到严重损伤，一般能引起人体长期存在功能障碍的事故，或者职工受伤后歇工（治疗）工作日等于和超过105 日（最多不超过6000 日），劳动能力有重大损失的失能伤害。

3. 死亡事故

死亡事故是指事故发生后当即死亡（含急性中毒死亡）或负伤后在 30 日以内死亡的事故（其损失工作日定为6000 日，这是根据我国职工的平均退休年龄和平均死亡年龄计算出来的）。

（五）事故按严重程度分类

事故发生后，按事故的一次伤亡严重程度分类（最常用的一种分类），就是指发生事故之后，按照职工所受伤害严重程度和伤亡人数分类，包括轻伤事故、重伤事故和死亡事故。

（六）事故按类别分类

中华人民共和国国家标准《企业职工伤亡事故分类》（GB 6441—1986）中，将事故类别划分为20类：物体打击、车辆伤害、机械伤害、起重伤害、触电、淹溺、灼烫、火灾、高处坠落、坍塌、冒顶片帮、发生的坍塌事故、透水、爆破、瓦斯爆炸、火药爆炸、锅炉爆炸、容器爆炸、其他爆炸、中毒和窒息、其他伤害。

（七）事故按责任分类

伤亡事故基本上都是人为因素造成的，特别是生产事故，这就要分清是责任事故，还是非责任事故，是管理不当，还是人为蓄意破坏。事故按责任一般可分为如下三大类。

1. 责任事故

责任事故是指由于有关人员的过失所造成的事故，即人为事故。

2. 非责任事故

非责任事故是指由于自然界的因素或属于未知领域的原因所引起的、用当前的科技手段难以解决和不可抗拒的事故，即自然事故。

3. 破坏事故

破坏事故是指为了达到某种目的，而人为故意制造的事故。

（八）事故按发生原因分类

按照事故发生的原因，一般可分为四大类：物质技术原因事故、人为原因事故、管理原因事故、环境原因事故。

（九）事故按受伤性质分类

受伤性质是指人体受伤的类型。实质上这是从医学的角度给予创伤的具体名称，常见的有电伤、挫伤、割伤、擦伤、刺伤、撕脱伤、扭伤、倒塌压埋伤、冲击伤等。

（十）事故按人员保险待遇分类

1. 工伤事故

工伤事故是指用人单位的职工在工作时间、工作场合内，因工作原因所遭受的人身伤亡的突发性伤害事故。

2. 比照工伤事故

比照工伤事故是指与生产、工作有关，而因为特殊情况又难以完全满足《工伤保险条例》中关于工伤规定要求的人身伤亡事故和职业危害事故（急性中毒和职业病）。

3. 其他事故

其他事故是指与生产和工作无关，而发生的人身伤亡事故和职业危害事故（急性中毒和职业病）。

任务二　事故致因理论

阐明事故为什么会发生，是怎样发生事故的，以及如何防止事故发生的理论，被称为事故致因理论或事故发生及预防理论。事故致因理论是从大量典型事故的本质原因的分析中所提炼出的事故机理和事故模型。这些机理和模型反映了事故发生的规律性，能够为事故的定性定量分析、事故的预测预防和改进安全管理工作，从理论上提供科学的、完整的依据。事故致因理论是一定生产力发展水平的产物。在生产力发展的不同阶段，生产过程中存在的安全问题有所不同，特别是随着生产形式的变化，人在工业生产过程中所处地位的变化，会引起人的安全观念的变化，使事故致因理论不断发展完善。

一、事故致因理论的发展

在 20 世纪 50 年代以前，工业生产方式是利用机械的自动化迫使工人适应机器，一切以机器为中心，工人是机器的附属和奴隶。与这种情况相对应，人们往往将生产中的事故原因推到操作者的头上。

1919 年，英国的格林伍德和伍兹经统计分析发现工人中的某些人较其他人更容易发生事故。1939 年，法默等人据此提出了事故频发倾向的概念，其基本观点是：从事同样的工作和在同样的工作环境下，某些人比其他人更易发生事故，这些人即事故倾向者，他们的存在会使生产中的事故增多，如果通过人的性格特点等区分出这部分人而不予雇佣，就可以减少工业生产中的事故。因此，人员选择就成了预防事故的重要措施。在现代社会中，该理论主要应用于工作任务分配、工作选择等方面，具有一定的参考价值。

1936 年，美国人海因里希在《工业事故预防》一书中提出了事故因果连锁理论，认为伤害事故的发生是一连串的事件按一定因果关系依次发生的结果，并用多米诺骨牌来形象地说明了这种因果关系。这一理论建立了事故致因的事件链的概念，为事故机理研究提供了一种极有价值的方法。但是该理论也和事故频发倾向理论一样，仅仅关注人的因素，把大多数的工业事故责任都归因于工人的不注意等方面，表现出时代的局限性。

第二次世界大战后，科学技术有了飞跃的进步，不断出现的新技术、新工艺、新能源、新材料及新产品给工业生产及人们的生活面貌带来了巨大的变化，也带来了更多的危险，同时也促进了人们安全观念的变化。越来越多的人认为，不能把事故的发生简单地说成是人的性格缺陷或粗心大意，应该重视机械的、物质的危险性在事故中的作用，强调实现生产条件、机械设备的固有安全，才能切实有效地减少事故的发生。

1949 年，葛登利用流行病传染机理来论述事故的发生机理，提出了"流行病学方法"。按照流行病学的分析，流行病的病因有三种，即当事者的特征，如年龄、性别、心理状况、免疫能力等；环境特征，如温度、湿度、季节、社区卫生状况、防疫措施等；致病媒介特征，如病毒、细菌、支原体等。这三种因素的相互作用，可以导致人的疾病发生。与此相类似，对于事故，一要考虑人的因素，二要考虑环境的因素，三要考虑引起事故的媒介。显然，这种理论比只考虑人的因素的早期事故致因理论有了较大的进步。它明确地提出了事故因素间的关系特征，认为事故是几种因素综合作用的结果，并推动了关于上述三种因素的研究和调查。但是，这种理论也有明显的不足，主要是关于致因的媒介。作为致病媒介的病毒和细菌在任何时间和场合总是有害的，只是需要加以分辨并采取措施防治。然而作为导致事故的媒介到底是什么，却较难定义，无论是有人提出的能量还是伤害方式，都不能完全起到媒介的作用，因而较大地限制了该理论的进一步发展。

1961 年由吉布森提出，并由哈登引申的能量释放论，是事故致因理论发展过程中的重要一步。该理论认为，事故是一种不正常的或不希望的能量释放，各种形式的能量构成了伤害的直接原因。因此，应该通过控制能量或控制能量载体来预防伤害事故，并提出了防止能量逆流人体的措施。

20 世纪 70 年代以来，随着生产设备、工艺及产品越来越复杂，人们开始结合信息论、系统论和控制论的观点、方法进行事故致因分析，提出了一些有代表性的，并且在现在仍发挥较大作用的事故致因理论。

1969 年，瑟利提出"瑟利模型"，以人对信息的处理过程为基础描述了事故发生的因果关系。该理论认为，人在信息处理过程中出现失误从而导致人的行为失误，进而引发事故。1970 年海尔的"海尔模型"，1972 年威格里沃思的"人失误的一般模型"，1974 年劳伦斯提出的"金矿山人失误模型"，以及 1978 年安德森等人对"瑟利模型"的扩展和修正等，都从不同角度探讨了人失误与事故的关系问题。这些理论均从人的特性与机器性能和环境状态之间是否匹配和协调的观点出发，认为机械和环境的信息不断地通过人的感官反映到大脑，人若能正确地认识、理解、判断，做出正确决策和导致合适的行动，就可以避免事故发生或事故对自身或他人的伤害。

1972 年，本纳提出了扰动起源事故理论（即 P 理论），指出在处于动态平衡的系统中，是由于"扰动"的产生导致了事故的发生。此后，约翰逊于 1975 年提出了"变化—失误"模型，塔兰茨在 1980 年介绍了"变化论"模型，佐藤吉信在 1981 年提出了"作用—变化与作用连锁"模型，都从动态和变化的观点阐述了事故的致因。

20 世纪 80 年代初期，人们又提出了轨迹交叉论。该理论认为，事故的发生不外乎是人的不安全行为和物的不安全状态两大因素综合作用的结果，即人、物两大系列时空运动轨迹的交叉点就是事故发生的所在。预防事故的发生就是设法从时空上避免人、物运动轨迹的交叉，使得对事故致因的研究又有了进一步的发展。

但值得指出的是，到目前为止，事故致因理论的发展还很不完善，还没有给出对于事故致因进行预测、预防的普遍而有效的方法。某个事故致因理论只能在某类事故的研究、分析中起到指导或参考作用。然而，我们必须认识到，通过对事故致因理论的研究，可以使我们深入理解事故发生的机理，指导我们的事故调查分析乃至预防工作，为系统安全分析、危险风险评价和安全决策提供充分的信息和依据，最终促使对事故的研究从定性的物理模型向定量的数学模型发展，为事故的定量分析和预测奠定基础，真正实现安全管理的科学化。

二、事故因果论

（一）海因里希事故因果连锁论

美国安全工程师海因里希提出了事故因果连锁论。该理论认为，伤亡事故的发生不是一个孤立的事件，尽管伤害事故可能在某一瞬间发生，却是由一系列具有一定因果关系的事件相继作用与发生的结果。

1. 伤亡事故的连锁构成

海因里希把工业伤害事故的发生发展过程描述为具有一定因果关系的事件的连锁，即人员伤亡的发生是事故的结果，事故的发生原因是人的不安全行为或物的不安全状态，人的不安全行为或物的不安全状态是由于人的缺点而造成的，人的缺点是由于不良环境诱发或者是由先天的遗传因素而造成的。

2. 事故连锁过程影响因素

海因里希将事故因果连锁过程概括为以下五个方面的因素：①遗传因素及社会环境是造成人的性格上缺点的原因。遗传因素可能造成鲁莽、固执和心胸狭窄等不良性格，有的人天生性格急躁，而有的人则性格比较缓慢等；社会环境可能妨碍教育，助长性格的缺点发展。②人的缺点是使人产生不安全行为或造成机械、物质不安全状态的原因，它包括鲁莽、固执、过激、神经质、轻率、不认真等性格上的先天缺点，以及缺乏安全知识和技术等后天的缺点。③人的不安全行为或物的不安全状态是指那些曾经引起过事故，或可能再次引起事故的人的行为或机械、物质的状态，它们是造成事故的直接原因。④事故是指由于物体、物质、人或放射性的作用或反作用，使人员受到伤害或可能受到伤害的，出乎意料的、失去控制的事件。⑤由于事故直接产生的人身伤害。

海因里希用多米诺骨牌来形象地描述这种事故因果连锁关系，如图 4-2 所示。

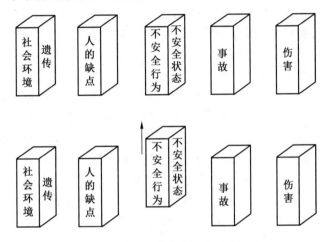

图 4-2　海因里希事故因果连锁模型

在多米诺骨牌系列中，一颗骨牌被碰倒了，则将发生连锁反应，其余的几颗骨牌相继被碰倒。如果移去或抽出连锁中的一颗骨牌，则连锁被破坏，事故过程就被中止。海因里希认为，企业安全工作的重心就是防止人的不安全行为，消除机械的或物质的不安全状态，中断事故连锁的进程进而避免事故的发生。在生产过程中，强调安全教育和安全监督检查，其目的就是消除人的不安全行为，或者物的不安全状态（环境的不安全因素、管理中的失误、缺陷与混乱），从而中断事故的连锁进程，以避免事故的发生或消除事故隐患。

（二）博德事故因果连锁论

博德在海因里希事故因果连锁论的基础上，提出了反映现代安全观点的事故因果连锁理论，如图 4-3 所示。

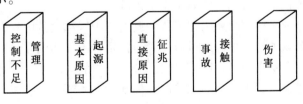

图 4-3　博德事故因果连锁模型

1. 管理原因——控制不当

在安全管理中，企业领导者的安全方针、政策及决策占有十分重要的位置。它包括生产及安全的目标、职员的配备、资料的利用、责任及职权范围的划分、职工的选择、训练、安排、指导及监督、信息传递、设备器材及装置的采购、维修及设计、正常及异常时的操作规程、设备的维修保养等。管理系统是随着生产的发展而不断发展完善的，十全十美的管理系统并不存在。由于管理上的缺陷，而导致事故基本原因的出现。所以，强化管理是减少控制不当，避免事故的最根本原因。

2. 基本原因——起源论（个人和环境因素）

为了从根本上预防事故，必须查明事故的基本原因，并针对查明的基本原因采取对策。个人原因包括缺乏知识或技能、动机不正确、身体上或精神上的问题等。工作方面的原因包括操作规程不合适，设备、材料不合格，以及温度、压力、湿度、粉尘、有毒有害气体、蒸汽，通风、等环境因素。只有找出这些基本原因，才能有效地预防事故的发生。所谓起源论，就是指要找出问题本身的、基本的、背后的原因，而不是仅停留在问题的表面现象上。只有这样，才能实现有效的控制。

3. 直接原因——事故征兆（从事故征兆去发现深层的原因）

不安全行为或不安全状态是事故的直接原因。直接原因只不过是基本原因的征兆，是一种表面现象，如果只抓住作为表面现象的直接原因而不追究其背后隐藏的深层原因，就永远不能从根本上杜绝事故的发生。另外，企业安全管理人员应该能够预测及发现这些作为管理缺欠的征兆的直接原因，并采取恰当的措施予以改善。

4. 导致事故——接触（对危险或能量进行隔离）

防止事故就是防止接触，可以通过改进装置、材料及设施防止能量释放，通过训练提高工人识别危险的能力，佩戴个人防护用品等来实现。

5. 伤害损失——应急处置

事故造成的伤害、死亡和损失，包括工伤、职业病，以及对人员精神方面、神经方面或全身性的不利影响，以及财产损坏或损失。在许多情况下，可以采取恰当的措施使事故造成的损失与伤亡最大限度地减少。例如，对受伤人员的迅速抢救、对设备进行抢修，以及平时进行的应急训练等。

三、轨迹交叉论

一些安全专家通过研究认为，事故的发生是由事物（人和物）的运动轨迹相交叉（相撞）而导致。所以，提出了事故的轨迹交叉理论。该理论的主要观点是，在事故发展进程中，人的因素运动轨迹与物的因素运动轨迹的交点就是事故发生的时间和空间，即人的不安全行为和物的不安全状态发生于同一时间、同一空间，或者说人的不安全行为与物的不安全状态相遇，就在此时间、空间发生了事故。

轨迹交叉理论作为一种事故致因理论，强调人的因素和物的因素在事故致因中占有同样重要的地位。按照该理论，可以通过避免人与物两种因素运动轨迹交叉，即避免人的不安全行为和物的不安全状态同时、同地出现，来预防事故的发生。轨迹交叉理论将事故的发生、发展过程描述为：始于"基本原因"，促成"间接原因"，进而导致"直接原因"发生事故或伤害出现。此"直接原因"即指人的"不安全行为"和"物的不安全状态"，这两者同时作用而造成"事故"发生,产生伤亡或损失的"后果"。

上述过程被形容为事故致因因素导致事故的运动轨迹,具体包括人的因素运动轨迹和物的因素运动轨迹。

1. 人的因素运动轨迹

人的不安全行为基于生理、心理、环境、行为几个方面而产生:①生理、先天身心缺陷;②社会环境、企业管理上的缺陷;③后天的心理缺陷;④视、听、嗅、味、触等感官能量分配上的差异;⑤行为失误。

2. 物的因素运动轨迹

在物的因素运动轨迹中,生产过程各阶段都可能产生不安全状态:①设计上的缺陷,如用材不当、强度计算错误、结构完整性差等;②制造、工艺流程上的缺陷;③维修保养上的缺陷;④使用上的缺陷;⑤作业场所环境上的缺陷。

管理的重点应放在控制物的不安全状态上,即消除"起因物",从而就不会出现"施害物",砍断物的因素运动轨迹,使人与物的轨迹不相交叉,事故即可避免,如图4-4所示。

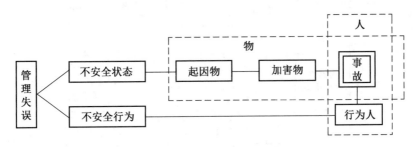

图4-4　人与物两系列形成事故的系统

实践证明,消除生产作业中物的不安全状态,可以大幅度地减少伤亡事故的发生。例如,美国铁路列车安装自动连接器之前,每年都有相当多的铁路工人死于车辆连接作业事故中,铁路部门的负责人把事故的责任归咎于工人的错误或不注意。后来,根据政府法令的要求,所有铁路车辆都装上了自动连接器。实际生产结果表明,车辆连接作业中的伤亡事故大大地减少了。

四、能量转移理论

近代工业的发展起源于蒸汽机的出现。将燃料的化学能转变为热能,并以水为介质转变为蒸汽,将蒸汽的热能再变为机械能输送到生产现场,这就是蒸汽机动力系统的能量转换过程。电气时代是将水的势能或蒸汽的动能转换为电能,在生产现场再将电能转变为机械能进行产品的制造、加工或资源开采。核电站是用核能(即原子能)转变为电能。总之,能量是具有做功功能的物理量、是由物质和场构成系统的最基本的物理量。输送到生产现场的能量,依生产的目的和手段不同,可以相互转变为各种能量形式,如势能、动能、热能、化学能、电能、原子能、辐射能、声能、生物能等。由于各种能量的转换使设备得以做功。

1961年,吉布森提出了事故是一种不正常的,或者不希望的能量释放论。吉布森认为各种形式的能量不正常释放，是构成伤害的直接原因。因此，应该通过控制能量，来实现或者预防伤害事故发生。在吉布森的研究基础上，1966年美国运输部安全局局长哈登完善了能量意外释放理论，提出了"人受伤害的原因是某种能量的转移"。哈登认为，事故是一种不正常的或不希望的能量释放并转移于人体。

五、管理失误论

管理失误论事故致因模型，侧重于研究管理上的责任，强调管理失误是构成事故的主要原因。事故之所以发生，是因为客观上存在着生产过程中的不安全因素；此外还有众多的社会因素和环境条件。导致事故的直接原因是人的不安全行为和物的不安全状态，但造成"人失误"和"物故障"的这一直接原因的根本原因却常常是管理上的缺陷。后者虽是间接原因，但它既是背景因素，又常是发生事故的本质原因。人的不安全行为可以促成物的不安全状态；物的不安全状态又会在客观上造成人之所以有不安全行为的环境条件，如图4-5中的间断线所示。

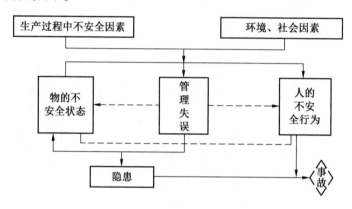

图4-5　管理失误论事故致因模型

"隐患"来自物的不安全状态（即危险源），而且和管理上的缺陷或管理人失误共同偶合才能形成；如果管理得当，及时控制，变不安全状态为安全状态，则不会形成隐患。客观上一旦出现事故隐患，主观上又有不安全行为，就会立即显现为伤亡事故。在此方面比较有代表性的是亚当斯的事故因果连锁论和北川彻提出的事故因果连锁论。亚当斯主要强调现场的管理，该理论认为只要加强现场管理，减少管理失误，就能避免、减少或降低事故。日本的北川彻提出的事故因果连锁论也认为管理失误是导致事故的主要原因，但主要强调的是要提高全社会的管理，消除了社会的管理原因，形成了安全文化氛围，事故就会大大避免、减少或消除事故。

六、两类危险源理论

1995年，我国著名安全工程专家、东北大学陈宝智教授在对系统安全理论进行系统研究的基础上，提出了事故致因的两类危险源理论：第一类危险源是伤亡事故发生的能量主体，是第二类危险源出现的前提，并决定事故后果的严重程度；第二类危险源是第一类危险源造成事故的必要条件，决定事故发生的可能性。两类危险源相互关联、相互依存。

根据两类危险源理论，第一类危险源是一些物理实体，第二类危险源是围绕着第一类危险源而出现的一些异常现象或状态。因此，危险源辨识的首要任务是辨识第一类危险源，然后围绕第一类危险源来辨识第二类危险源。为此，由这一理论而产生的新的事故因果连锁模型，如图4-6所示。

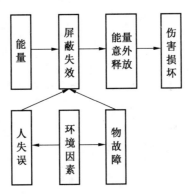

图 4-6　两类危险源理论事故致因连锁模型

七、综合原因论

综合原因理论认为，事故发生是由社会因素、管理因素和生产中的危险因素被偶然事件触发所造成的，其模式图如图4-7所示。

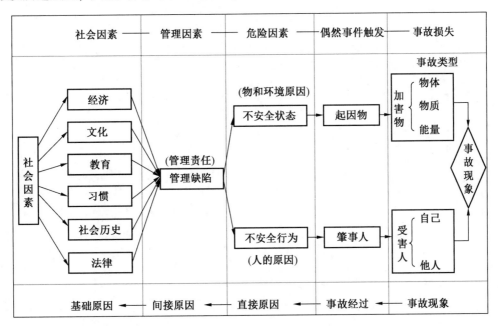

图 4-7　综合原因论事故模式图

事故的直接原因是指人的不安全行为、物的不安全状态和环境的不安全条件，这些人、物、环境因素构成了生产中的危险因素（事故隐患）。间接原因是指管理缺陷，即管理失误和管理责任。基础原因包括经济、文化、学校教育、民族习惯、社会历史和法律等因素。偶然事件触发是指由于起因物和肇事人的作用，而造成一定类型的事故和伤害的过程。

复习思考题

1. 事故的概念及特征是什么？

2. 导致事故发生的原因有哪些？

3. 中华人民共和国国家标准《企业职工伤亡事故分类》（GB 6441—1986）是如何对事故进行分类的？

4. 海因里希法则给了我们哪些启示？

5. 由事故致因理论，我们可以得到什么样的结论？

项目五 事故预防与控制

学习目标

➢ 掌握"3E"对策措施的基本知识，对于事故预防和控制，应能从"3E"对策方面提出具体的措施。

➢ 掌握安全教育和管理的重要性。

任务一 安全技术对策

安全技术对策是控制物质形态的事故起因，即对工厂规划、设备设计、工艺操作、机器维修等方面，采用安全技术的和卫生技术的手段，实现生产的本质安全化，是预防和控制事故的最佳安全措施。例如，通过通风净化措施消除粉尘、废气对人体的危害；采用自动锁闭、遥控、绝缘、紧急报警等方法防止机电伤害事故。除具体的硬技术以外，根据现代管理的观点，技术对策的重点还包括从系统的角度解决安全问题。例如，用安全系统工程的理论分析事故致因，指导总体的安全设计，使工程项目在设计、施工、投产的整个运行过程中都贯穿实现系统安全工程的思想。技术对策是实现本质安全，从根本上保证安全生产的最基本措施。

一、安全技术对策的基本原则

安全技术对策措施的原则是优先应用无危险或危险性较小的工艺和物料，广泛采用综合机械化、自动化生产装置（生产线）和自动化监测、报警、排除故障和安全连锁保护等装置，实现自动化控制、遥控或隔离操作。尽可能防止操作人员在生产过程中直接接触可能产生危险因素的设备、设施和物料，使系统在人员误操作或生产装置（系统）发生故障的情况下也不会造成事故的综合措施，是应优先采取的对策措施。

二、安全技术对策的基本措施

（一）厂址厂区布局安全对策措施

1. 厂址选择

根据国家标准《工业企业总平面设计规范》（GB 50187—2012）的要求选择厂址。选择厂址时，除考虑建设项目的经济性和技术合理性并满足工业布局和城市规划要求外，在安全方面应重点考虑地质、地形、水文、气象等自然条件对企业安全生产的影响和企业与周边区域的相互影响。

1）自然条件的影响

（1）不得在风景、自然、历史文物古迹、水源等保护区，有开采价值的矿藏区，有滑坡、泥石流、溶洞、流沙等直接危害地段，高放射本底区，采矿陷落、错动区，淹没区，地震断层区，地震烈度高于九度地震区，IV级湿陷性黄土区，III级膨胀土区，地方病高发区和化学废弃物层上面建设。

（2）依据地震、台风、洪水、雷击、地形和地质构造等自然条件资料，结合建设项目生产过程和特点，采取易地建设或采取有针对性的、可靠的对策措施，如设置可靠的防洪排涝设施，按地震烈度要求设防，工程地质和水文地质不能完全满足工程建设需要时的补救措施，产生有毒气体的工厂不宜设在盆地窝风处等。

（3）对产生和使用危险危害性大的工业产品、原料、气体、烟雾、粉尘、噪声、振动和电离、非电离辐射的建设项目，还必须依据国家有关专门法规、标准的要求，提出对策措施，如生产和使用氰化物的建设项目禁止建在水源的上游附近。

2）与周边区域的相互影响

除环保、消防行政部门管理的范畴外，主要考虑风向和建设项目与周边区域，特别是周边生活区、旅游风景区、文物保护区、航空港和重要通信、输变电设施，以及开放型放射工作单位、核电厂、剧毒化学品生产厂等在危险性和危害性方面相互影响的程度，采取位置调整、按国家规定保持安全距离和卫生防护距离等对策措施。

2. 厂区平面布置

在满足生产工艺流程、操作要求、使用功能需要和消防、环保要求的同时，主要从风向、安全距离、交通运输安全和各类作业、物料的危险性和危害性出发，在平面布置方面采取对策措施。

1）功能分区

将生产区、辅助生产区、管理区和生活区按功能相对集中分别布置，布置时应考虑生产流程、生产特点和火灾爆炸危险性，结合周边地形、风向等条件，以减少危险、有害因素的交叉影响。管理区、生活区一般应布置在全年或夏季主导风向的上风侧或全年最小风频风向的下风侧。辅助生产设施的循环冷却水塔、池不宜布置在变配电所、露天生产装置和铁路冬季主导风向的上风侧和怕受水雾影响设施全年主导风向的上风侧。

2）厂内运输和装卸

厂内运输和装卸包括厂内铁路、道路、输送机通廊和码头等运输和装卸。应根据工艺流程、货运量、货物性质和消防的需要，选用适当运输和运输衔接方式，合理组织车流、物流、人流。为保证运输、装卸作业安全，应从设计上对厂内道路的布局、宽度、坡度、转弯半径、净空高度、安全界线及安全视线、建筑物与道路间距和装卸，特别是危险品装卸场所、堆扬、仓库布局等方面采取对策措施。例如，全厂性污水处理场及高架火炬等设施，宜布置在人员集中场所及明火或散发火花地点的全年最小风频风向的上风侧；设置环形通道，保证消防车、急救车顺利通过可能出现事故的地点；易燃、易爆产品的生产区域和仓储区域，根据安全需要，设置限制车辆通行或禁止车辆通行的路段；道路净空高度不得小于 5 m；厂内铁路线路不得穿过易燃、易爆区；主要人流出入口与主要货流出入口分开布置，主要货流出口、入口宜分开布置；采用架空电力线路进出厂区的总变配电所，应布置在厂区边缘等。

3）危险设施、处理有害物质设施的布置

可能泄漏或散发易燃、易爆、腐蚀、有毒、有害介质的生产、贮存和装卸设施、有害废弃物堆场等的布置应遵循以下原则：

（1）应远离管理区、生活区、中央实验室、仪表修理间，尽可能露天、半封闭布置。应布置在人员集中场所、控制室、变配电所和其他主要生产设备的全年或夏季主导风向的下风侧或全年最小风频风向的上风侧并保持安全、卫生防护距离；当评价出的危险、危害半径大于规定的防护距离时，宜采用评价推荐的距离。贮存、装卸区宜布置在厂区边缘地带。

（2）有毒、有害物质的有关设施应布置在地势平坦、自然通风良好地段，不得布置在窝风低洼地段。

（3）剧毒物品的有关设施还应布置在远离人员集中场所的单独地段内，宜以围墙与其他设施隔开。

（4）腐蚀性物质的有关设施应按地下水位和流向，布置在其他建筑物、构筑物和设备的下游。

（5）易燃易爆区应与厂内外居住区、人员集中场所、主要人流出入口、铁路、道路干线和产生明火地点保持安全距离；易燃易爆物质仓储、装卸区宜布置在厂区边缘，可能泄漏、散发液化石油气及相对密度大于 0.7（空气 = 1）的可燃气体和可燃蒸气的装置不宜毗邻生产控制室、变配电所布置；油、气贮罐宜低位布置。

（6）辐射源装置应设在僻静的区域，与居住区、人员集中场所，人流密集区和交通主干道、主要人行道保持安全距离。

4）强噪声源、振动源的布置

（1）主要噪声源应远离厂内外要求安静的区域，宜相对集中、低位布置；高噪声厂房与低噪声厂房应分开布置，其周围宜布置对噪声非敏感设施和较高大、朝向有利于隔声的建筑物作为缓冲带；交通干线应与管理区、生活区保持适当距离。

（2）强振动源，包括锻锤、空压机、压缩机、振动落沙机、重型冲压设备等生产装置、发动机实验台和火车、重型汽车道路等应用管理、生活区和对其敏感的作业区，如实验室、超精加工、精密仪器等之间，按功能需要和精密仪器、设备的允许振动速度要求保持防振距离。

5）建筑物自然通风及采光

为了满足采光、避免西晒和自然通风的需要，建筑物的朝向应根据当地纬度和夏季主导风向确定，一般夏季主导风向与建筑物长轴线垂直或夹角应大于 45°。半封闭建筑物的开口方向，面向全年主导风向，其开口方向与主导风向的夹角不宜大于 45°。在丘陵、盆地和山区，则应综合考虑地形、纬度和风向来确定建筑物的朝向。建筑物的间距应满足采光、通风和消防要求。

6）其他要求

依据行业规范和有关单体、单项（石油库、氧气站等）规范的要求，应采取其他相应的平面布置对策措施。

（二）防火、防爆安全对策措施

火灾、爆炸事故一旦发生，后果极其严重。为了确保安全生产，首先必须做好预防工作，消除可能引起燃烧爆炸的危险因素。从理论上讲，使可燃物质不处于危险状态或者消除一切着火源，这两项措施，只要控制其一，就可以防止火灾和化学爆炸事故的发生。但在实践中，由于生产条件的限制或某些不可控因素的影响，仅采取一种措施是不够的，往往往需要采取多方面的措施，以提高生产过程的安全程度。另外，还应考虑其他辅助措施，以便在万一发生火灾爆炸事故时，减少危害的程度，将损失降到最低限度，这些都是在防火防爆工作中必须全面考虑的问题。

1. 防火、防爆安全对策措施的原则

1) 防止可燃可爆系统的形成

防止可燃物质、助燃物质、引燃能源同时存在；防止可燃物质、助燃物质混合形成的爆炸性混合物（在爆炸极限范围内）与引燃能源同时存在。为防止可燃物与空气或其他氧化剂作用形成危险状态，在生产过程中，首先应加强对可燃物的管理和控制，利用不燃或难燃物料取代可燃物料，不使可燃物料泄漏和聚集形成爆炸性混合物；其次是防止空气和其他氧化性物质进入设备内或防止泄漏的可燃物料与空气混合。

（1）取代或控制用量。在工艺上可行的条件下，在生产过程中不用或少用可燃可爆物质，如用不燃或不易燃烧爆炸的有机溶剂（如四氯化碳或水）取代易燃的苯、汽油，根据工艺条件选择沸点较高的溶剂等。

（2）加强密闭。为防止易燃气体、蒸气和可燃性粉尘与空气形成爆炸性混合物，应设法使生产设备和容器尽可能密闭操作。为保证设备的密闭性，对处理危险物料的设备及管路系统应尽量少用法兰连接，但要保证安装检修方便；输送危险气体、液体的管道应采用无缝钢管；盛装具有腐蚀性介质的容器，底部尽可能不装阀门，腐蚀性液体应从顶部抽吸排出。如用液位计的玻璃管，要装设坚固的保护装置，以免打碎玻璃，漏出易燃液体。应慎重使用脆性材料。如设备本身不能密封，可采用液封或负压操作，以防系统中有毒或可燃性气体逸入厂房。加压或减压设备，在投产前和定期检修后应检查密闭性和耐压程度。

（3）通风排气。为保证易燃、易爆、有毒物质在厂房生产环境中其浓度不超过危险浓度，必须采取有效的通风排气措施。

（4）惰性化。在可燃气体或蒸气与空气的混合气中充入惰性气体，可降低氧气、可燃物的百分比，从而消除爆炸危险和阻止火焰的传播。在以下几种场合常采用惰性化：①易燃固体的粉碎、研磨、混合、筛分及粉状物料的气流输送；②可燃气体混合物的生产和处理过程；③易燃液体的输送和装卸作业；④开工、检修前的处理作业等。

2) 消除、控制引燃能源

为预防火灾及爆炸灾害，对点火源进行控制是消除燃烧三要素同时存在的一个重要措施。引起火灾爆炸事故的能源主要有明火、高温表面、摩擦和撞击、绝热压缩、化学反应热、电气火花、静电火花、雷击和光热射线等。在有火灾爆炸危险的生产场所，对这些着火源都应引起充分的注意，并采取严格的控制措施。

（1）明火和高温表面。对于易燃液体的加热应尽量避免采用明火。一般加热时可采用过热水或蒸汽。如果必须采用明火，设备应严格密封，燃烧室应与设备分开建筑或隔离，并按防火规定留出防火间距。高温物料的输送管线不应与可燃物、可燃建筑构件等接触；应防止可燃物散落在高温表面上；可燃物的排放口应远离高温表面，如果接近，则应有隔热措施。

（2）摩擦与撞击。摩擦与撞击往往成为引起火灾爆炸事故的原因。如金属零件、铁钉等落入粉碎机、反应器、提升机等设备内，由于铁器和机件的撞击起火；导管或容器破裂，内部溶液和气体喷出时摩擦起火等。因此，在有火灾爆炸危险的场所，应采取防止火花生成的措施。

机器上的轴承等转动部件，应保证有良好的润滑，要及时加油并经常清除附着的可燃污垢；机件的摩擦部分，如搅拌机和通风机上的轴承，最好采用有色金属制造的轴瓦。锤子、扳手等工具应防爆。为防止金属零件等落入设备或粉碎机里，在设备进料口前应装磁力离析器。不宜使用磁力离析器的危险物料破碎时，应采用惰性气体保护。输送气体或液体的管道，应定期进行耐压试验，防止破裂或接口松脱而喷射起火。凡是撞击或摩擦的两部分都应采用不同的金属制成，通风机翼应采用不发生火花的材料制作。搬运金属容器，严禁在地上抛掷或拖拉，在容器可能碰撞部位覆盖不会产生火花的材料。防爆生产厂房，地面应铺不燃材料的地坪，进入车间禁止穿带铁钉的鞋。吊装盛有可燃气和液体的金属容器用的吊车，应经常重点检查，以防吊绳断裂、吊钩松脱，造成坠落冲击发火。高压气体通过管道时，应防止管道中的铁锈因随气流流动与管壁摩擦变成高温粒子而成为可燃气的着火源。

（3）防止电气火花。一般的电气设备很难完全避免电火花的产生，因此在火灾爆炸危险场所必须根据物质的危险特性正确选用不同的防爆电气设备。必须设置可靠的避雷设施；有静电积聚危险的生产装置和装卸作业应有控制流速、导除静电、静电消除器、添加防静电剂等有效的消除静电措施。

3）有效监控，及时处理

在可燃气体、蒸气可能泄漏的区域设置检测报警仪，这是监测空气中易燃易爆物质含量的重要措施。当可燃气体或液体万一发生泄漏而操作人员尚未发现时，检测报警仪可在设定的安全浓度范围内发出警报，便于及时处理泄漏点，从而避免发生重大事故。早发现、早排除、早控制，防止事故发生和蔓延扩大。

2. 设备防火、防爆设计

设备、机器种类繁多，其中化工设备就可分为塔槽类、换热设备、反应器、分离器、加热炉和废热锅炉等；压力容器按工作压力不同，分为低压、中压、高压和超高压4个等级；化工机器是完成化工生产正常运行必不可少的。材料的正确选择是设备与机器优化设计的关键，也是确保装置安全运行、防止火灾爆炸的重要手段。选择材料应注意以下几个问题。

（1）必须全面考虑设备与机器的使用场合、结构型式、介质性质、工作特点、材料性能、工艺性能和经济合理性。

（2）材料选用应符合各种相应标准、法规和技术文件的要求。

（3）选用材料的化学成分、金相组织、机械性能、物理性能、热处理焊接方法应符合有关的材料标准，与之相应的材料试验和鉴定应由用户和制造厂商定。

（4）由制造厂提供的其他材料，经试验、技术鉴定后，确能保证设计要求的，用户方可使用。

（5）处理、输送和分离易燃易爆、有毒和强化学腐蚀性介质时，材料的选用尤其慎重，应遵循有关材料标准。

（6）与设备所用材料相匹配的焊接材料要符合有关标准、规定。

（7）进行技术革新、设备改造，使用代材时，要有严格的审批手续。

（8）严格执行进厂设备、备件、材料的质量检查验收制度，防止不合格设备、备件、材料进入生产装置投入生产，消除设备本身的不安全因素。

（9）在设计、材料分类和加工等各阶段，都可能发生材料误用问题，因此要严格管理制度，严把设备采购关，防止低劣产品进厂。

总之，设备与机器在设计时必须安全可靠，其选型、结构、技术参数等方面必须准确无误，并符合设计标准的要求；工艺提出的专业设计条件应正确无误；对于易燃易爆、有毒介质的储运机械设备，应符合有关安全标准要求。

3. 建筑物防火、防爆安全对策措施

1）生产和储存的火灾危险性分类

根据国家标准《建筑设计防火规范》（2018 年版，GB 50016—2014）规定，生产和储存的火灾危险性分为甲、乙、丙、丁、戊 5 类，见表 5-1 和表 5-2。根据火灾危险性的不同，可从防火间距、建筑耐火等级、容许层数、安全疏散、消防灭火设施等方面提出防止和限制火灾爆炸的要求和措施。

表 5-1　生产的火灾危险性分类

生产类别	使用或产生下列物质生产的火灾危险性特征
甲	1. 闪点小于 28 ℃的液体。 2. 爆炸下限小于 10%的气体。 3. 常温下能自行分解或在空气中氧化能导致迅速自燃或爆炸的物质。 4. 常温下受到水或空气中水蒸气的作用，能产生可燃气体并引起燃烧或爆炸的物质。 5. 遇酸、受热、撞击、摩擦、催化及遇有机物或硫磺等易燃的无机物，极易引起燃烧或爆炸的强氧化剂。 6. 受撞击、摩擦或与氧化剂、有机物接触时能引起燃烧或爆炸的物质。 7. 在密闭设备内操作温度不小于物质本身自燃点的生产
乙	1. 闪点不小于 28 ℃，但小于 60 ℃的液体。 2. 爆炸下限不小于 10%的气体。 3. 不属于甲类的氧化剂。 4. 不属于甲类的化学易燃危险固体。 5. 助燃气体。 6. 能与空气形成爆炸性混合物的浮游状态的粉尘、纤维、闪点不小于 60 ℃的液体雾滴
丙	1. 闪点不小于 60 ℃的液体。 2. 可燃固体
丁	1. 对不燃烧物质进行加工，并在高温或熔化状态下经常产生强辐射热、火花或火焰的生产。 2. 利用气体、液体、固体作为燃料或将气体、液体进行燃烧作其他用的各种生产。 3. 常温下使用或加工难燃烧物质的生产
戊	常温下使用或加工不燃烧物质的生产

表 5-2　储存物品的火灾危险性分类

仓库类别	储存物品的火灾危险性特征
甲	1. 闪点小于 28 ℃的液体。 2. 爆炸下限小于 10%的气体，以及受到水或空气中水蒸气的作用，能产生爆炸下限小于 10%气体的固体物质。 3. 常温下能自行分解或在空气中氧化能导致迅速自燃或爆炸的物质。 4. 常温下受到水或空气中水蒸气的作用，能产生可燃气体并引起燃烧或爆炸的物质。 5. 遇酸、受热、撞击、摩擦及遇有机物或硫磺等易燃的无机物，极易引起燃烧或爆炸的强氧化剂。 6. 受撞击、摩擦或与氧化剂、有机物接触时能引起燃烧或爆炸的物质
乙	1. 闪点不小于 28 ℃，但小于 60 ℃的液体。 2. 爆炸下限不小于 10%的气体。 3. 不属于甲类的氧化剂。 4. 不属于甲类的化学易燃危险固体。 5. 助燃气体。 6. 常温下与空气接触能缓慢氧化，积热不散引起自燃的物品
丙	1. 闪点不小于 60 ℃的液体。 2. 可燃固体
丁	难燃烧物品
戊	不燃烧物品

2）建筑物的耐火等级

在国家标准《建筑设计防火规范》（2018 年版，GB 50016—2014）里，建筑物被分为一、二、三、四个耐火等级。对建筑物的主要构件，如承重墙、梁、柱、楼板等的耐火性能均进行了明确规定，见表 5-3。在建筑设计时对那些火灾危险性特别大的，使用大量可燃物质和贵重器材设备的建筑，在容许的条件下，应尽可能采用耐火等级较高的建筑材料施工。在确定耐火等级时，各构件的耐火极限应全部达到要求。

表 5-3　建筑物构件的燃烧性能和耐火极限　　　　　　　　　　　h

构件名称		耐火等级			
		一级	二级	三级	四级
墙	防火墙	不燃烧体 3.00	不燃烧体 3.00	不燃烧体 3.00	不燃烧体 3.00
	承重墙	不燃烧体 3.00	不燃烧体 2.50	不燃烧体 2.00	难燃烧体 0.50
	非承重外墙	不燃烧体 1.00	不燃烧体 1.00	不燃烧体 0.50	燃烧体
	楼梯间、前室的墙，电梯井的墙 居住建筑单元之间的墙和分户墙	不燃烧体 2.00	不燃烧体 2.00	不燃烧体 1.50	难燃烧体 0.50
	疏散走道两侧的隔墙	不燃烧体 1.00	不燃烧体 1.00	不燃烧体 0.50	难燃烧体 0.25
	房间隔墙	不燃烧体 0.75	不燃烧体 0.50	难燃烧体 0.50	难燃烧体 0.25

表 5-3（续）　　　　　　　　　　　　　　　　　　　　　　　　h

构件名称	耐火等级			
	一级	二级	三级	四级
柱	不燃烧体 3.00	不燃烧体 2.50	不燃烧体 2.00	难燃烧体 0.50
梁	不燃烧体 2.00	不燃烧体 1.50	不燃烧体 1.00	难燃烧体 0.50
楼板	不燃烧体 1.50	不燃烧体 1.00	不燃烧体 0.50	燃烧体
屋顶承重构件	不燃烧体 1.50	不燃烧体 1.00	燃烧体 0.50	燃烧体
疏散楼梯	不燃烧体 1.50	不燃烧体 1.00	不燃烧体 0.50	燃烧体
吊顶（包括吊顶搁栅）	不燃烧体 0.25	难燃烧体 0.25	难燃烧体 0.15	燃烧体

注：1. 耐火等级低于四级的原有建筑物，其耐火等级可按四级确定；除本规范另有规定者外，以木柱承重且以不燃烧材料作为墙体的建筑，其耐火等级应按四级确定。
　　2. 各类建筑构件的耐火极限和燃烧性能可按本规范附录 C 确定。
　　3. 住宅建筑构件的耐火极限和燃烧性能可按现行国家标准《住宅建筑规范》（GB 50368—2005）的规定执行。

3）厂房的耐火等级、层数和占地面积

厂房的层数及面积、耐火等级应符合国家标准《建筑设计防火规范》（2018 年版，GB 50016—2014）的要求。

4）厂房建筑的防爆设计

（1）合理布置有爆炸危险的厂房。除有特殊需要外，一般情况下，有爆炸危险的厂房宜采用单层建筑。有爆炸危险的生产不应设在地下室或半地下室。敞开式或半敞开式建筑的厂房，自然通风良好，因而能使设备系统中泄漏出来的可燃气、可燃液体蒸气及粉尘很快地扩散，使之不易达到爆炸极限，有效地排除形成爆炸的条件。但对采用敞开或半敞开式建筑的生产设备和装置，应注意气象条件对生产设备和操作人员健康的影响等，并妥善合理地处理夜间照明、雨天防滑、夏日防晒、冬季防寒和有关休息等方面的问题。对单层厂房来说，应将有爆炸危险的设备配置在靠近一侧外墙门窗的地方。工人操作位置在室内一侧，且在主导风向的上风位置。配电室、车间办公室、更衣室等有火源及人员集中的用房，采用集中布置在厂房一端的方式，设防爆墙与生产车间分隔，以保安全。有爆炸危险的多层厂房的平面设备布置，其原则基本上与单层厂房相同，但对多层厂房不应将有爆炸危险的设备集中布置在底层或夹在中间层。应将有爆炸危险的生产设备集中布置在顶层或厂房一端的各楼层。

（2）采用耐火、耐爆结构。对有爆炸危险的厂房，应选用耐火、耐爆较强的结构型式，以避免和减轻现场人员的伤亡和设备物资的损失。

（3）设置必要的泄压面积。有爆炸危险的厂房，应设置泄压轻质屋盖、泄压门窗、轻质外墙。布置泄压面，应尽可能靠近爆炸部位，泄压方向一般向上；侧面泄压应尽量避开人员集中场所、主要通道及能引起二次爆炸的车间、仓库。对有爆炸危险厂房所规定的泄压面积与厂房体积的比值应采用 $0.05 \sim 0.22$ m²/m³。当厂房体积超过 1000 m³，采用上述比值有困难时，可适当降低，但不宜小于 0.03 m²/m³。

（4）设置防爆墙、防爆门、防爆窗。防爆墙应具有耐爆炸压力的强度和耐火性能。防爆墙上不应开通气孔道，不宜开普通门、窗、洞口，必要时应采用防爆门窗。防爆窗的窗框及玻璃均应采用抗爆强度高的材料。窗框可用角钢、钢板制作。玻璃则应采用夹层的防爆玻璃。防爆门应具有很高的抗爆强度，需采用角钢或槽钢、工字钢拼装焊接制作门框骨架，门板则以抗爆强度高的装甲钢板或锅炉钢板制作。门的铰链装配时，应衬有青铜套轴和垫圈；门扇的周边衬贴橡皮带软垫，以排除因开关时由于摩擦碰撞可能产生的火花。

（5）不发火地面。不发火地面按构造材料性质可分为两大类，即不发火金属地面和不发火非金属地面。不发火金属地面，其材料一般常用铜板、铝板等有色金属制作。不发火非金属材料地面，又可分为不发火有机材料地面和不发火无机材料地面。不发火有机材料地面，是采用沥青、木材、塑料、橡胶等敷设的，但这些材料的导电性差，具有绝缘性能，因此对导走静电不利，当用这种材料时，必须同时考虑导走静电的接地装置；不发火无机材料地面，是采用不发火水泥石砂、细石混凝土、水磨石等无机材料制造，骨料可选用石灰石、大理石、白云石等不发火材料，但这些石料在破碎时多采用球磨机加工。

（6）露天生产场所内建筑物的防爆。敞开布置生产设备、装置，使生产实现露天化，可以不需要建造厂房。但按工艺过程的要求，尚需建造中心控制室、配电室、分析室、办公室、生活室等用房，这些建筑通常设置在有爆炸危险场所内或附近，所以这些建筑必须采取有效的防爆措施。可采取的防爆措施包括：保持室内正压。一般采用机械送风，使室内维持正压，从而避免室内爆炸性混合物的形成，排除形成爆炸的条件。送风机的空气引入口必须置于气体洁净的地方，防止可燃气体或蒸气的吸入；开设双门斗；设耐爆固定窗。采用耐爆结构；室内地面应高出露天生产界区地面；当由于工艺布置要求建筑留有管道孔隙及管沟时，管道孔隙要采取密封措施，材料应为非燃烧体填料，管沟则应设置阻火分割密封。

（7）排水管网的防爆。应采取合理的排水措施，连接下水主管道处应设水封井。对工艺物料管道、热力管道、电缆等设施的地面管沟，为防止可燃气体或蒸气扩散到其他车间的管沟空间，应设置阻火分割设施，如在地面管沟中段或地下管沟穿过防爆墙外设阻火分隔沟坑，坑内填满干砂或碎石，以阻止火焰蔓延及可燃气体或蒸气、粉尘扩散窜流。

（8）防火间距。在总平面布置设计时，要留有足够的防火间距。防火间距的计算方法是从建筑物外墙突出部分算起；铁路的防火间距，是从铁路中心线算起；公路的防火间距是从邻近一边的路边算起。防火间距的确定，应以生产可能产生的火灾危险性大小及其特点来综合评定。其考虑原则是：发生火灾时，直接与其相邻的装置或设施不会受到火焰加热；邻近装置中的可燃物（或厂房），不会被辐射热引燃；燃烧着的液体从火灾地点流不到或飞散不到其他地点。

（9）安全疏散设施及安全疏散距离。安全疏散设施包括安全出口，即疏散门、过道、楼梯、事故照明和排烟设施等。一般来说，安全出口的数目不应少于 2 个（层面面积小、现场作业人员少者例外）。过道、楼梯的宽度是根据层面能容纳的最多人数在发生事故时能迅速撤出现场为依据而设计的，所以必须保证畅通，不得随意堆物，更不能堆放易燃易爆物品。疏散门应向疏散方向开启，不能采用吊门和侧拉门，严禁采用转门，要求在内部可随时推动门把手开门，门上禁止上锁。疏散门不应设置门槛。甲、乙、丙类厂房和高层厂房的疏散楼梯应采用封闭楼梯间，高度超过 32 m 且每层人数在 10 人以上的，宜采用防烟楼梯间或室外楼梯。

4. 仪器防火、防爆安全对策措施

尽可能提高系统自动化程度，采用自动控制技术、遥控技术，自动控制工艺操作程序和物料配比、温度、压力等工艺参数；在设备发生故障、人员误操作形成危险状态时，通过自动报警、自动切换备用设备、启动连锁保护装置和安全装置、实现事故性安全排放直至安全顺序停机等一系列的自动操作，保证系统的安全。

仪表及自控防火、防爆的具体要求如下。

（1）采用本质安全型电动仪表时，即使由于某种原因而产生火花、电弧或过热也不会构成点火源而引起燃烧或爆炸，因此原则上可以适用于最高级别的火灾爆炸危险场所。

（2）生产装置的监测、控制仪表除按工艺控制要求选型外，还应根据仪表安装场所的火灾危险性和爆炸危险性，按爆炸和火灾危险场所电力装置设计规范选型。

（3）设计所选用的控制仪表及控制回路必须可靠，不得因设计重复控制系统而选用不能保证质量的控制仪表。

（4）当仪表的供电、供气中断时，调节阀的状态应能保证不导致事故或扩大事故。

（5）仪表的供电应有事故电源，供气应有贮气罐，容量应能保证停电、停气后维持30分钟的用量。

（6）在考虑信号报警器及安全连锁防爆设计时，应遵循下列原则：系统的构成可以选用有触点的继电器，也可以选用无触点的回路，但必须保证动作可靠。信号报警接点可利用仪表的内藏接点，也可以单独设置报警单元。自动保护（连锁）用接点，重要场合宜与信号接点分开，单独设置故障检出。连锁系统动作后应有征兆报警设施。重要场合，连锁故障检查器可设 2 个或 2 个以上，以确保可靠性。

（7）可燃气体监测报警仪的报警系统应设在生产装置的控制室内，设计时必须考虑以下几点：可燃气体或有毒有害气体监测报警仪的质量、防爆性能必须达到国家标准；必须正确确定监测报警仪的检测点；检测器和报警器等的选用和安装必须符合有关规定。

（8）引进技术所选用的监测控制仪表不应低于我国现行标准的要求。

（9）生产装置的控制室不得兼值班工人休息室。

（10）在容易泄漏油气和可能引起火灾爆炸事故的地点，如甲类压缩机附近，集中布置的甲类设备和泵附近，加热炉的防火墙外侧及其仪表送配电室，变电所附近的门外等处，在条件可能时，应设置可燃气体报警仪。

5. 消防设施安全对策措施

在进行工厂设计时，必须同时进行消防设计。在采取有效的防火措施的同时，应根据工厂的规模、火灾危险性和相邻单位消防协作的可能性，设置相应的灭火设施。

1）防给水设施

（1）消防水池或天然水源，可作为消防供水源。当利用此类水源时，应有可靠的吸水设施，并保证枯水时最低消防用水量。消防水池不得被易燃可燃液体污染。

（2）消防给水管道是保证消防用水的给水管道，可与生活、生产用水的水道合并，如不经济或不可能，则设独立管道。低压消防给水系统不宜与循环冷却水系统合并，但可作备用水源。消防给水管道可采用低压或高压给水。采用低压给水时，管道压力应保证在消防用水达到设计用水量时不低于 15 m 的水压（从地面算起）；采用高压给水时，其压力应为 0.7～1.2 MPa。

（3）消防给水管网应采用环状布置，其输水干管不应少于两条，目的在于当其中一条发生事故时仍能保证供水。环状管道应用阀分成若干段（此阀应常开），以便于检修。

（4）室外消火栓应沿道路设置（便于消防车吸水）设置数量由消火栓的保护半径和室外消防用水量确定。低压给水管网室外消火栓保护半径不宜超过 120 m。露天生产装置的消火栓宜设置在装置四周。当装置宽度大于 120 m 时，可在装置内的路边增设。易燃、可燃液体罐区及液化石油气罐区的消火栓应该设在防火堤外。

（5）设有消防给水的建筑物，各层均应设室内消火栓；甲、乙类厂房室内消火栓的距离不应大于 50 m；宜设置在明显易于取用的地点，栓口离地面高度为 1.2 m。

2）露天装置区消防给水

石油化工企业露天装置区有大量高温、高压（或负压）的可燃液体或气体、金属设备、塔器等，一旦出现火警，必须及时冷却，防止火势扩大，故应设灭火、冷却消防给水设施。

（1）消防供水竖管，即输送泡沫液或消防水的主管。根据需要设置，在平台上应有接口，在竖管旁设消防水带箱，备齐水带、水枪和泡沫管枪。

（2）冷却喷淋设备，当塔器、容器的高度超过 30 m 时，为确保火灾时及时冷却，宜设固定冷却设备。

（3）消防水幕，有些设备在不正常情况下会泄出可燃气体，有的设备则具有明火或高温，对此可采用水幕或蒸汽幕分隔保护。消防水幕应具有良好的均匀连续性。

（4）带架水枪，在危险性较大且较高的设备四周，宜设置固定的带架水枪（水炮）。一般，炼制塔群和框架上的容器除有喷淋、水幕设施外，再设带架水枪。

3）灭火器

厂内除设置全厂性的消防设施外，还应设置小型灭火机和其他简易的灭火器材。其种类及数量，应根据场所的火灾危险性、占地面积及有无其他消防设施等情况综合全面考虑。

灭火器类型的选择应符合下列规定：①扑救 A 类火灾应选用水型、泡沫、磷酸铵盐干粉、卤代烷型灭火器。②扑救 B 类火灾应选用干粉、泡沫、卤代烷、二氧化碳型灭火器，扑救极性溶剂 B 类火灾应选用抗溶泡沫灭火器。③扑救 C 类火灾应用干粉、卤代烷、二氧化碳型灭火器。④扑救带电火灾应选用卤代烷、二氧化碳、干粉型灭火器。⑤扑救 A、B、C 类火灾和带电火灾应选用磷酸铵盐干粉、卤代烷型灭火器。⑥扑救 D 类火灾的灭火器材应由设计单位和当地公安消防监督部门协商解决。

（三）机械伤害安全对策措施

1. 设计与制造安全对策措施

1）选用适当的设计

（1）采用本质安全技术。避免锐边、尖角和突出部分；保持安全距离；限制有关因素的物理量，如将操纵力限制到最低值，使操作件不会因破坏而产生机械危险；限制运动件的质量或速度，以减小运动件的动能；限制噪声和振动等；使用本质安全工艺过程和动力源，对预定在爆炸环境中使用的机器，应采用全气动或全液压控制系统和操纵机构，或者"本质安全"电气装置，也可采用电压低于"功能特低电压"的电源，以及在机器的液压装置中使用阻燃和无毒液体。

（2）限制机械应力。使零件的机械应力不超过许用值，保证安全系数，以防止由于零件应力过大而被破坏或失效，避免故障或事故的发生；同时，通过控制连接、受力和运动状态来限制应力。

（3）材料和物质的安全性。用以制造机器的材料、燃料和加工材料在使用期间不得危及面临人员的安全或健康。

（4）履行安全人机工程学原则。在机械设计中，通过合理分配人机功能、适应人体特性、人机界面设计、作业空间的布置等方面履行安全人机工程学原则，提高机器的操作性能和可靠性，使操作者的体力消耗和心理压力尽量降到最低，从而减少操作差错。

（5）设计控制系统的安全原则。机械在使用过程中，典型的危险工况有：意外启动；速度变化失控；运动不能停止；运动机器零件或工件飞出；安全装置的功能受阻等。控制系统的设计应考虑各种作业的操作模式或采用故障显示装置，使操作者可以安全进行干预的措施，并遵循以下原则和方法。

①机构启动及变速的实现方式。机构的启动或加速运动应通过施加或增大电压或流体压力去实现，若采用二进制逻辑元件，应通过由"0"状态到"1"状态去实现；相反，停机或降速应通过去除或降低电压或流体压力去实现，若采用二进制逻辑元件，应通过"1"状态到"0"状态去实现。②重新启动的原则。动力中断后重新接通时，如果机器自发启动会产生危险，应采取措施，使动力重新接通时机器不会自行启动，只有再次操作启动装置机器才能运转。③零部件的可靠性。零部件的可靠性应作为安全功能完备性的基础，使用的零部件应能承受在预定使用条件下的各种干扰和应力，不会因失效而使机器产生危险的误动作。④定向失效模式。定向失效模式是指部件或系统主要失效模式是预先已知的，而且只要失效总是这些部件或系统，就可以事先针对其失效模式采取相应的预防措施。⑤关键件的加倍（或冗余）。控制系统的关键零部件可以通过备份的方法，即当一个零部件万一失效，用备份件接替以实现预定功能。当与自动监控相结合时，自动监控应采用不同的设计工艺，以避免共因失效。⑥自动监控。自动监控的功能是保证当部件或元件执行其功能的能力减弱或加工条件变化而产生危险时，以下安全措施开始起作用：停止危险过程，防止故障停机后自行再启动，触发报警器。⑦可重编程序控制系统中安全功能的保护。在关键的安全控制系统中，应注意采取可靠措施，防止储存程序被有意或无意改变。可能的话，应采用故障检验系统来检查由于改变程序而引起的差错。⑧有关手动控制的原则。手动操纵器应根据有关人类工效学原则进行设计和配置；停机操纵器应位于对应的每个启动操纵器附近；除某些必须位于危险区的操纵器外，一般操纵器都应配置于危险区外；如果同一危险元件可由几个控制器，则应通过操纵器线路的设计，使其在给定时间内，只有一个操纵器有效，但这一原则不能用于双手操纵装置；在有风险的地方，操纵器的设计或防护应做到不是有意识的操作不会动作；如果机械允许使用几种操作模式以代表不同的安全水平，则这些操作模式应装备能锁定在每个位置的模式选择器。⑨特定操作的控制模式。对于必须移开或拆除防护装置或使安全装置功能受到抑制才能进行的操作，为保证操作者的安全，必须使自动控制模式无效，采用操作者伸手可达的手动控制模式，或在加强安全条件下才允许危险元件运转并尽可能限制接近危险区。

2）机械化和自动化技术

机械化和自动化技术可以使人的操作岗位远离危险或有害现场，从而减少工伤事故。

（1）操作自动化。在比较危险的岗位或被迫以机器特定的节奏连续参与的生产过程，使用机器人或机械手代替人的操作，使得工作条件不断改善。

（2）装卸搬运机械化。装卸机械化可通过工件的送进滑道、手动分度工作台等措施实现；搬运的自动化可通过采用工业机器人、机械手、自动送料装置等实现。应注意防止由于装置与机器零件或被加工物料之间阻挡而产生的危险，以及检修故障时产生的危险。

（3）调整、维修的安全。在设计机器时，应尽量考虑将一些易损而需经常更换的零部件设计得便于拆装和更换；提供安全接近或站立措施；锁定切断的动力；机器的调试、润滑、一般维修等操作点配置在危险区外，这样可减少操作者进入危险区，从而减小操作者面临危险的概率。

2. 安全防护安全对策措施

安全防护是通过采用安全装置、防护装置或其他手段，对一些机械危险进行预防的安全技术措施，其目的是防止机器在运行时产生各种对人员的接触伤害。安全防护的重点是机械的传动部分、操作区、高处作业区、机械的其他运动部分、移动机械的移动区域，以及某些机器由于特殊危险形式需要采取的特殊防护等。采用何种手段防护，应根据对具体机器进行风险评价的结果来决定。

1）安全防护装置的一般要求

安全防护装置必须满足与其保护功能相适应的安全技术要求，其基本安全要求如下。

（1）结构的形式和布局设计合理，具有切实的保护功能，以确保人体不受到伤害。

（2）结构要坚固耐用，不易损坏；安装可行，不易拆卸。

（3）装置表面应光滑、无尖棱利角，不增加任何附加危险，不应成为新的危险源。

（4）装置不容易被绕过或避开，不应出现漏保护区。

（5）满足安全距离的要求，使人体各部位，特别是手或脚无法接触危险。

（6）不影响正常操作，不得与机械的任何可动零部件接触；对人的视线障碍最小。

（7）便于检查和修理。

2）防护装置的设置原则

（1）以操作人员所站立的平面为基准，凡高度在 2 m 以内的各种运动零部件应设防护。

（2）以操作人员所站立的平面为基准，凡高度在 2 m 以上，有物料传输装置、皮带传动装置以及在施工机械施工处的下方，应设置防护。

（3）凡在坠落高度基准面 2 m 以上的作业位置，应设置防护。

（4）为避免挤压伤害，直线运动部件之间或直线运动部件与静止部件之间的间距应符合安全距离的要求。

（5）运动部件有行程距离要求的，应设置可靠的限位装量，防止因超行程运动而造成伤害。

（6）对可能因超负荷发生部件损坏而造成伤害的，应设置负荷限制装置。

（7）有惯性冲撞运动部件必须采取可靠的缓冲装置，防止因惯性而造成伤害事故。

（8）运动中可能松脱的零部件必须采取有效措施加以紧固，防止由于启动、制动、冲击、振动而引起松动。

（9）每台机械都应设置紧急停机装置，使已有的或即将发生的危险得以避开。紧急停机装置的标识必须清晰、易识别，并可迅速接近其装置，使危险过程立即停止并不产生附加风险。

3）防护装置的选择

（1）机械正常运行期间操作者不需要进入危险区的场合。应优先考虑选用固定式防护装置，包括进料、取料装置，辅助工作台，适当高度的栅栏及通道防护装置等。

（2）机械正常运转时需要进入危险区的场合。当操作者需要进入危险区的次数较多，经常开启固定防护装置会带来不便时，可考虑采用连锁装置、自动停机装置、可调防护装置、自动关闭防护装置、双手操纵装置、可控防护装置等。

（3）对非运行状态等其他作业期间需进入危险区的场合。对于机器的设定、示教、过程转换、查找故障、清理或维修等作业，防护装置必须移开或拆除，或安全装置功能受到抑制，可采用手动控制模式、止-动操纵装置或双手操纵装置、点动-有限运动操纵装置等。

（4）有些情况下，可能需要几个安全防护装置联合使用。

3. 安全信息的使用安全对策措施

使用信息由文字、标记、信号、符号或图表组成，以单独或联合使用的形式向使用者传递信息，用以指导使用者安全、合理、正确地使用机器。

1）使用信息的一般要求

（1）明确机器的预定用途。使用信息应具备保证安全和正确使用机器所需的各项说明。

（2）规定和说明机器的合理使用方法。使用信息中应要求使用者按规定方法合理地使用机器，说明安全使用的程序和操作模式。对不按要求而采用其他方式操作机器的潜在风险，应提出适当的警告。

（3）通知和警告遗留风险。遗留风险是指通过设计和采用安全防护技术都无效或不完全有效的那些风险。通过使用信息，将其通知和警告使用者，以便在使用阶段采用补救安全措施。

（4）使用信息应贯穿机械使用的全过程。该过程包括运输、交付试验运转、使用，如果需要的话还应包括解除指令、拆卸和报废处理在内的所有过程。这些使用信息在各阶段可以分开使用，也可以联合使用。

（5）使用信息不可用于弥补设计缺陷，不能代替应该由设计来解决的安全问题。使用信息只起提醒和警告的作用，不能在实质意义上避免风险。

2）安全信息的使用根据

（1）风险的大小和危险的性质。根据风险大小可依次采用安全色、安全标志、警告信号，直到警报器。

（2）需要信息的时间。提示操作要求的信息应采用简洁形式长期固定在所需的机器部位附近；显示状态的信息应与机器运行同步出现；警告超载的信息应在接近额定值时提前发出；危险紧急状态的信息应及时，持续的时间应与危险存在的时间一致，信号的消失应随危险状态而定。

（3）机器结构和操作的复杂程度。对于简单机器，一般只需提供有关标志和使用操作说明书；对于结构复杂的机器，特别是有一些危险性的大型设备，除各种安全标志和使用说明书外，还应配备有关负载安全的图表、运行状态信号，必要时应提供报警装置等。

（4）视觉颜色与信息内容。红色表示禁止和停止，危险警报和要求立即处理的情况；红色闪光警告操作者状况紧急，应迅速采取行动；黄色提示注意和警告；绿色表示正常工作状态；蓝色表示需要执行的指令或必须遵守的规定。

3）使用信息的配置位置和形式

（1）在机身上，可配置各种标志、信号、文字警告等。

（2）随机文件，如可配置操作手册、说明书等。

（3）其他方式。可根据需要，以适当的信息开工配置。对重要信息，应采用标准化用语。

（四）特种设备安全对策措施

特种设备安全对策措施可依据《特种设备安全监察条例》制定。特种设备是指涉及生命安全、危险性较大的压力容器（含气瓶，下同）、压力管道、锅炉、起重机械、电梯、客运索道、大型游乐设施和场（厂）内专用机动车辆。在此介绍前四种特种设备的安全对策措施。

1. 压力容器安全对策措施

1）压力容器设计

（1）压力容器的设计必须符合安全、可靠的要求。所用材料的质量及规格，应当符合相应国家标准、行业标准的规定；压力容器材料的生产应当经过国家市场监督管理总局安全监察机构认可批准；压力容器的结构应当根据预期的使用寿命和介质对材料的腐蚀速率确定足够的腐蚀裕量；压力容器的设计压力不得低于最高工作压力，装有安全泄放装置的压力容器，其设计压力不得低于安全阀的开启压力或者爆破片的爆破压力。

（2）压力容器的设计单位应当按照压力容器设计范围，取得国家市场监督管理总局统一制订的压力容器类《特种设备设计许可证》，方可从事压力容器的设计活动。

（3）压力容器中的气瓶、氧舱的设计文件，应当经过国家市场监督管理总局核准的检验检测机构鉴定合格，方可用于制造。

2）压力容器的制造、安装、改造、维修

（1）对压力容器的制造、安装、改造、维修的要求，原则上与锅炉的制造、安装、改造、维修的要求基本相同。

（2）压力容器的制造单位应当按照压力容器制造范围，取得国家市场监督管理总局统一制订的压力容器类《特种设备制造许可证》，方可从事压力容器的制造活动。

（3）压力容器制造单位对压力容器原设计的修改，应当取得原设计单位同意修改的书面证明文件，并对改动部位进行详细记载。

（4）移动式压力容器必须在制造单位完成罐体、安全附件及底盘的总装，并经过压力试验和气密性试验及其他检验合格后方可出厂。

3）压力容器使用

压力容器的使用要求原则上与锅炉的使用要求基本相同。除此之外，在压力容器投入使用前或者投入使用后 30 日内，移动式压力容器的使用单位应当向压力容器所在地的省级质量技术监督局办理使用登记，其他压力容器的使用单位应当向压力容器所在地的市级质量技术监督局办理使用登记，取得压力容器类的《特种设备使用登记证》。

4）压力容器检验

（1）在用压力容器应当进行定期检验。外部检查可以由经过国家市场监督管理总局核准的检验检测机构有资格的检验员进行，也可由省级质量技术监督局安全监察机构认可的使用单位压力容器专业人员进行。内外部检验由经过国家市场监督管理总局核准的检验检测机构有资格的检验员进行。压力容器投用后首次内外部检验周期一般为3年；安全状况等级为1级或者2级的压力容器，每6年至少进行一次；安全状况等级为3级的压力容器，每3年至少进行一次。

（2）压力容器的使用单位应当按照安全技术规范的要求，在安全检验合格有效期届满前1个月，向压力容器检验检测机构提出定期检验要求。只有经过检验合格的压力容器才允许继续投入使用。

5）压力容器的主要安全附件要求

压力容器用的安全附件，主要有安全阀、爆破片装置、紧急切断装置、压力表、液面计、测温仪表、快开门式压力容器安全连锁装置等。其中对安全阀、压力表、液面计的安全要求与对锅炉安全阀、压力表、水位计的要求基本相同。此外，根据压力容器的特点，还应符合以下要求：

（1）在用压力容器应当根据设计要求装设安全泄放装置。压力源来自压力容器外部且得到可靠控制时，安全泄放装置可以不直接安装在压力容器上。

（2）安全阀不能可靠工作时，应当装设爆破片装置，或者采用爆破片装置与安全阀装置组合的结构。凡串联在组合结构中的爆破片在动作时不允许产生碎片。

（3）对易燃介质或者毒性程度为极度、高度或中度危害介质的压力容器，应当在安全阀或爆破片的排出口装设导管，将排放介质引至安全地点并进行妥善处理，不得直接排入大气。

（4）固定式压力容器上只安装1个安全阀时，安全阀的开启压力不应大于压力容器的设计压力，且安全阀的密封试验压力应当大于压力容器的最高工作压力。固定式压力容器上安装多个安全阀时，其中1个安全阀的开启压力不应大于压力容器的设计压力，其余安全阀的开启压力可以适当提高，但不得超过设计压力的1.05倍。

（5）移动式压力容器安全阀的开启压力应为罐体设计压力的1.05~1.10倍，安全阀的额定排放压力不得高于罐体设计压力的1.2倍，回座压力不应低于开启压力的0.8倍。

（6）固定式压力容器上装有爆破片装置时，爆破片的设计爆破压力不得大于压力容器的设计压力，且爆破片的最小设计爆破压力不应小于压力容器最高工作压力的1.05倍。

（7）压力容器最高工作压力低于压力源压力时，在通向压力容器进口的管道上必须装设减压阀。如因介质条件减压阀无法保证可靠工作时，可用调节阀代替减压阀。在减压阀或调节阀的低压侧，必须装设安全阀和压力表。

（8）爆破片装置应当定期更换。对于超过最高设计爆破压力而未爆破的爆破片应当立即更换；在苛刻条件下使用的爆破片装置应当每年更换；一般爆破片装置应当在2~3年内更换。

2. 压力管道安全对策措施

1）压力管道设计

压力管道设计单位及其设计审批人员，必须取得国家市场监督管理总局或省级质量技术监督局颁发的压力管道类《特种设备设计许可证》《压力管道设计审批人员资格证书》，方可从事压力管道的设计活动。

2）压力管道的制造、安装

（1）压力管道元件，如连接或装配成压力管道系统的组成件，包括管子、管件、阀门、法兰、补偿器、阻火器、密封件、紧固件和支吊架等的制造、安装单位，应当经国家市场监督管理总局或省级质量技术监督局许可，取得许可证后方可从事相应的活动。具备自行安装能力的压力管道使用单位，经过省级质量技术监督局审批后，可以自行安装本单位使用的压力管道。

（2）压力管道元件的制造过程，必须经国家市场监督管理总局核准的检验检测机构有资格的检验员按照安全技术规范的要求进行监督检验。

3）压力管道使用

（1）压力管道使用单位应当使用符合安全技术规范要求的压力管道，保证压力管道安全使用。应当配备专职或者兼职专业技术人员负责安全管理工作，制定本单位的压力管道安全管理制度，建立压力管道技术档案，并向所在地的市级质量技术监督局登记。

（2）输送可燃、易爆或者有毒介质压力管道的使用单位，应当建立巡线检查制度，制定应急措施和救援方案，根据需要建立抢险队伍并定期演练。

4）压力管道检验

在用压力管道应当进行检验；压力管道附属仪器仪表、安全保护装置、测量调控装置应当定期校验和检修。

3. 锅炉安全对策措施

1）锅炉设计

（1）锅炉的设计必须符合安全、可靠的要求。锅炉受压元件所用金属材料和焊接材料应当符合相应的国家标准和行业标准；锅炉结构应当能够按照设计预定方向自由膨胀，使所有受热面都得到可靠的冷却；锅炉各受压部件应当有足够的强度，炉墙有良好的密封性。

（2）锅炉的设计文件应当经过国家市场监督管理总局核准的检验检测机构鉴定，经过鉴定合格的锅炉设计总图的标题栏上方应当标有鉴定标记。

2）锅炉的制造、安装、改造、维修

（1）锅炉及其安全附件、安全保护装置的制造、安装、改造单位，应当经过国家市场监督管理总局许可。锅炉制造单位应当具备《特种设备安全监察条例》规定的条件，并按照锅炉制造范围，取得国家市场监督管理总局统一制订的锅炉类《特种设备制造许可证》，方可从事锅炉制造活动。

（2）锅炉的维修单位，应当经过省级质量技术监督局许可，取得许可证后方可从事相应的活动。

（3）锅炉的安装、改造、维修的施工单位，应当在施工前将拟进行的锅炉的安装、改造、维修情况，以书面告知锅炉所在地的市级质量技术监督局。

（4）锅炉的制造、安装、改造、重大维修过程，必须经国家市场监督管理总局核准的检验检测机构有资格的检验员，按照安全技术规范的要求进行监督检验，经监督检验合格后方可出厂或者交付使用。

3）锅炉使用

（1）防止超压。压力表和安全阀都是防止锅炉超压的主要安全装置。防止锅炉超压，应该从以下两方面着手。

做好检查工作。凡发现指针不动；指针因内漏跳动严重，指针不能回到零位；表盘玻璃破碎；刻度模糊不清；超过校验周期的，应停止使用，待修复和校验合格后再用，无修理价值的应及时报废更新。新压力表必须经计量部门校验封铅后再装上使用。对于安全阀，凡发现泄漏严重；弹簧失效和超过校验周期的，应停止使用。超过校验周期和新安装的安全阀，必须经过计量部门核验合格后方可使用。

提高安全意识。司炉人员应该增强工作责任感，坚持做到每班冲洗压力表存水弯管，排除管内的杂物，防止堵塞。同时，锅炉在运行过程中，应该密切注意压力表的指针动向，要坚持每班手动一次安全阀，确保排气畅通。切不可用加重物、移动重锤，将阀芯片卡死等手段任意提高安全阀的始起压力或使安全阀失效。凡发现安全装置有异常现象时，应积极处理，使之完好运行。另外，司炉人员在锅炉操作时，还须注意负荷的变化，保持稳定，防止负荷骤然降低时气压猛升而超压。

（2）防止过热。缺水事故在整个锅炉事故中，所占比例是相当大的。严格来说，缺水事故是完全可以避免的，这就要求司炉人员在操作过程中，不要打瞌睡、不要干与本岗位无关的事，不要脱离岗位。坚持每班冲洗水位表，认真仔细观察水位，时刻保持水位正常。对于维修人员，应定期清理水位表旋塞及连通管，检查给水阀、注水器、给水泵、水位警报器、超温警报器等，使之完好、灵敏、可靠。锅炉万一发生缺水，司炉人员必须冷静果断，不要慌张，应首先判断缺水的程度，若是严重缺水，应紧急停炉冷却，严禁向锅内进水。

（3）防止腐蚀。一般来讲，锅炉在长期的运行过程中，受压元件会受到烟灰的冲刷而减薄，其防止方法甚为有限，这就要求使用单位根据本单位锅炉的实际年限，经常开展自检工作，并积极配合锅检单位开展定期检测工作，若发现受压元件减薄，达不到规定数值时，应及时停护修复。对于锅筒，若无修复价值，应予报废。锅炉停运期间的保养方法有干法、湿法、充气法、压力法等数种，使用较多的是干法和湿法保养两种。使用单位应根据锅炉停运时间的长短，合理采用保养方法，不可盲目。锅炉在保养期间，应该加强监视，时刻保持锅炉房干燥，经常检查受压元件有无腐蚀，以此确定干燥剂、防腐药品的增减，对于失效的干燥剂应及时更换。

（4）防止缺陷。锅炉产品在出厂前，将其缺陷消除，是保证锅炉安全使用的最重要环节。锅炉在运行过程中，由于负荷增减幅度过大，冷热交替频繁及过热等因素的影响，裂纹等缺陷会时常发生。一般发现较早的，有可能修复，而晚期的则不易修复，不得不做报废处理。为了避免因缺陷引起的爆炸事故，这就要求有能力的单位应经常性地进行检测，这样就可以填补因锅炉检测单位每 2 年进行一次的定检空间，及时发现裂纹等其他危及安全的缺陷。对于使用年限较长的锅炉，且没有能力自检的单位，应该聘请锅检单位对其进行检测，适当缩短定检周期。锅炉安全监察部门应该严格执法，对于那些无证粗制滥造的"土锅炉"坚决查封，并严格把好锅炉安装及受压元件修复关。当锅炉受压元件损坏时，使用单位不得自行聘请无证施工单位和个人修复，应该由有证施工单位承担。凡承担修复任务的单位，在施工前，必须制定修复方案，报请锅炉压力容器安全监察部门审查批准后方可开工。要确保施工质量，若发现施工质量问题，应坚决返修，直至合格为止。

（5）锅炉使用单位应当严格执行《特种设备安全监察条例》和有关安全生产的法律、行政法规的规定，根据情况设置锅炉安全管理机构或者配备专职、兼职安全管理人员，制定安全操作规程和管理制度，以及事故应急措施和救援预案，并认真执行，确保锅炉安全使用。

（6）锅炉使用单位应当建立锅炉安全技术档案。档案的内容应当包括：锅炉的设计、制造、安装、改造、维修技术文件和资料；定期检验和定期自行检查的记录；日常使用状况记录；锅炉本体及其安全附件、安全保护装置、测量调控装置及有关附属仪器仪表的日常维护保养记录；运行故障和事故记录等。

4）锅炉检验

（1）在用锅炉应当进行定期检验，以便及时发现锅炉在使用中潜伏的安全隐患及管理中的缺陷，进而采取应对措施，预防事故发生。

（2）锅炉定期检验工作，应当由经过国家市场监督管理总局核准的检验检测机构有资格的检验员进行。

（3）锅炉使用单位应当按照安全技术规范的定期检验要求，在安全检验合格有效期届满前1个月，向锅炉检验检测机构提出定期检验要求。只有经过定期检验合格的锅炉才允许继续投入使用。

5）安全阀

（1）每台蒸汽锅炉应当至少装设2个安全阀，不包括省煤器上的安全阀。对于额定蒸发量小于等于 0.5 t/h 或者小于 4 t/h 且装有可靠的超压连锁保护装置的蒸汽锅炉，可以只装设 1 个安全阀。

（2）蒸汽锅炉的可分式省煤器出口处、蒸汽过热器出口处、再热器入口处和出口处，都必须装设安全阀。

（3）锅筒上的安全阀和过热器上的安全阀的总排放量，必须大于锅炉额定蒸发量，并且在锅筒和过热器上所有安全阀开启后，锅筒内蒸汽压力不得超过设计时计算压力的 1.1 倍。

（4）对于额定蒸汽压力小于等于 3.8 MPa 的蒸汽锅炉，安全阀的流道直径不应小于 25 mm；对于额定蒸汽压力大于 3.8 MPa 的蒸汽锅炉，安全阀的流道直径不应小于 20 mm。

（5）热水锅炉额定热功率大于 1.4 MW 的应当至少装设 2 个安全阀，额定热功率小于等于 1.4 MW 的应当至少装设 1 个安全阀。热水锅炉上设有水封安全装置时，可以不装设安全阀，但水封装置的水封管内径不应小于 25 mm，且不得装设阀门，同时应有防冻措施。

（6）热水锅炉安全阀的泄放能力，应当满足所有安全阀开启后锅炉压力不超过设计压力的 1.1 倍。对于额定出口热水温度低于 100 ℃ 的热水锅炉，当额定热功率小于等于 1.4 MW 时，安全阀流道直径不应小于 20 mm；当额定热功率大于 1.4 MW 时，安全阀流道直径不应小于 32 mm。

（7）几个安全阀如共同装设在一个与锅筒直接相连接的短管上，短管的流通截面积应不小于所有安全阀流道面积之和。

（8）安全阀应当垂直安装，并应装在锅炉、集箱的最高位置。在安全阀和锅筒之间或者安全阀和集箱之间，不得装有取用蒸汽或者热水的管路和阀门。

（9）安全阀上应当装设泄放管，在泄放管上不允许装设阀门。泄放管应当直通安全地并有足够的截面积和防冻措施，保证排水畅通。

（10）安全阀有下列情况之一时，应当停止使用并更换：安全阀的阀芯和阀座密封且无法修复；安全阀的阀芯与阀座粘死或者弹簧严重腐蚀、生锈；安全阀选型错误。

6）压力表

（1）每台蒸汽锅炉除必须装有与锅筒蒸汽空间直接相连接的压力表外，还应当在给水调节阀前、可分式省煤器出口、过热器出口和主汽阀之间、再热器入口、强制循环锅炉水循环泵出入口、燃油锅炉油泵进出口、燃气锅炉的气源入口等部位装设压力表。

（2）每台热水锅炉的进水阀出口和出水阀入口、循环水泵的进水管和出水管上都应当装设压力表。

（3）在额定蒸汽压力小于 2.5 MP 的蒸汽锅炉和热水锅炉上装设的压力表，其精确度不应低于 2.5 级；额定蒸汽压力大于等于 2.5 MPa 的蒸汽锅炉，其压力表的精确度不应低 1.5 级。

（4）压力表应当根据工作压力选用。压力表表盘刻度极限值应为工作压力的 1.5~3.0 倍，最好选用 2.0 倍。

（5）压力表表盘大小应当保证司炉人员能够清楚地看到压力指示值，表盘直径不应小 100 mm。

（6）压力表装设应当符合下列要求：应当装设在便于观察和冲洗的位置，并应防止受到高温、冰冻和震动的影响；应当有缓冲弯管，弯管采用钢管时，其内径不应小于 10 mm；压力表和弯管之间应当装有三通旋塞，以便冲洗管路、卸换压力表等。

（7）压力表有下列情况之一时，应当停止使用并更换：有限止钉的压力表在无压力时，指针不能回到限止钉处；无限止钉的压力表在无压力时，指针距零位的数值超过压力表的允许误差；表盘封面玻璃破裂或者表盘刻度模糊不清；封印损坏或者超过检验有效期限；表内弹簧管泄漏或者压力表指针松动；指针断裂或者外壳腐蚀严重；其他影响压力表准确指示的缺陷。

7）水位表

（1）每台蒸汽锅炉应当至少装设 2 个彼此独立的水位表。但符合下列条件之一的蒸汽可以只装设 1 个直读式水位表：额定蒸发量小于等于 0.5 t/h 的锅炉；电加热锅炉；蒸发量小于等于 2 t/h 且装有 1 套可靠的水位示控装置的锅炉；装有 2 套各自独立的远程水位显示装置的锅炉。

（2）水位表应当装在便于观察的地方。水位表距离操作地面高于 6 m 时，应当加装远程水位显示装置。远程水位显示装置的信号不能取自一次仪表。

（3）水位表上应当有指示最高、最低安全水位和正常水位的明显标志。水位表的下部可见边缘应当比最高火界至少高 50 mm，且应比最低安全水位至少低 25 mm；水位表的上见边缘应当比最高安全水位至少高 25 mm。

（4）水位表应当有放水阀门和接到安全地点的放水管。水位表或水表柱和锅筒之间的汽水连接管上应当装有阀门，锅炉运行时阀门必须处于全开位置。

（5）水位表有下列情况之一时，应当停止使用并更换：超过检修周期；玻璃板有裂纹、破碎；阀件固死；出现假水位；水位表指示模糊不清。

4. 起重机械安全对策措施

超重机械按照《起重机械安全规程》要求进行设计。起重机械作业潜在的危险性是物体打击。如果吊装的物体是易燃、易爆、有毒、腐蚀性强的物料，若吊索吊具发生意外断裂、吊钩损坏或违反操作规程等发生吊物坠落，除有可能直接伤人外，还会将盛装易燃、易爆、有毒、腐蚀性强的物件包装损坏，介质流散出来，造成污染，甚至会发生火灾、爆炸、腐蚀、中毒等事故。起重设备在检查、检修过程中，存在着触电、高处坠落、机械伤害等危险性；汽车吊在行驶过程中存在着引发交通事故的潜在危险性。

1) 起重机械的制造、安装、维修、改造、使用单位的基本要求

(1) 起重机械生产、使用单位，应当接受特种设备安全监督管理部门依法进行的特种设备安全监察。

(2) 起重机械及其安全保护装置等的制造单位，应当经国务院特种设备安全监督管理部门许可，方可从事相应的活动。

(3) 起重机械的安装、改造、维修的施工单位，应当在施工前将拟进行的设备安装、改造、维修情况书面告知直辖市或者设区的市的特种设备安全监督管理部门。

(4) 起重机械制造过程和电梯、起重机械的安装、改造、重大维修过程，必须经国务院特种设备安全监督管理部门核准的检验检测机构，按照安全技术规范的要求进行监督检验；未经监督检验或监督检验不合格的不得出厂或者交付使用。

2) 起重机械使用的基本要求

(1) 起重机械使用单位应当按照安全技术规范的要求，在安全检验合格有效期届满前1个月，向特种设备检验检测机构提出定期检验要求。未经定期检验或者检验不合格的特种设备，不得继续使用。

(2) 起重机运行时，不得利用极限位置限制器停车。对无反接制动性能的起重机，除特殊情况外，不得靠打反车制动。应平稳挪动各操纵杆，吊运较重的物品更要注意平稳制动。

(3) 即使起重机上装有起升高度限制器，也要防止过卷扬，即应时刻注意吊钩滑轮组或重物不能触及主梁或吊臂及其顶部滑轮组。

(4) 吊装作业前，应预先在吊装现场设置安全警戒标志并设专人监护，非施工人员禁止入内。吊运重物时，重物不得从他人头顶上通过；吊物和吊臂下严禁站人。

(5) 吊运重物应走指定的通道，在没有障碍物的线路上运行时，吊具或吊物底面应距离地面 2 m 以上；通道上有障碍物需要跨越时，吊具或吊物底面应高出障碍物顶面 0.5 m 以上。

(6) 所吊重物接近或达到起重机的起重量时，吊运前应检查制动器，并进行小高度 (200~300 mm)、短行程试吊后，再平稳运行。

(7) 吊运液态金属、有害液体、易燃易爆物品时，虽然起重量并未接近额定起重量，也应进行小高度、短行程试吊。

(8) 起重机吊钩在最低工作位置时，卷筒上的钢丝绳必须保留有设计规定的安全圈数 (一般为 2~3 圈)。

(9) 起重机在高压线附近作业时，要特别注意臂架、吊具、辅具、钢丝绳、缆绳及重

物等与输电线的最小距离。

（10）不得在有载荷情况下调整起升和变幅机构制动器。

（11）有主副两套起升机构的起重机，主、副钩不应同时开动，设计允许的专用设备除外。

（12）起重机上所有电气设备的金属外壳必须可靠地接地。司机室的地板应铺设橡胶或其他绝缘材料。

（13）起重机上禁止存放易燃易爆物品，司机室内应备有灭火器。

（14）露天工作的起重机械，当风力大于 6 级时，一般应停止作业；对于门座起重机等在沿海工作的起重机，当风力大于 7 级时应停止作业。

（15）吊装作业人员必须持有 2 种作业证。吊装质量大于 10 t 的物体应办理《吊装安全作业证》。

（16）吊装质量大于等于 40 t 的物体和土建工程主体结构，应编制吊装施工方案。吊物虽不足 40 t，但形状复杂、刚度小、长径比大、精密贵重、施工条件特殊的情况下，也应编制吊装施工方案。吊装施工方案经施工主管部门和安全技术部门审查，经批准后方可实施。

（17）吊装作业人员必须佩戴安全帽。安全帽应符合国家标准《头部防护 安全帽》（GB 2811—2019）的规定，高处作业时应遵守高处作业的有关规定。

（18）吊装作业前，应对起重吊装设备、钢丝绳、缆绳、链条、吊钩等各种机具进行检查，必须保证安全可靠，不准带病使用。

（19）吊装作业时，必须分工明确、坚守岗位。

（20）严禁利用管道、管架、电杆、机电设备等做吊装锚点。未经机动、建筑部门审查核算，不得将建筑物、构筑物作为锚点。

（21）吊装作业前，必须对各种起重吊装机械的运行部位、安全装置，以及吊具、索具进行详细的安全检查，吊装设备的安全装置应灵敏可靠。吊装前必须试吊，确认无误方可作业。

（22）任何人不得随同吊装重物或吊装机械升降。在特殊情况下，必须随之升降的，应采取可靠的安全措施，并经过现场指挥人员的批准。

（23）用定型起重吊装机械进行吊装作业时，除遵守通用标准外，还应遵守该定型机械的操作规程。

（24）在吊装作业中，有下列情况之一者不准吊装：指挥信号不明；超负荷或物体质量不明；斜拉重物；光线不足，看不清重物；重物下站人或重物越过人头；重物埋在地下；重物紧固不牢，绳打结、绳不齐；棱刃物体没有衬垫措施；容器内介质过满；安全装置失灵。

（25）汽车吊作业时，除要严格遵守起重作业和汽车吊的有关安全操作规程外，还应保证车辆的完好，不准带病运行，做到行驶安全。

（五）电气安全对策措施

电气设备必须具有国家指定机构的安全认证标志。停电能造成重大危险后果的场所，必须按规定配备自动切换的双路供电电源或备用发电机组、保安电源。以防电气火灾爆炸、防触电、防静电和防雷击为重点，提出防止电气事故的对策措施。

1. 电气防火防爆安全对策措施

1）危险环境的划分

为正确选用电气设备、电气线路和各种防爆设施，必须正确划分所在环境危险区域的大小和级别。

（1）气体、蒸气爆炸危险环境。根据爆炸性气体混合物出现的频繁程度和持续时间，可将危险环境分为0区、1区和2区。通风状况是划分爆炸危险区域的重要因素。划分危险区域时，应综合考虑释放源和通风条件，并应遵循以下原则。

对于自然通风和一般机械通风的场所，连续级释放源一般可使周围形成0区，第一级释放源可使周围形成0区，第二级释放源可使周围形成1区（包括局部通风），如没有通风，应提高区域危险等级，第一级释放源可能导致形成1区，第二级释放源可能导致形成2区。但是，良好的通风可使爆炸危险区域的范围缩小或可忽略不计，或者可使其等级降低，甚至划分为非爆炸危险区域。因此，释放源应尽量采用露天、开敞式布置，达到良好的自然通风，以降低危险性和节约投资。相反，若通风不良或通风方向不当，可使爆炸危险区域范围扩大，或者使危险等级提高。即使在只有一个级别释放源的情况下，不同的通风方式也可能把释放源周围的范围变成不同等级的区域。局部通风在某些场合稀释爆炸性气体混合物比自然通风和一般机械通风更有效，因而可使爆炸危险区的区域范围缩小，或者使等级降低，甚至划分为非爆炸危险区域。释放源处于无通风的环境时，可能提高爆炸危险区域的等级，连续级或第一级释放源可能导致0区，第二级释放源可能导致1区。在障碍物、凹坑、死角等处，由于通风不良，局部地区的等级要提高，范围要扩大。另外，堤或墙等障碍物有时可能限制爆炸性混合物的扩散而缩小爆炸危险范围（应同时考虑到气体或蒸气的密度）。

（2）粉尘、纤维爆炸危险环境。粉尘、纤维爆炸危险区域是指生产设备周围环境中悬浮粉尘、纤维量足以引起爆炸，以及在电气设备表面会形成层积状粉尘、纤维而可能引发自燃或爆炸的环境。《爆炸危险环境电力装置设计规范》（GB 50058—2014）标准中，爆炸性气体环境应爆炸性气体混合物出现的频繁程度和持续时间分为0区、1区、2区。0区应为连续出现或长期出现爆炸性气体混合物的环境；1区应为在正常运行时可能出现爆炸性气体混合物的环境；2区应为在正常运行时不太可能出现爆炸性气体混合物的环境，或即使出现也仅是短时存在的爆炸性气体混合物的环境。

（3）火灾危险环境。火灾危险环境分为21区、22区和23区，与旧标准H-1级、H-2级和H-3级火灾危险场所一一对应，分别为有可燃液体、有可燃粉尘或纤维、有可燃固体存在的火灾危险环境。

2）爆炸危险环境中电气设备的选用

爆炸危险环境内的电气设备必须是符合现行国家标准并有国家检验部门防爆合格证的产品。爆炸危险环境内的电气设备应能防止周围化学、机械、热和生物因素的危害，应与环境温度、空气湿度、海拔高度、日光辐射、风沙、地震等环境条件下的要求相适应。其结构应满足电气设备在规定的运行条件下不会降低防爆性能的要求。矿井用防爆电气设备的最高表面温度，无煤粉沉积时不得超过450 ℃，有煤粉沉积时不得超过150 ℃。粉尘、纤维爆炸危险环境中，一般电气设备的最高表面温度不得超过125 ℃，若沉积厚度5 mm以下时低于引燃温度75 ℃，或不超过引燃温度的2/3。在爆炸危险环境中，应尽量少用携带式设备和移动式设备，应尽量少安装插销座。为节省费用，应设法减少防爆电气设备的使用量。首先，应当考虑把危险的设备安装在危险环境之外；如果不得不安装在危险环境内，也应当安装在危险较小的位置。采用非防爆型设备隔墙机械传动时，隔墙必须是非燃烧材料的实体墙，穿轴孔洞应当封堵，安装电气设备的房间的出口只能通向非爆炸危险环境；否则，必须保持正压。

3）防爆电气线路

在爆炸危险环境中，电气线路安装位置、敷设方式、导体材质、连接方法等的选择均应根据环境的危险等级进行。如采用铝芯绝缘导线时，应有可靠的连接和封端。火灾危险环境电力、照明线路和电缆的额定电压不应低于网络的额定电压，且不低于 500 V。

4）电气防火防爆的基本措施

（1）消除或减少爆炸性混合物。消除或减少爆炸性混合物属一般性防火防爆措施。例如，采取封闭式作业，防止爆炸性混合物泄漏；清理现场积尘，防止爆炸性混合物积累；设计正压室，防止爆炸性混合物侵入；采取开式作业或通风措施，稀释爆炸性混合物；在危险空间充填惰性气体或不活泼气体，防止形成爆炸性混合物；安装报警装置等。在爆炸危险环境，如有良好的通风装置，能降低爆炸性混合物的浓度，从而降低环境的危险等级。

（2）隔离和间距。隔离是将电气设备分室安装，并在隔墙上采取封堵措施，以防止爆炸性混合物进入。电动机隔墙传动时，应在轴与轴孔之间采取适当的密封措施；将工作时产生火花的开关设备装于危险环境范围以外，如墙外；采用室外灯具通过玻璃窗给室内照明等，都属于隔离措施。将普通拉线开关浸泡在绝缘油内运行并使油面有一定高度，保持油的清洁；将普通日光灯装入高强度玻璃管内并用橡皮塞严密堵塞两端等，都属于简单的隔离措施。

（3）消除引燃源。为了防止出现电气引燃源，应根据爆炸危险环境的特征和危险物的级别和组别选用电气设备和电气线路，并保持电气设备和电气线路安全运行。安全运行包括电流、电压、温升和温度等参数不超过允许范围，还包括绝缘良好、连接和接触良好、整体完好无损、清洁、标志清晰等。

5）爆炸危险环境接地和接零

（1）整体性连接。在爆炸危险环境，必须将所有设备的金属部分、金属管道，以及建筑物的金属结构全部接地或接零并连接成连续整体，以保持电流途径不中断。接地或接零干线宜在爆炸危险环境的不同方向且不少于两处与接地体相连，连接要牢固，以提高可靠性。

（2）保护导线。单相设备的工作零线应与保护零线分开，相线和工作零线均应装有短路保护元件，并装设双极开关同时操作相线和工作零线。1 区和 10 区的所有电气设备，2 区除照明灯具以外的其他电气设备应使用专门接地或接零线，而金属管线、电缆的金属包皮等只能作为辅助接地或接零。除输送爆炸危险物质的管道以外，2 区的照明器具和 20 区的所有电气设备，允许利用连接可靠的金属管线或金属桁架作为接地或接零线。

（3）保护方式。在不接地配电网中，必须装设一相接地时或严重漏电时能自动切断电源的保护装置或能发出声、光双重信号的报警装置。在变压器中性点直接接地的配电网中，为了提高可靠性，缩短短路故障持续时间，系统单相短路电流应当大一些。

2. 防触电安全对策措施

为防止人体直接、间接和跨步电压触电，应采取以下措施。

1）接零、接地保护系统

按电源系统中性点是否接地，分别采用保护接零（TN-S、TN-C-S、TN-C）系统或保护接地（TT、IT）系统。在建设项目中，中性点接地的低压电网应优先采用 TN-S、TN-C-S 保护系统。

2）漏电保护

在电源中性点直接接地的 TN、TT 保护系统中，在规定的设备、场所范围内必须安装漏电保护器和实现漏电保护器的分级保护。一旦发生漏电，切断电源时会造成事故和重大经济损失的装置和场所，应安装报警式漏电保护器。

3）绝缘

根据环境条件，如潮湿高温、有导电性粉尘、腐蚀性气体、金属占有系数大的工作环境，机加工、铆工、电炉电极加工、锻工、铸工、酸洗、电镀、漂染车间和水泵房、空压站、锅炉房等场所选用加强绝缘或双重绝缘（Ⅱ类）的电动工具、设备和导线；采用绝缘防护用品、不导电环境；上述设备和环境均不得有保护接零或保护接地装置。

4）电气隔离

采用原、副边电压相等的隔离变压器，实现工作回路与其他回路电气上的隔离。在隔离变压器的副边构成一个不接地隔离回路，可阻断在副边工作的人员单项触电时电击电流的通路。

5）安全电压

直流电源采用低于 120 V 的电源。交流电源用专门的安全隔离变压器（或具有同等隔离能力的发电机、独立绕组的变流器、电子装置等）提供安全电压电源（42 V、36 V、24 V、12 V、6 V）并使用Ⅲ类设备、电动工具和灯具。应根据作业环境和条件选择工频安全电压额定值，在潮湿、狭窄的金属容器、隧道、矿井等工作的环境，宜采用 12 V 安全电压。当电气设备采用 24 V 以上安全电压时，必须采取防止直接接触带电体的保护措施。

6）屏护和安全距离

（1）屏护包括屏蔽和障碍，是指能防止人体有意、无意触及或过分接近带电体的遮栏、护罩、护盖、箱匣等装置，是将带电部位与外界隔离，防止人体误入带电间隔的简单、有效的安全装置。例如，开关盒、母线护网、高压设备的围栏、变配电设备的遮栏等。屏护上应根据屏护对象特征挂有警示标志，必要时还应设置声、光报警信号和连锁保护装置，当人体越过屏护装置接近带电体时，声、光报警且被屏护的带电体自动断电。

（2）安全距离是指有关规程明确规定的、必须保持的带电部位与地面、建筑物、人体、其他设备、其他带电体、管道之间的最小电气安全空间距离。安全距离的大小取决于电压的高低、设备的类型和安装方式等因素，设计时必须严格遵守安全距离规定；当无法达到安全距离时，还应采取其他安全技术措施。

7）连锁保护

设置防止误操作、误入带电间隔等造成触电事故的安全连锁保护装置。例如，变电所的程序操作控制锁、双电源的自动切换连锁保护装置、打开高压危险设备屏护时的报警和带电装置自动断电保护装置、电焊机空载断电或降低空载电压装置等。

8）其他对策措施

防止间接触电的电气间隔、等电位环境和不接地系统防止高压窜入低压的措施等。

3.防静电安全对策措施

为预防静电妨碍生产、影响产品质量、引起静电电击和火灾爆炸，可以从消除、减弱静电的产生和积累着手采取对策措施。

1）工艺控制

从工艺流程、材料选择、设备结构和操作管理等方面采取措施，减少、避免静电荷的产生和积累。如对因经常发生接触、摩擦、分离而起电的物料和生产设备，宜选用在静电起电极性序列表中位置相近的物质或在生产设备内衬配与生产物料相同的材料层；或者生产设备采取合理的物质组合，使分别产生的正、负电荷相互抵消，最终达到起电最小的目的。选用导电性能好的材料，可限制静电的产生和积累。

2）泄漏

生产设备和管道应避免采用静电非导体材料制造。所有存在静电引起爆炸和静电影响生产的场所，其生产装置都必须接地，使已产生的静电电荷尽快对地泄漏、散失。对金属生产装置应采用直接静电接地，非金属静电导体和静电亚导体的生产装置则应作间接接地。

3）中和

采用各类感应式、高压电源式和放射源式等静电消除器消除、减少非导体的静电，各类静电消除器的接地端应按说明书的要求进行接地。

4）屏蔽

用屏蔽体来屏蔽非带电体，能使之不受外界静电无场的影响。

5）综合措施

综合采取工艺控制、泄漏、中和、屏蔽等措施，使系统的静电电位、泄漏电阻、空间平均电场强度、面电荷密度等参数控制在各行业、专业标准规定的限值范围内。

6）其他措施

根据行业、专业有关静电标准，如化工、石油、橡胶、静电喷漆等的要求，应采取的其他对策措施。

4.防雷安全对策措施

应当根据建筑物和构筑物、电力设备及其他保护对象的类别和特征，分别对直击雷、雷电感应、雷电侵入波等采取适当的防雷措施。

1）防直击雷

雷电直接击在建筑物上，产生电效应、热效应和机械力。在雷暴活动区域内，雷云直接通过人体，建筑物或设备等对地放电所产生的电击现象。被称为直接雷击。此时，雷电的主要破坏力在于电流特性而不在于放电产生的高电位。雷击中人体、建筑物或设备时，强大的雷电流转变为热能。雷击放电的电量为 $25\sim100$ A，据此估算，雷击点的发热量为 $500\sim2000$ J。该能量可以熔化 $50\sim200$ mm^3 的钢材。因此，雷击电流的高温热效应将灼伤人体、引起建筑物燃烧，使设备部件熔化。在雷电流流过的通道上，物体水分热气化而激烈膨胀，产生强大的冲击性机械力。该机械力可以达到 $5000\sim6000$ N，因而可使人体组织、建筑物结构、设备部件等断裂破坏，从而导致人员伤亡、建筑物破坏，以及设备毁坏等。直击雷的防护装置由三部分组成：接闪器、引下线和接地装置。常用的保护装置有避雷针、避雷线、避雷带、避雷网、避雷球等。

2）防感应雷

直接雷击时，在雷击的通路雷电流变化梯度很大，会产生强大的交变电磁场，使得周围的金属构件产生感应电流，这种电流可能向周围物体放电，如附近有可燃物就会引发火灾和爆炸，如感应到正在联机的导线上就会对设备产生强烈的破坏性。雷电感应也能产生很高的冲击电压，在电力系统中应与其他过电压同样考虑；在建筑物和构筑物中，应主要考虑由二次放电引起爆炸和火灾的危险。无火灾和爆炸危险的建筑物及构筑物一般不考虑雷电感应的防护。

3）防雷电侵入波

由于雷电对架空线路或金属管道的作用，雷电波可能沿着这些管线侵入屋内，危及人身安全或损坏设备。雷击低压线路时，雷电侵入波将沿低压线传入用户，进入户内。特别是采用木杆或木横担的低压线路，由于其对地冲击绝缘水平很高，会使很高的电压进入户内，酿成大面积雷害事故。除电气线路外，架空金属管道也有引入雷电侵入波的危险。条件许可时，第一类防雷建筑物全长宜采用直接埋地电缆供电；爆炸危险较大或平均雷暴 30 d/a 以上的地区，第二类防雷建筑物应采用长度不小于 50 m 的金属铠装直接埋地电缆供电。户外天线的馈线临近避雷针或避雷针引下线时，馈线应穿金属管线或采用屏蔽线，并将金属管或屏蔽线接地。如果馈线未穿金属管又不是屏蔽线，则应在馈线上装设避雷器或放电间隙。

4）防电子设备雷击

雷击发生在供电线路附近，或者击在避雷针上产生较大的交变电磁场，此交变磁场的能量将感应于线路并最终作用到设备上，对用电设备造成极大危害。依据电子设备受雷电影响程度、环境条件、工作状态和电子设备的介质绝缘强度、耐流量、阻抗，确定受保护设备的耐过电压能力的等级，通过在电路上串联或并联保护元件，切断或短路直击雷、雷电感应引起的过电压，保护电子设备不受到破坏。常用的保护元件有气体放电管、压敏电阻、热线圈、熔丝、排流线圈、隔离变压器等。

（六）有毒、有害因素安全对策措施

1. 防中毒安全对策措施

国家标准《职业性接触毒物危害程度分级》（GBZ/T 230—2010）、《工业企业设计卫生标准》（GBZ 1—2010）、《有毒作业分级》（GB 12331—1990）、《生产过程安全卫生要求总则》（GB/T 12801—2008）、《危险化学品安全管理条例》、《使用有毒物品作业场所劳动保护条例》等，对物料和工艺、生产设备（装置）、控制及操作系统、有毒介质泄漏（包括事故泄漏）处理、抢险等技术措施进行优化组合，采取综合对策措施。

1）物料和工艺

尽可能以无毒、低毒的工艺和物料代替有毒、高毒工艺和物料，是防毒的根本性措施。例如，应用水溶性涂料的电泳漆工艺、无铅字印刷工艺、无氰电镀工艺，用甲醛脂、醇类、丙酮、乙酸乙酯、抽余油等低毒稀料取代含苯稀料，以锌钡白、钛白代替油漆颜料中的铅白，使用无汞仪表消除生产、维护、修理时的汞中毒等。

2）工艺设备（装置）

生产装置应密闭化、管道化，尽可能实现负压生产，防止有毒物质泄漏、外溢。生产过程机械化、程序化和自动控制，可使作业人员不接触或少接触有毒物质，防止误操作造成的中毒事故。

3）通风净化

受技术、经济条件限制，仍然存在有毒物质逸散且自然通风不能满足要求时，应设置必要的机械通风排毒、净化装置，将工作场所空气中有毒物质浓度限制到规定的最高容许浓度值以下。对排出的有毒气体、液体、固体应有经过相应的净化装置处理，以达到环境保护排放标准。常用的净化方法有吸收法、吸附法、燃烧法、冷凝法、稀释法及化学处理法等。有关净化处理的要求，一般由环境保护行政部门进行管理。对有回收利用价值的有毒、有害物质应经回收装置处理，回收、利用。

4）应急处理

对有毒物质泄漏可能造成重大事故的设备和工作场所，必须设置可靠的事故处理装置和应急防护设施。应设置有毒物质事故安全排放装置、自动检测报警装置、连锁事故排毒装置，还应配备事故泄漏时的解毒，如冲洗、稀释、降低毒性装置。例如，光气生产，应实现遥控操作。当事故泄漏时，用遥控的喷淋管喷液氨雾解毒，同时连锁事故通风装置将室内含光气的废气送到喷淋塔中，用氨水、液碱喷淋并对废水用碱性物质氢氧化钠、碳酸钠等相应处理，达到无害排放。根据有毒物质的性质、有毒作业的特点和防护要求，在有毒作业工作环境中应配置事故柜、急救箱和个体防护用品。个体冲洗器、洗眼器等卫生防护设施的服务半径应小于 15 m。

5）急性化学物中毒事故的现场急救

急性中毒事故的发生，可能使大批人员受到毒害，病情往往较重。因此，现场及时有效地处理与急救，对挽救患者的生命，防止并发症可以起到关键作用。

6）其他措施

（1）在生产设备密闭和通风的基础上实现隔离，用隔离室将操作地点与可能发生重大事故的剧毒物质生产设备隔离，遥控操作。

（2）配备定期和快速检测工作环境空气中有毒物质浓度的仪器，有条件时应安装自动检测空气中有毒物质浓度和超限报警装置。

（3）配备检修时的解毒吹扫、冲洗设施。

（4）生产、贮存、处理极度危害和高度危害毒物的厂房和仓库，其天棚、墙壁、地面均应光滑，便于清扫；必要时加设防水、防腐等特殊保护层及专门的负压清扫装置和清洗设施。

（5）采取防毒教育、定期检测、定期体检、定期检查、监护作业、急性中毒及缺氧窒息抢救训练等管理措施。

2. 防尘安全对策措施

1）工艺和物料

选用不产生或少产生粉尘的工艺，采用无危害或危害性较小的物料，是消除、减弱粉尘危害的根本途径。例如，用湿法生产工艺代替干法生产工艺，如用石棉湿纺法代替干纺法，水磨代替干磨，水力清理、电液压清理代替机械清理，使用水雾电弧气刨等，用密闭风选代替机械筛分，用压力铸造、金属模铸造工艺代替沙模铸造工艺，用树脂砂工艺代替硅酸钠砂工艺，用不含游离二氧化硅含量或含量低的物料代替含量高的物料，不使用含锰、铅等有毒物质，不使用或减少产生呼吸性粉尘（5 μm 以下的粉尘）的工艺措施等。

2）限制、抑制扬尘和粉尘扩散

（1）采用密闭管道输送、密闭自动称量、密闭设备加工，防止粉尘外逸；不能完全密闭的尘源，在不妨碍操作条件下，尽可能采用半封闭罩、隔离室等设施来隔绝、减少粉尘与工作场所空气的接触，将粉尘限制在局部范围内，减弱粉尘的扩散。利用条缝吹风口吹出的空气扁射流形成的空气屏幕，能将气幕两侧的空气环境隔离，防止有害物质由一侧向另一侧扩散。

（2）通过降低物料落差，适当降低溜槽倾斜度，隔绝气流，减少诱导空气量和设置空间（通道）等方法，抑制由于正压造成的扬尘。

（3）对亲水性、弱黏性的物料和粉尘应尽量采用增湿、喷雾、喷蒸气等措施，可有效地抑制物料在装卸、运转、破碎、筛分、混合和清扫等过程中粉尘的产生和扩散；厂房喷雾有助于室内飘尘的凝聚、降落。对冶金、建材、矿山、机械、粮食、轻工等行业的振动筛、破碎机、皮带输送机转运点、矿山坑道、毛皮加工等开放性尘源，均可用高压静电抑尘装置有效地抑制金、钨、铜、铀等金属粉尘和煤、焦炭、粮食、毛皮等非金属粉尘及电焊烟尘、爆破烟尘等粉尘的扩散。

（4）为消除二次尘源、防止二次扬尘，应在设计中合理布置，尽量减少积尘平面，地面、墙壁应平整光滑，墙角呈圆角，便于清扫；使用负压清扫装置来清除逸散、沉积在地面、墙壁、构件和设备上的粉尘；对炭黑等污染大的粉尘作业及大量散发沉积粉尘的工作场所，则应采用防水地面、墙壁、顶棚、构件和水冲洗的方法，清理积尘。严禁用吹扫方式清扫积尘。

（5）对污染大的粉状辅料，如橡胶行业的炭黑粉宜用小袋包装运输，连同包装一并加料和加工，限制粉尘扩散。

3）通风除尘

建筑设计时要考虑工艺特点和除尘的需要，利用风压、热压差，合理组织气流（如进排风口、天窗、挡风板的设置等），充分发挥自然通风改善作业环境的作用。当自然通风不能满足要求时，应设置全面或局部机械通风除尘装置。

4）其他措施

由于工艺、技术上的原因，通风和除尘设施无法达到劳动卫生指标要求的有尘作业场所，操作人员必须佩戴防尘口罩、工作服、头盔、呼吸器、眼镜等个体防护用品。

3. 防噪声安全对策措施

国家标准《建筑施工场界环境噪声排放标准》（GB 12523—2011）、《工业企业设计卫生标准》（GBZ 1—2010）、《工业企业噪声控制设计规范》（GB/T 50087—2013）、《工业企业噪声测量规范》（GBJ 122—1988）和《噪声作业分级》（LD 80—1995）等，采取低噪声工艺及设备、合理平面布置、隔声、消声、吸声等综合技术措施，控制噪声危害。

1）噪声源的平面布置

（1）主要强噪声源应相对集中的厂区、车间内，宜低位布置，充分利用地形隔挡噪声。

（2）主要噪声源周围宜布置对噪声较不敏感的辅助车间、仓库、料场、堆场、绿化带及高大建（构）筑物，用以隔挡对噪声敏感区、低噪声区的影响。

（3）必要时，噪声敏感区与低噪声区之间需保持防护间距，设置隔声屏障。

2）隔声、消声、吸声和隔振降噪

采取上述措施后噪声级仍达不到要求，则应采用隔声、消声、吸声、隔振等综合控制技术措施，尽可能使工作场所的噪声危害指数达到国家标准《中华人民共和国劳动部噪声作业分级》（LD 80—1995）规定的 0 级，且各类地点噪声 A 声级不得超过国家标准《工业企业噪声控制设计规范》（GB/T 50087—2013）规定的噪声限制值（55~90 dB）。

（1）隔声。采用带阻尼层、吸声层的隔声罩对噪声源设备进行隔声处理，随结构形式不同，其 A 声级降噪量可达到 15~40 dB。不宜对噪声源作隔声处理，且允许操作人员不经常停留在设备附近时，应设置操作、监视、休息用的隔声间（室）。强噪声源比较分散的大车间，可设隔声屏障或带有生产工艺孔的隔墙，将车间分成几个不同强度的噪声区域。

（2）消声。对空气动力机械，如通风机、压缩机、内燃机等辐射的空气动力性噪声，应采用消声器进行消声处理。当噪声呈中高频宽带特性时，可选用阻性型消声器。当噪声呈明显低中频脉动特性时，可选用扩展室型消声器；当噪声呈低中频特性时，可选用共振性消声器。消声器的消声量一般不宜超过 50 dB。

（3）吸声。对原有吸声较少、混响声较强的车间厂房，应采取吸声降噪处理。根据所需的吸声除噪量，确定吸声材料、吸声体的类型、结构、数量和安装方式。

（4）隔振降噪。对产生较强振动和冲击，从而引起固体声传播及振动辐射噪声的机器设备，应采取隔振措施。根据所需的振动传动比或隔振效率，确定隔振元件的荷载、型号、大小和数量。常用的隔振元件有橡胶、软木、玻璃纤维隔振垫和金属弹簧、空气弹簧、压缩型橡胶隔振器等。

（5）个体防护。采取噪声控制措施后，工作场所的噪声级仍不能达到标准要求，则应采取个人防护措施和减少接触噪声时间。对流动性、临时性噪声源和不宜采取噪声控制措施的工作场所，主要依靠个体防护用品防护。

4. 防其他有害因素安全对策措施

1）防辐射对策措施

按辐射源的特征（α 粒子、β 粒子、γ 射线、X 射线、中子等，密闭型、开放型）和毒性（极毒、高毒、中毒、低毒）、工作场所的级别（控制区、监督区、非限制区和控制区再细分的区、级、开放型放射源工作场所的级别），为防止非随机效应的发生和将随机效应的发生率降到可以接受的水平，遵守辐射防护三原则（屏蔽、防护距离和缩短照射时间）采取对策措施，使各区域工作人员受到的辐射照射不得超过标准规定的个人剂量限制值。

2）高温作业的防护措施

按各区对限制高温作业级别的规定采取措施：

（1）尽可能实现自动化和远距离操作等隔热操作方式，设置热源隔热屏蔽，如热源隔热保温层、水幕、隔热操作室、各类隔热屏蔽装置。

（2）通过合理组织自然通风气流，设置全面、局部送风装置或空调，降低工作环境的温度。

（3）依据《高温作业分级》的规定，限制持续接触热时间。

（4）使用隔热服（面罩）等个体防护用品。尤其是特殊高温作业人员，应使用适当的防护用品，如防热服装及特殊防护眼镜等。

（5）注意补充营养及合理的膳食制度，供应防高温饮料，口渴饮水，少量多次为宜。

3）低温作业、冷水作业防护措施

国家标准《低温作业分级》（GB/T 14440—1993）、《冷水作业分级》（GB/T 14439—1993）提出相应的对策措施：

（1）实现自动化、机械化作业，避免或减少低温作业和冷水作业。

（2）控制低温作业、冷水作业时间。

（3）穿戴防寒服（手套、鞋）等个体防护用品。

（4）设置采暖操作室、休息室、待工室等。

（5）冷库等低温封闭场所应设置通信、报警装置，防止误将人员关锁。

（七）其他安全对策措施

1. 人员保护安全对策措施

1）体力劳动安全对策措施

（1）为消除超重搬运和限制重体力劳动应采取的降低体力劳动强度的机械化、自动化作业的措施。

（2）根据成年男、女单次搬运重量、全日搬运重量的限制提出的对策措施。

（3）针对女职工体力劳动强度、体力负重量的限制提出对策措施。

2）定员编制、制度、劳动组织

（1）定员编制应满足国家现行工时制的要求。

（2）定员编制还应满足《女职工劳动保护规定》和有关限制接触有害因素时间、监护作业的要求，以及其他安全的需要，做必要的调整和补充。

（3）根据工艺、工艺设备、作业条件的特点和安全生产的需要，在设计中对劳动组织（作业岗设置、岗位人员配备和文化技能要求、劳动定额、工时和作业班制、指挥管理系统等）提出具体安排。

（4）劳动安全管理机构的设置。

（5）根据《劳动合同法》及《国务院关于修改〈国务院关于职工工作时间的规定〉的决定》提出工时安排方面的对策措施。

3）工厂辅助用室的设置

（1）根据生产特点、实际需要和使用方便的原则，按职工人数、设计计算人数设置生产卫生用室（如浴室、存衣室、盥洗室、洗衣房）、生活卫生用室（如休息室、食堂、厕所）、医疗卫生和急救设施。

（2）根据工作场所的卫生特征等级的需要，确定生产卫生用室。

（3）依据《女职工劳动保护规定》应设置女职工劳动保护设施，如妇女卫生室、孕妇休息室、哺乳室等。

4）女职工劳动保护

根据《劳动合同法》《女职工劳动保护规定》《女职工保健工作规定》提出女职工"四期"保护等特殊的保护措施。

2. 安全色、安全标志安全对策措施

国家标准《安全色》（GB 2893—2008）、《安全标志及其使用导则》（GB 2894—2008），充分利用红（禁止、危险）、黄（警告、注意）、蓝（指令、遵守）、绿（通行、安全）四种传递安全信息的安全色（表5-4），正确使用安全色，使人员能够迅速发现或分辨安全标志，及时得到提醒，以防止事故、危害的发生。

表5-4 安全色的含义和用途

颜色	含义	用 途 举 例
红色	禁止 停止	禁止标志 停止信号：机器、机器的紧急停止手柄或按钮，以及禁止人们触动的部位
	红色也表示防火	
蓝色	指令必须遵守的规定	指令标志：如必须佩戴个人防护用具，道路上指引车辆和行人行驶方向的指令
黄色	警告 注意	警告标示 警戒标志：如厂内危险机器和坑池边周围警戒线 行车道中线 机械上齿轮箱 安全帽
绿色	提示 安全状态 通行	提示标志 车间内的安全通道 行人和车辆通行标志 消防设备和其他安全防护设备的位置

1）安全标志的分类与功能

安全标志分为禁止标志、警告标志、指令标志和提示标志四类。

（1）禁止标志，表示不准或制止人们的某种行动。

（2）警告标志，使人们注意可能发生的危险。

（3）指令标志，表示必须遵守，用来强制或限制人们的行为。

（4）提示标志，示意目标地点或方向。

2）安全标志的原则

（1）醒目清晰：一目了然，易从复杂背景中识别；符号的细节、线条之间易于区分。

（2）简单易辨：由尽可能少的关键要素构成，符号与符号之间易分辨，不致混淆。

（3）易懂易记：容易被人理解（即使是外国人或不识字的人），牢记不忘。

3）安全标志的要求

（1）含义明确无误。

（2）内容具体且有针对性。例如，禁火、防爆的文字警告，或者简要说明防止危险的措施（如指示佩戴个人防护用品），或者具体说明"严禁烟火""小心碰撞"等。

（3）标志的设置位置。机械设备易发生危险的部位，必须有安全标志。标志牌应设置在醒目且与安全有关的地方，使人们看到后有足够的时间来注意它所表示的内容；不宜设在门、窗、架或可移动的物体上。

（4）标志应清晰持久。直接印在机器上的信息标志应牢固，在机器的整个寿命期内都应保持颜色鲜明、清晰、持久。每年至少应检查 1 次，发现变形、破损或图形符号脱落及变色等影响效果的情况，应及时修整或更换。

3. 防高处坠落、物体打击安全对策措施

可能发生高处坠落危险的工作场所，应设置便于操作、巡检和维修作业的扶梯、工作平台、防护栏杆、护栏、安全盖板等安全设施；梯子、平台和易滑倒操作通道的地面应有防滑措施；设置安全网、安全距离、安全信号和标志、安全屏护和佩戴个体防护用品（安全带、安全鞋、安全帽、防护眼镜等）是避免高处坠落、物体打击事故的重要措施。针对特殊高处作业，如强风、高温、低温雨天、雪天、夜间、带电、悬空、抢救高处作业特有的危险因素，提出针对性的防护措施。

高处作业应遵守"十不登高"：①患有禁忌症者不登高；②未经批准者不登高；③未戴好安全帽、未系安全带者不登高；④脚手板、跳板、梯子不符合安全要求不登高；⑤攀爬脚手架、设备不登高；⑥穿易滑鞋、携带笨重物体不登高；⑦石棉、玻璃钢瓦上无垫脚板不登高；⑧高压线旁无可靠隔离安全措施不登高；⑨酒后不登高；⑩照明不足不登高。

4. 焊割作业安全对策措施

国内外不少案例表明，造船、化工等行业在焊割作业时发生的事故较多，有的甚至引发了重大事故。因此，对焊割作业应予以高度重视，采取有力对策措施，防止事故发生和对焊工健康的损害。

1）建立严格的动火制度

动火必须经批准并制定动火方案，如要有负责人、作业流程图、操作方案、安全措施、人员分工、监护、化验；特别是要确认易燃、易爆、有毒、窒息性物料及氧含量在规定的范围内，经批准后方可动火。

2）作业要求

电焊作业人员除进行特殊工种培训、考核、持证上岗外，还应严格遵照焊割规章制度、安全操作规程进行作业。电弧焊时应采取隔离防护，保持绝缘良好，正确使用劳动防护用品，正确采取保护接地或保护接零等措施。

3）作业应严格遵守"十不焊"

（1）无操作证又无有证焊工在现场指导，不准焊割。

（2）禁火区，未经审批并办理动火手续，不准焊割。

（3）不了解作业现场及周围情况，不准焊割。

（4）不了解焊割物内部情况，不准焊割。

（5）盛装过易燃、易爆、有毒物质的容器、管道，未经彻底清洗置换，不准焊割。

（6）用可燃材料作保温层的部位及设备未采取可靠的安全措施，不准焊割。

（7）有压力或密封的容器、管道，不准焊割。

（8）附近堆有易燃、易爆物品，未彻底清理或采取有效安全措施，不准焊割。

（9）作业点与外单位相邻，在未弄清对外单位或区域有无影响或明知危险而未采取有效的安全措施，不准焊割。

（10）作业场所及附近有与明火相抵触的工作，不准焊割。

5. 防腐蚀安全对策措施

1) 大气腐蚀

在大气中，由于氧、雨水、腐蚀性物质的作用，裸露的设备、管线、阀、泵及其他设施会产生严重腐蚀，会诱发事故的发生。因此，设备、管线、阀、泵及其设施等，需要选择合适的材料及涂覆防腐涂层予以保护。

2) 全面腐蚀

在腐蚀介质及一定温度、压力下，金属表面会发生大面积均匀的腐蚀，如果腐蚀速度控制在<0.05 mm/a、0.05~0.5 mm/a，金属材料耐蚀等级分别为良好、优良。对于这种腐蚀，应考虑介质、温度、压力等因素，选择合适的耐腐蚀材料或在接触介质的内表面涂覆涂层或加入缓蚀剂。

3) 电偶腐蚀

电偶腐蚀是容器、设备中常见的一种腐蚀，也称为"接触腐蚀"或"双金属腐蚀"。它是两种不同金属在溶液中直接接触，因其电极电位不同构成腐蚀电池，使电极电位较负的金属发生溶解腐蚀。

4) 缝隙腐蚀

在生产装置的管道连接处、衬板、垫片等处的金属与金属、金属与非金属间及金属涂层破损时，金属与涂层间所构成的窄缝于电解液中，会造成缝隙腐蚀。

5) 孔蚀

由于金属表面露头、错位、介质不均匀等，使其表面膜完整性遭到破坏，成为点蚀源，腐蚀介质会集中于金属表面个别小点上形成深度较大的腐蚀。

6) 其他

如金属材料在腐蚀环境中会产生沿晶界间腐蚀的晶间腐蚀，它可以在外观无任何变化的情况下使金属强度完全丧失；金属及合金在拉应力和特定介质环境的共同作用下会产生应力腐蚀破坏，其外观见不到任何变化，裂纹发展迅速，危险性更大。此外，还要注意氯离子对不锈钢的腐蚀，在高温高压下的氢腐蚀，在交变应力作用下的疲劳腐蚀等。

任务二　安全管理对策

安全管理对策主要控制制度形态的事故起因，包括国家或政府部门进行的宏观安全监察管理，是国家职业安全工作的体现，是保证国家安全生产法规得以正确执行的基本手段。其工作的内容主要包括两方面：制定国家安全生产法规及政策；从工程技术及组织管理角度对经济部门的生产安全进行监督。企业内部微观安全管理是企业生产安全的重要保证，也是管理对策的核心。企业内部微观安全管理包括安全管理体系的建立，设备、作业环境的技术管理与控制措施，人员的管理，以及群众性监督管理等。

安全管理对策措施的具体内容涉及面较为广泛，《安全生产法》《危险化学品安全管理条例》《特种设备安全监察条例》《化工企业安全管理规定》等许多法律法规和政府行政规章中具体的条款内容都能涉及。各类技术标准和规范，如国家标准《常用化学危险品贮存通则》、《生产过程安全卫生要求总则》（GB/T 12801—2008）、《职业病危害评价通则》也包含了安全管理对策措施的许多具体内容。

安全生产管理是以保证建设项目建成以后，以及现实生产过程安全为目的的现代化、科学化的管理。其基本任务是发现、分析和控制生产过程中的危险、有害因素，制定相应的安全卫生规章制度，对企业内部实施安全卫生监督、检查，对各类人员进行安全、卫生知识的培训和教育，防止发生事故和职业病，避免、减少有关损失。

即使具有本质安全性能、高度自动化的生产装置，也不可能全面地、一劳永逸地控制、预防所有的危险、有害因素（如维修等辅助生产作业中存在的、生产过程中设备故障造成的危险、有害因素）和防止作业人员的失误。安全生产管理对于所有建设项目和生产经营单位都是企业管理的重要组成部分，是保证安全生产的必不可少的措施。

一、建立安全管理制度

依据企业的自身特点，应建立《安全生产总则》《安全生产守则》《"三同时"管理制度》等指导性安全管理文件，制定《安全生产责任制》《工艺技术安全生产规程》《安全操作规程》；明确各级人员的安全生产岗位责任制，对日常安全管理工作，应建立相应的《安全检查制度》《安全生产巡视制度》《安全生产交接班制度》《安全监督制度》《安全生产确认制》《安全生产奖惩制度》《有毒有害作业管理制度》《劳保用品管理制度》《厂内交通运输安全管理条例》等管理制度；对工伤事故应建立《伤亡事故管理制度》《伤亡事故责任者处理规定》《职业病报告处理制度》等制度；对设备、工机具等应建立《特种设备管理责任制度》《危险设备管理制度》《手持电动工具管理制度》《吊索具安全管理规程》《蒸汽锅炉、压力容器管理细则》等制度；在安全教育培训方面，应建立《各级领导安全培训教育制度》《新进员工三级安全教育制度》《转岗安全培训教育制度》《日常安全教育和考核制度》《违章员工教育》和《临时性安全教育》等制度；对检修、动火和紧急状态，应建立《设备检修安全联络挂牌制度》《动火作业管理规定》《临时线审批制度》《动力管线管理制度》《危险作业审批制度》等管理措施；对特殊工种应建立《特种作业人员的安全教育》《持证上岗管理规定》等制度；对外协、临时工和承包工程队的安全管理应建立相应的管理制度等等。

二、完善机构和人员配置

建立并完善生产经营单位的安全管理组织机构和人员配置，保证各类安全生产管理制度能认真贯彻执行，各项安全生产责任制能落实到人。明确各级第一负责人为安全生产第一责任人。例如，生产经营单位设立安全生产委员会（或者相类似的管理机构），由单位负责人任主任，下设办公室，安全科长任办公室主任；建立安全员管理网络。各生产经营单位的安全管理机构设安全科，各作业区（包括物资储存区）设作业区级兼职安全员 1 名，分别由各作业区作业长兼任，各大班各设班组级兼职安全员 1 名，分别由各大班班长兼任。

《安全生产法》第二十四条规定：矿山、金属冶炼、建筑施工、运输单位和危险物品的生产、经营、储存、装卸单位，应当设置安全生产管理机构或者配备专职安全生产管理人员。其他生产经营单位，从业人员超过 100 人的，应当设置安全生产管理机构或者配备专职安全生产管理人员；从业人员在 100 人以下的，应当配备专职或者兼职的安全生产管理人员。

《危险化学品经营单位安全评价导则（试行）》规定：危险化学品经营单位应有安全管理机构或者配备专职安全管理人员；从业人员在 10 人以下的，有专职或兼职安全管理人员；个体工商户可委托具有国家规定资格的人员提供安全管理服务；中、小型生产经营单位可根据上述两条规定的精神，结合本单位的特点确定安全管理机构的设置和人员配置模式。在落实安全生产管理机构和人员配置后，还需建立各级机构和人员安全生产责任制；各级人员安全职责包括单位负责人及其副手、总工程师（或技术总负责人）、车间主任（或部门负责人）、工段长、班组长、车间（或部门）安全员、班组安全员、作业工人的安全职责。

三、安全教育和培训

安全教育是通过各种形式，包括学校教育、媒体宣传、政策导向等，努力提高人的安全意识和素质，学会从安全的角度观察和理解要从事的活动和面临的形势，用安全的观点解释和处理自己遇到的新问题。安全教育主要是一种意识的培养，是长时期的甚至贯穿于人的一生的，并在人的所有行为中体现出来，而与其所从事的职业并无直接关系。安全教育的内容非常广泛，学校教育是最主要的教育途径之一。无论是在小学还是在中学、大学，学校都通过各种形式对学生进行安全意识的培养，其中包括组织活动、开设有关课程等。在高等教育中，国外一般均采用两种方式进行安全教育：一是培养安全专业人才的专业教育；二是对所有大学生的普及教育，包括开设辅修专业或选修、必修课程等。我国基本上也采用了这两种模式。另外，部分院校也采用开设选修课程等方式进行安全教育。

安全培训的主要目的是使人掌握在某种特定的作业或环境下正确并安全地完成其应完成的任务，故也有人称在生产领域的安全培训为安全生产教育。安全培训虽然也包含有关教育的内容，但其内容相对于安全教育要具体得多，范围要小得多，主要是一种技能的培训。安全培训主要是指企业为提高职工安全技术水平和防范事故能力而进行的教育培训工作。

安全教育分为对管理人员的安全教育和对生产岗位职工的安全教育两大部分。《生产经营单位安全培训规定》中规定：生产经营单位主要负责人和安全生产管理人员应当接受安全培训，具备与所从事的生产经营活动相适应的安全生产知识和管理能力。生产经营单位主要负责人和安全生产管理人员初次安全培训时间不得少于 32 学时，每年再培训时间不得少于 12 学时。

《煤矿安全培训规定》中规定：煤矿企业应当每年组织主要负责人和安全生产管理人员进行新法律法规、新标准、新规程、新技术、新工艺、新设备和新材料等方面的安全培训。煤矿企业或者具备安全培训条件的机构应当按照培训大纲对其他从业人员进行安全培训。其中，对从事采煤、掘进、机电、运输、通风、防治水等工作的班组长的安全培训，应当由其所在煤矿的上一级煤矿企业组织实施；没有上一级煤矿企业的，由本单位组织实施。煤矿企业其他从业人员的初次安全培训时间不得少于 72 学时，每年再培训的时间不得少于 20 学时。煤矿企业或者具备安全培训条件的机构对其他从业人员安全培训合格后，应当颁发安全培训合格证明；未经培训并取得培训合格证明的，不得上岗作业。

《安全生产培训管理办法》中规定：县级以上各级人民政府安全生产监督管理部门、各级煤矿安全监察机构从事安全监管监察、行政执法的安全生产监管人员和煤矿安全监察人员；生产经营单位主要负责人、安全生产管理人员、特种作业人员及其他从业人员；从事安全教育培训工作的教师、危险化学品登记机构的登记人员和承担安全评价、咨询、检测、检验的人员及注册安全工程师、安全生产应急救援人员等都应进行安全培训。

《国务院安委会关于进一步加强安全培训工作的决定》中规定：为提高企业从业人员安全素质和安全监管监察效能，防止和减少违章指挥、违规作业和违反劳动纪律行为，促进全国安全生产形势持续稳定好转，提出了新形势下进一步加强安全培训工作的一系列政策措施。

四、安全投入与安全设施

建立健全生产经营单位安全生产投入的长效保障机制，从资金和设施装备等物质方面保障安全生产工作正常进行，也是安全管理对策措施的一项内容。建设项目在可行性研究阶段和初步设计阶段都应该考虑投入用于安全生产的专项资金的预算。生产经营单位在日常运行过程中应该安排用于安全生产的专项资金，进行安全生产方面的技术改造，增添安全设施和防护设备及个体防护用品；配备安全卫生管理、检查、事故调查分析、检测检验的用房和检查、检测、通信、录像、照相、微机、车辆等设施、设备；根据生产特点，适应事故应急预案措施的需要，配备必要的训练、急救、抢险的设备、设施，以及安全卫生管理需要的其他设备、设施；配备安全卫生培训、教育（含电化教育）设备和场所。设计单位和生产单位应根据安全管理的需要，配备必要的人员和管理、检查、检测、培训教育和应急抢救仪器设备和设施，如设置卫生室并配置相应的急救药品，高温作业需要设置有空调的休息室，化工装置有的需要设置相应的防毒面具、淋洗、洗眼器等。

《安全生产法》第二十三条规定：生产经营单位应当具备的安全生产条件所必需的资金投入，由生产经营单位的决策机构、主要负责人或者个人经营的投资人予以保证，并对由于安全生产所必需的资金投入不足导致的后果承担责任。有关生产经营单位应当按照规定提取和使用安全生产费用，专门用于改善安全生产条件。安全生产费用在成本中据实列支。安全生产费用提取、使用和监督管理的具体办法由国务院财政部门会同国务院应急管理部门征求国务院有关部门意见后制定。

（一）安全费用的提取比例

《企业安全生产费用提取和使用管理办法》规定：煤炭生产、非煤矿山开采、石油天然气开采、建设工程施工、危险品生产与储存、交通运输、烟花爆竹生产、民用爆炸物品生产、冶金、机械制造、武器装备研制生产与试验（含民用航空及核燃料）、电力生产与供应的企业及其他经济组织提取比例如下。

1. 煤炭生产企业

煤炭生产企业依据当月开采的原煤产量，于月末提取企业安全生产费用。提取标准如下：煤（岩）与瓦斯（二氧化碳）突出矿井、冲击地压矿井吨煤 50 元；高瓦斯矿井，水文地质类型复杂、极复杂矿井，容易自燃煤层矿井吨煤 30 元；其他井工矿吨煤 15 元；露天矿吨煤 5 元。多种灾害并存矿井，从高提取企业安全生产费用。

2. 非煤矿山开采企业

非煤矿山开采企业依据当月开采的原矿产量，于月末提取企业安全生产费用。提取标准如下：金属矿山，其中露天矿山每吨 5 元，地下矿山每吨 15 元；核工业矿山，每吨 25

元；非金属矿山，其中露天矿山每吨3元，地下矿山每吨8元；小型露天采石场，即年生产规模不超过50万吨的山坡型露天采石场，每吨2元。

地质勘探单位按地质勘查项目或工程总费用的2%，在项目或工程实施期内逐月提取企业安全生产费用。尾矿库运行按当月入库尾矿量计提企业安全生产费用，其中三等及三等以上尾矿库每吨4元，四等及五等尾矿库每吨5元。尾矿库回采按当月回采尾矿量计提企业安全生产费用，其中三等及三等以上尾矿库每吨1元，四等及五等尾矿库每吨1.5元。

3. 石油天然气开采企业

陆上采油（气）、海上采油（气）企业依据当月开采的石油、天然气产量，于月末提取企业安全生产费用。其中每吨原油20元，每千立方米原气7.5元。钻井、物探、测井、录井、井下作业、油建、海油工程等企业按照项目或工程造价中的直接工程成本的2%逐月提取企业安全生产费用。工程发包单位应当在合同中单独约定并及时向工程承包单位支付企业安全生产费用。石油天然气开采企业的储备油、地下储气库参照危险品储存企业执行。

4. 建设工程施工企业

建设工程施工企业以建筑安装工程造价为依据，于月末按工程进度计算提取企业安全生产费用。提取标准如下：矿山工程3.5%；铁路工程、房屋建筑工程、城市轨道交通工程3%；水利水电工程、电力工程2.5%；冶炼工程、机电安装工程、化工石油工程、通信工程2%；市政公用工程、港口与航道工程、公路工程1.5%。建设工程施工企业编制投标报价应当包含并单列企业安全生产费用，竞标时不得删减。国家对基本建设投资概算另有规定的，从其规定。

建设单位应当在合同中单独约定并于工程开工日一个月内向承包单位支付至少50%企业安全生产费用。总包单位应当在合同中单独约定并于分包工程开工日一个月内将至少50%企业安全生产费用直接支付分包单位并监督使用，分包单位不再重复提取。工程竣工决算后结余的企业安全生产费用，应当退回建设单位。

5. 危险品生产与储存企业

危险品生产与储存企业以上一年度营业收入为依据，采取超额累退方式确定本年度应计提金额，并逐月平均提取。具体如下：上一年度营业收入不超过1000万元的，按照4.5%提取；上一年度营业收入超过1000万元至1亿元的部分，按照2.25%提取；上一年度营业收入超过1亿元至10亿元的部分，按照0.55%提取；上一年度营业收入超过10亿元的部分，按照0.2%提取。

6. 交通运输企业

交通运输企业以上一年度营业收入为依据，确定本年度应计提金额，并逐月平均提取。具体如下：普通货运业务1%；客运业务、管道运输、危险品等特殊货运业务1.5%。

7. 冶金企业

冶金企业以上一年度营业收入为依据，采取超额累退方式确定本年度应计提金额，并逐月平均提取。具体如下：上一年度营业收入不超过1000万元的，按照3%提取；上一年度营业收入超过1000万元至1亿元的部分，按照1.5%提取；上一年度营业收入超过1亿元至10亿元的部分，按照0.5%提取；上一年度营业收入超过10亿元至50亿元的部分，按照 0.2%提取；上一年度营业收入超过 50 亿元至 100 亿元的部分，按照 0.1%提取；上一年度营业收入超过 100 亿元的部分，按照 0.05%提取。

8. 机械制造企业

机械制造企业以上一年度营业收入为依据，采取超额累退方式确定本年度应计提金额，并逐月平均提取。具体如下：上一年度营业收入不超过 1000 万元的，按照 2.35%提取；上一年度营业收入超过 1000 万元至 1 亿元的部分，按照 1.25%提取；上一年度营业收入超过 1 亿元至 10 亿元的部分，按照 0.25%提取；上一年度营业收入超过 10 亿元至 50 亿元的部分，按照 0.1%提取；上一年度营业收入超过 50 亿元的部分，按照 0.05%提取。

9. 烟花爆竹生产企业

烟花爆竹生产企业以上一年度营业收入为依据，采取超额累退方式确定本年度应计提金额，并逐月平均提取。具体如下：上一年度营业收入不超过 1000 万元的，按照 4%提取；上一年度营业收入超过 1000 万元至 2000 万元的部分，按照 3%提取；上一年度营业收入超过 2000 万元的部分，按照 2.5%提取。

10. 民用爆炸物品生产企业

民用爆炸物品生产企业以上一年度营业收入为依据，采取超额累退方式确定本年度应计提金额，并逐月平均提取。具体如下：上一年度营业收入不超过 1000 万元的，按照 4%提取；上一年度营业收入超过 1000 万元至 1 亿元的部分，按照 2%提取；一年度营业收入超过 1 亿元至 10 亿元的部分，按照 0.5%提取；上一年度营业收入超过 10 亿元的部分，按照 0.2%提取。

11. 武器装备研制生产与试验企业

武器装备研制生产与试验企业以上一年度军品营业收入为依据，采取超额累退方式确定本年度应计提金额，并逐月平均提取。

军工危险化学品研制、生产与试验企业，包括火炸药、推进剂、弹药（含战斗部、引信、火工品）、火箭导弹发动机、燃气发生器等，提取标准如下：上一年度营业收入不超过 1000 万元的，按照 5%提取；上一年度营业收入超过 1000 万元至 1 亿元的部分，按照 3%提取；上一年度营业收入超过 1 亿元至 10 亿元的部分，按照 1%提取；上一年度营业收入超过 10 亿元的部分，按照 0.5%提取。

核装备及核燃料研制、生产与试验企业，提取标准如下：一年度营业收入不超过 1000 万元的，按照 3%提取；上一年度营业收入超过 1000 万元至 1 亿元的部分，按照 2%提取；上一年度营业收入超过 1 亿元至 10 亿元的部分，按照 0.5%提取；上一年度营业收入超过 10 亿元的部分，按照 0.2%提取。

军用舰船（含修理）研制、生产与试验企业，提取标准如下：上一年度营业收入不超过 1000 万元的，按照 2.5%提取；上一年度营业收入超过 1000 万元至 1 亿元的部分，按照 1.75%提取；上一年度营业收入超过 1 亿元至 10 亿元的部分，按照 0.8%提取；上一年度营业收入超过 10 亿元的部分，按照 0.4%提取。

飞船、卫星、军用飞机、坦克车辆、火炮、轻武器、大型天线等产品的总体、部分和元器件研制、生产与试验企业，提取标准如下：上一年度营业收入不超过 1000 万元的，按照 2%提取；上一年度营业收入超过 1000 万元至 1 亿元的部分，按照 1.5%提取；上一年度营业收入超过 1 亿元至 10 亿元的部分，按照 0.5%提取；上一年度营业收入超过 10

亿元至 100 亿元的部分，按照 0.2% 提取；上一年度营业收入超过 100 亿元的部分，按照 0.1% 提取。

其他军用危险品研制、生产与试验企业，提取标准如下：上一年度营业收入不超过 1000 万元的，按照 4% 提取；上一年度营业收入超过 1000 万元至 1 亿元的部分，按照 2% 提取；上一年度营业收入超过 1 亿元至 10 亿元的部分，按照 0.5% 提取；上一年度营业收入超过 10 亿元的部分，按照 0.2% 提取。

核工程按照工程造价 3% 提取企业安全生产费用。企业安全生产费用在竞标时列为标外管理。

12. 电力生产与供应企业

电力生产与供应企业以上一年度营业收入为依据，采取超额累退方式确定本年度应计提金额，并逐月平均提取。

电力生产企业，提取标准如下：上一年度营业收入不超过 1000 万元的，按照 3% 提取；上一年度营业收入超过 1000 万元至 1 亿元的部分，按照 1.5% 提取；上一年度营业收入超过 1 亿元至 10 亿元的部分，按照 1% 提取；上一年度营业收入超过 10 亿元至 50 亿元的部分，按照 0.8% 提取；上一年度营业收入超过 50 亿元至 100 亿元的部分，按照 0.6% 提取；上一年度营业收入超过 100 亿元的部分，按照 0.2% 提取。

电力供应企业，提取标准如下：上一年度营业收入不超过 500 亿元的，按照 0.5% 提取；上一年度营业收入超过 500 亿元至 1000 亿元的部分，按照 0.4% 提取；上一年度营业收入超过 1000 亿元至 2000 亿元的部分，按照 0.3% 提取；上一年度营业收入超过 2000 亿元的部分，按照 0.2% 提取。

企业在上述标准的基础上，根据安全生产实际需要，可适当提高安全费用提取标准。

（二）安全费用的使用范围

（1）购置购建、更新改造、检测检验、检定校准、运行维护安全防护和紧急避险设施、设备支出［不含按照"建设项目安全设施必须与主体工程同时设计、同时施工、同时投入生产和使用"（以下简称"三同时"）规定投入的安全设施、设备］。

（2）购置、开发、推广应用、更新升级、运行维护安全生产信息系统、软件、网络安全、技术支出。

（3）配备、更新、维护、保养安全防护用品和应急救援器材、设备支出。

（4）企业应急救援队伍建设（含建设应急救援队伍所需应急救援物资储备、人员培训等方面）、安全生产宣传教育培训、从业人员发现报告事故隐患的奖励支出。

（5）安全生产责任保险、承运人责任险等与安全生产直接相关的法定保险支出。

（6）安全生产检查检测、评估评价（不含新建、改建、扩建项目安全评价）、评审、咨询、标准化建设、应急预案制修订、应急演练支出。

（7）与安全生产直接相关的其他支出。

（三）安全费用的管理

统筹发展和安全，依法落实企业安全生产投入主体责任，足额提取。企业根据生产经营实际需要，据实开支符合规定的安全生产费用。企业专项核算和归集安全生产费用，真实反映安全生产条件改善投入，不得挤占、挪用。建立健全企业安全生产费用提取和使用的内外部监督机制，按规定开展信息披露和社会责任报告。年度结余资金结转下年度使用，当年计提安全费用不足的，超出部分按正常成本费用渠道列支。主要承担安全管理责任的集团公司经过履行内部决策程序，可以对所属企业提取的安全费用按照一定比例集中管理，统筹使用。企业提取的安全费用属于企业自提自用资金，其他单位和部门不得采取收取、代管等形式对其进行集中管理和使用，国家法律、法规另有规定的除外。

五、实施生产监督和检查

安全管理对策措施的动态表现就是监督与检查，对于有关安全生产方面国家法律法规、技术标准、规范和行政规章执行情况的监督与检查，对于本单位所制定的各类安全生产规章制度和责任制的落实情况的监督与检查。通过监督检查，保证本单位各层面的安全教育和培训能正常有效地进行，保证本单位安全生产投入的有效实施，保证本单位安全设施、安全技术装备能正常发挥作用。应经常性督促、检查本单位的安全生产工作，及时消除生产安全事故隐患。

《安全生产法》第三十八条规定：国家对严重危及生产安全的工艺、设备实行淘汰制度，具体目录由国务院应急管理部门会同国务院有关部门制定并公布。法律、行政法规对目录的制定另有规定的，适用其规定。省、自治区、直辖市人民政府可以根据本地区实际情况制定并公布具体目录，对前款规定以外的危及生产安全的工艺、设备予以淘汰。生产经营单位不得使用应当淘汰的危及生产安全的工艺、设备。《安全生产法》第三十九条规定：生产、经营、运输、储存、使用危险物品或者处置废弃危险物品的，由有关主管部门依照有关法律、法规的规定和国家标准或者行业标准审批并实施监督管理。生产经营单位生产、经营、运输、储存、使用危险物品或者处置废弃危险物品，必须执行有关法律、法规和国家标准或者行业标准，建立专门的安全管理制度，采取可靠的安全措施，接受有关主管部门依法实施的监督管理。

例如，生产经营单位建有《安全活动日制度》，明确每周一为安全活动日，总结和回顾一周来安全规章制度执行情况，发现存在问题并提出改进措施。《安全生产检查制度》规定了单位安全管理部门每季度进行一次安全生产综合大检查，各作业区每月进行两次安全检查，并建立了季节性安全检查、专业性安全检查和节假日安全检查制度。此外，设备的不安全状态是诱发事故的物质基础。保持设备、设施的完好状态，是实现安全生产的前提。因此，要加强对设备运行时的监视、检查、定期维修保养等管理工作。经常进行安全分析，对发生过的事故或未遂事件、故障、异常工艺条件和操作失误等，应进行详细记录和原因分析，并找出改进措施。另外，还应经常收集、分析国内外的有关案例，类比本企业建设项目的具体情况，加强教育，积极采取安全技术、管理等方面的有效措施，防止类似事故的发生。经常对主要设备故障处理方案进行修订，使之不断完善。

制定并严格执行动火审批制度，动火前应检测可燃物的浓度，动火时须有专人监护并准备适用的消防器材。

检查的形式包括综合检查、专业检查、季节性检查、日常检查等。

1. 综合检查

综合检查分为厂、车间、班组三级。各种检查均应编制相应的安全检查表，按检查表的内容逐项检查。

2. 专业检查

专业检查分别由各专业部门组织进行，每年至少进行两次。检查的重点主要是对锅炉及压力容器等特种设备，危险化学品，电气装置，机械设备，安全装置，特种防护用品，运输车辆，消防设施，防火、防爆、防尘、防毒等重点部位、重要岗位。对火灾报警装置、监测器、防爆膜、安全阀、视镜等应定期检验，防止失效；做好各类监测目标、泄漏点、检测点的记录和分析，对不安全因素进行及时处理和整改。

3. 季节性检查

季节性检查如春季安全大检查，以防雷、防静电、防解冻、跑漏为重点；夏季安全大检查，则以防暑降温、防台风、防汛为重点；秋季安全大检查，以防火、防冻保暖为重点；冬季安全大检查，以防火、防爆、防煤气中毒、防冻、防凝、防滑为重点。

4. 日常检查

日常检查分岗位工人自查和管理人员巡回检查。生产工人应认真履行岗位安全生产责任制，进行交接班检查和班中巡回检查。各级管理人员应在各自的职权范围内进行检查。

通过安全检查，对查出的隐患应逐项分析研究，并提出整改措施，按"四定"（定措施、定负责人、定资金来源、定完成期限）、"三不推"（凡班组能整改的不推给工段、凡工段能整改的不推给车间、凡车间能整改的不推给厂部）的原则按期完成整改任务。

对严重威胁安全生产的事故隐患，安全管理部门应下达《隐患整改通知书》。其内容应包括隐患内容、整改意见和整改期限，由主管安全的领导签署后发出。隐患所在部门负责人签收后应按期实施整改。对因物质和技术原因暂时不具备整改条件的重大隐患，必须采取有效的应急防范措施，并纳入计划，限期解决或停产。

安全管理部门应对查出的隐患和整改情况，分别建立安全检查和隐患整改台账，对重大隐患及整改情况报生产经营单位负责人。

六、事故应急预案

事故应急救援在安全管理对策措施中占有非常重要的地位，《安全生产法》专门设置了第五章"生产安全事故的应急救援与调查处理"。政府和企业应依据《安全生产法》《国家安全生产事故灾难应急预案》《国家突发公共事件总体应急预案》和《国务院关于进一步加强安全生产工作的决定》《生产安全事故应急条例》等法律法规及有关规定，制定应急预案。由于其地位的重要性，论述的篇幅也较大，将在项目八中专项论述。

复习思考题

1. 解释"3E"对策。

2. 简述安全教育内容。

3. 按企业的安全教育分类，安全教育分为哪几种？请做具体解释。

4. 简述安全意识的含义，并分析其重要性。

5. 《安全生产法》中对安全生产管理机构，或者配备专职安全生产管理人员配置有什么要求？

项目六 安 全 检 查

学习目标

➢ 掌握安全检查、安全检查表和工程项目安全检查的含义及作用。

➢ 通过学习安全检查基础知识和实例，学会编制安全检查表。

任务一 安 全 检 查 制 度

一、安全检查的要求

安全检查是多年来从生产实践中创造出来的，是安全生产管理工作的一项重要内容，是推动开展劳动保护工作的有效措施，是安全生产工作中运用群众路线的方法，发现不安全状态和不安全行为的有效途径，是消除事故隐患、落实整改措施、防止伤亡事故、改善劳动条件的重要手段。

安全检查是搞好安全管理、促进安全生产的一种手段，目的是消除隐患，克服不安全因素，达到安全生产的要求。消除事故隐患的关键是及时整改。由于某些原因不能立即整改的隐患，应逐项分析研究，做到"三定四不推"，即定具体负责人、定措施办法、定整改时间；凡是自己能够解决的问题，班组不推给车间，车间不推给厂，厂不推给主管局，主管局不推给上一级。

安全检查包括生产经营单位和监督管理部门的检查。《安全生产法》中对企业和监督管理部门安全检查提出了明确要求。

（1）生产经营单位的安全生产管理人员应当根据本单位的生产经营特点，对安全生产状况进行经常性检查，对检查中发现的安全问题，应当立即处理，不能处理的，应当及时报告本单位有关负责人，检查及处理情况应当记录在案。

（2）县级以上地方各级人民政府应当根据本行政区域内的安全生产状况，组织有关部门按照职责分工，对本行政区域内容易发生重大生产安全事故的生产经营单位进行严格检查，发现事故隐患，应当及时处理。

安全检查应经常进行，如根据《国务院安委会安全生产大检查工作实施方案》《国务院办公厅关于集中开展安全生产大检查的通知》《国务院安委会关于开展安全生产重点工作专项督查的通知》等要求：在全国集中开展安全生产大检查，检查范围包括全国所有地区、所有行业领域、所有生产经营企事业单位和人员密集场所；重点检查煤矿、金属非金属矿山、尾矿库、石油天然气开采、危险化学品和烟花爆竹、冶金有色、消防、道路交通、水上交通、铁路、民航、建筑施工、水利、电力、农业机械、渔业船舶、特种设备、食品药品加工、民爆器材等行业领域；开展安全生产大检查"回头看"，对查出问题和隐患的整改落实情况，指导督促相关单位"补课"，消除大检查盲区死角情况，完善落实应急预案，强化政府和企业预案衔接情况，制定常态化大检查工作制度和相关办法措施情况等。企业和地主监督管理部门根据上述要求开展自查和监督检查工作。

二、安全检查的内容

安全检查的内容，主要是查隐患、查思想、查管理、查事故处理。

（一）查隐患

安全生产检查的内容，主要以查现场隐患为主，深入生产现场工地，检查企业的劳动条件、生产设备及相应的安全卫生设施是否符合安全要求。例如，有无安全出口，且是否通畅；机器防护装置情况，电气安全设施，如安全接地，避雷设备、防爆性能；车间或坑内通风照明情况；防止矽尘危害的综合措施情况；预防有毒有害气体或蒸汽的危害的防护措施情况；锅炉、受压容器和气瓶的安全运转情况；变电所、火药库、易燃易爆物质及剧毒物质的贮存、运输和使用情况；个体防护用品的使用及标准是否符合有关安全卫生的规定。

（二）查思想

在查隐患和努力发现不安全因素的同时，应注意检查企业领导的思想认识，检查他们对安全生产认识是否正确，是否把职工的安全健康放在第一位，特别对各项劳动保护法规及安全生产方针的贯彻执行情况，更应严格检查。

查思想主要是对照党和国家有关劳动保护的方针、政策及有关文件，检查企业领导和职工群众对安全工作的认识。例如，干部是否真正做到了关心职工的安全健康；现场领导人员有无违章指挥；职工群众是否人人关心安全生产，在生产中是否有不安全行为和不安全操作；国家的安全生产方针和有关政策、法令是否真正得到贯彻执行。

（三）查管理

安全生产检查也是对企业安全管理上的大检查。

（1）主要检查企业领导是否把安全生产工作摆上议事日程。

（2）企业主要负责人及生产负责人是否负责安全生产工作。

（3）在计划、布置、检查、总结、评比生产的同时，是否都有安全的内容，即"五同时"的要求是否得到落实。

（4）企业各职能部门在各自业务范围内是否对安全生产负责；安全专职机构是否健全；工人群众是否参与安全生产的管理活动。

（5）改善劳动条件的安全技术措施计划是否按年度编制和执行；安全技术措施经费是否按规定提取和使用。

（6）新建、改建、扩建工程项目是否与安全卫生设施同时设计、同时施工、同时投产，即"三同时"的要求是否得到落实。

（7）此外，还要检查企业的安全教育制度、新工人入厂的"三级教育"制度、特种作业人员和调换工种工人的培训教育制度、各工种的安全操作规程和岗位。

（四）查事故处理

检查企业对工伤事故是否及时报告、认真调查、严肃处理；在检查中，如发现未按"四不放过"的要求草率处理的事故，要重新严肃处理，从中找出原因，采取有效措施，防止类似事故重复发生。在开展安全检查工作中，各企业可根据各自的情况和季节特点，做到每次检查的内容有所侧重，突出重点，真正收到较好的效果。

三、安全检查的方法

为了保证安全检查的效果，必须成立一个适应安全检查工作需要的检查组，配备适当的力量。安全检查的规模、范围较大时，由企业领导负责组织安技、工会及有关科室的科长和专业人员参加，在厂长或总工程师带领下，深入现场，发动群众进行检查。属于专业性检查，可由企业领导人指定有关部门领导带队，组成由专业技术人员、安技、工会和有经验的老工人参加的安全检查组。每一次检查，事前必须有准备、有目的、有计划，事后有整改、有总结。

（一）检查准备

要使安全检查达到预期效果，必须做好充分准备，包括思想上的准备和业务上的准备。

1. 思想准备

思想准备主要是发动职工，开展群众性的自检活动，做到群众自检和检查组检查相结合，从而形成自检自改、边检边改的局面。这样既可提高职工主人翁的思想意识，又可锻炼职工自己发现问题、自己动手解决问题的能力。

2. 业务准备

业务准备主要有以下几个方面：

（1）确定检查目的、步骤和方法，抽调检查人员，建立检查组织，安排检查日程。

（2）分析过去几年所发生的各类事故的资料，确定检查重点，以便把精力集中在那些事故多发的部门和工种上。

（3）运用系统工程原理，设计、印制检查表格，以便按要求逐项检查，做好记录，避免遗漏应检的项目，使安全检查逐步做到系统化、科学化。

（二）安全检查形式

安全检查的形式大体有下列几种。

1. 定期检查

定期检查是指已经列入计划，每隔一定时间检查一次。例如，通常在劳动节前进行夏季的防暑降温安全检查，国庆节前后进行冬季的防寒保暖安全检查。又如，班组的日检查、车间的周检查、工厂的月检查等。有些设备如锅炉、压力容器、起重设备、消防设备等，都应按规定期限进行检查。

2. 突击检查

突击检查是一种无固定时间间隔的检查，检查对象一般是一个特殊部门、一种特殊设备或一个小的区域。

3. 特殊检查

特殊检查是指对新设备的安装、新工艺的采用、新建或改建厂房的使用可能会带来新的危险因素的检查。此外，还包括对有特殊安全要求的手持电动工具、照明设备、通风设备等进行的检查。这种检查在通常情况下仅靠人的直感是不够的，还需应用一定的仪器设备来检测。

安全检查常见的方式有：安全执法检查、企业定期安全大检查、专业性安全大检查、季节性安全大检查、验收性安全大检查、班前班后安全检查、经常性安全检查、职工代表安全检查、工地巡回安全检查、工地"达标"安全检查、节假日安全检查、综合性安全检查。

任务二　安　全　检　查　表

一、安全检查表的含义

安全检查表是为系统地发现人-机-环境系统中的不安全因素而事先拟好的问题清单。安全检查表根据系统工程分解和综合的原理，事先把检查对象加以剖析，把大系统分割成若干个小的子系统，然后确定检查项目，查出不安全因素所在，以正面提问的方式，将检查项目按系统或子系统的顺序编制成表，以便进行检查和避免漏检查。

二、安全检查表的编制依据

编制安全检查表的主要依据如下。

（一）有关标准、规程、规范及规定

为了保证安全生产，国家及有关部门发布了一些不同的安全标准及文件，这是编制安全检查表的一个主要依据。为了便于工作，有时可将检查条款的出处加以注明，以便能尽快统一不同的意见。

（二）国内外事故案例

"前事不忘，后事之师"，以往的事故教训和研制、生产过程中出现的问题都曾付出了沉重的代价，有关的教训必须记取。因此，要搜集国内外同行业及同类产品行业的事故案例，从中发掘出不安全因素，作为安全检查的内容。国内外及本单位在安全管理及生产中的有关经验，自然也是一项重要内容。

（三）系统安全分析

通过系统安全分析确定的危险部位及防范措施，也是制定安全检查表的依据。系统安全分析的方法可以多种多样，如预先危险分析、可操作性研究、故障树分析等。

三、安全检查表的注意事项

（1）检查要有领导、有计划、有重点的进行。除工地上安全员进行经常性的安全检查外，其他的各种安全检查都必须有领导、有计划的进行，特别是组织的大检查，更为必要。

（2）建立安全检查的组织机构。

（3）要制订安全检查计划。

（4）检查中重点要突出。

四、安全检查表的要求

安全检查表的内容决定其应用的针对性和效果。安全检查表必须包括系统的全部主要检查部位，不能忽略主要的、潜在不安全因素，应从检查部位中引伸和发掘与之有关的其他潜在危险因素。每项检查要点，要定义明确，便于操作。

（一）安全检查表的内容、格式及要求

安全检查表的内容应包括分类、项目、检查要点、检查情况及处理、检查日期及检查者。通常情况下，检查项目内容及检查要点要用提问方式列出。

安全检查表的格式没有统一的规定，可以根据不同的要求，设计不同需要的安全检查表。原则上应条目清晰、内容全面，要求详细、具体。

表6-1是比较常见的一种安全检查表。

表6-1 安全检查表

序号	检查内容	检查依据	是否符合	备注
1				
2				

检查人：　　　　　　　　被检查单位负责人：　　　　　　　　年 月 日

表6-1并非标准格式。在设计时可以先初步设计出来，再在设计使用过程中不断改进。另外，可以根据不同的职责范围、岗位、工作性质，制定不同类型的安全检查表，设计不同的表格。

（二）安全检查表的项目及要求

安全检查表的检查项目，应列出所有可能导致事故发生的因素或状态。

（三）安全检查表采用的方式

安全检查表一般采用正面提问的方式，要求发问明确，回答清楚，检查情况用"是""否"或者用"√""×"表示。

（四）检查依据

为了使提出的问题有依据，可以收集有关此项问题的规章制度、规范标准中所规定的要求，分别简要列出它们的名称和所在章节，附于每项提问后面，以便查对。

五、安全检查表的分类

安全检查表的分类方法可以有许多种，有监督管理部门的执法安全检查表和企业的自查安全检查表。以下主要介绍企业的自查安全检查表的分类。

（一）按安全检查的内容分类

1. 公司级安全检查表

公司级安全检查表供公司安全检查时使用。其主要内容包括：车间管理人员的安全管理情况；现场作业人员的遵章守纪情况；各重点危险部位；主要设备装置的灵敏性可靠性，危险性仓库的贮存、使用和操作管理。

2. 车间工地安全检查表

车间工地安全检查表供工地定期安全检查或预防性检查时使用。其主要内容包括：现场工人的个人防护用品的正确使用；机电设备安全装置的灵敏性可靠性；电器装置和电缆电线安全性；作业条件环境的危险部位；事故隐患的监控可靠性；通风设备与粉尘的控制；爆破物品的贮存、使用和操作管理；工人的安全操作行为；特种作业人员是否到位等。

3. 专业安全检查表

专业安全检查表指对特种设备的安全检验检测，危险场所、危险作业分析等。

（二）按安全检查的基本类型分类

1. 定性安全检查表

定性安全检查表是列出检查要点逐项检查，检查结果以"对""否"表示，检查结果不能量化。

2. 半定量检查表

半定量检查表是给每个检查要点赋以分值，检查结果以总分表示。有了量的概念，不同的检查对象也可以相互比较，但缺点是检查要点的准确赋值比较困难，而且个别十分突出的危险不能充分地表现出来；我国原化工部 1990—1992 年安全检查表，以及中国石化、天然气总公司安全评价方法中的检查表为此种类型。

3. 否决型检查表

否决型检查表是给一些特别重要的检查要点作出标记，这些检查要点如不满足，检查结果视为不合格，即具一票否决的作用。

（三）按安全检查表的使用场合分类

1. 设计用安全检查表

设计用安全检查表主要供设计人员进行安全设计时使用，也以此作为审查设计的依据。

其主要内容包括：厂址选择，平面布置，工艺流程的安全性，建筑物，安全装置、操作的安全性，危险物品的性质、储存与运输，消防设施等。

2. 厂级安全检查表

厂级安全检查表供全厂安全检查时使用，也可供安技、防火部门进行日常巡回检查时使用。

其内容主要包括：厂区内各种产品的工艺和装置的危险部位，主要安全装置与设施，危险物品的贮存与使用，消防通道与设施，操作管理及遵章守纪情况等。

3. 车间用安全检查表

车间用安全检查表供车间进行定期安全检查。

其内容主要包括：工人安全、设备布置、通道、通风、照明；噪声、振动、安全标志消防设施及操作管理等。

4. 工段及岗位用安全检查表

工段及岗位用安全检查表主要用作自查、互查及安全教育。

其内容应根据岗位的工艺与设备的防灾控制要点确定，要求内容具体易行。

5. 专业性安全检查表

专业性安全检查表由专业机构或职能部门编制和使用。

主要用于定期的专业检查或季节性检查，如对电气、压力容器、特殊装置与设备等的专业检查表。

六、安全检查表的优点

安全检查表主要有以下优点。

（1）检查项目系统、完整，可以做到不遗漏任何能导致危险的关键因素，因而能保证安全检查的质量。

（2）可以根据已有的规章制度、标准、规程等，检查执行情况，得出准确的评价。

（3）安全检查表采用提问的方式，有问有答，给人的印象深刻，能使人知道如何做才是正确的，因而可起到安全教育的作用。

（4）编制安全检查表的过程本身就是一个系统安全分析的过程，可使检查人员对系统的认识更深刻，更便于发现危险因素。

任务三　工程项目安全检查

一、工程项目安全检查的意义及由来

对新建、改建、扩建工程项目的预先安全审核，是实现安全的重要环节和管理手段。

对工程项目安全审核是依据有关安全法规和标准，对工程项目的初步设计、施工方案，以及竣工投产进行综合的安全审查、评价与检验，目的是查明系统在安全方面存在的缺陷，按照系统安全的要求，优先采取消除或控制危险的有效措施，切实保障系统的安全。

借助设计消除危险是系统安全的重要组成部分和原则，也是安全审核的重点。实施安全审核就是要保证从早期的设计阶段能足以把危险性降到最低的程度。审核的本身，包含着对工程项目安全性的分析、评价、监督和检查。为保障现代化生产的安全，对安全审核提出了新的、更高的要求，为了实现系统安全的目标，必须运用科学和工程原理、标准和技术知识鉴别、消除或控制系统中的危险，建立必要的系统安全管理组织，制订出系统安全程序计划，应用科学的分析方法，保证系统安全目标的实现。所以，做好工程项目的安全审核工作，是管理部门、设计部门、监督检查部门和建设单位的共同责任，也是广大工程技术人员、安全专业工作者的重要使命。

早在第一个五年计划时期，我国主管安全的部门就提出"企业在新建、改建时，应将安全技术措施列入工程项目内"，并提出"今后设计部门应当注意在设计上保证必要的安全技术措施"。

1984年，《国务院关于加强防尘防毒工作的决定》中要求设计单位在建设工程项目初步设计中，应根据国家有关规定和要求编写安全和工业卫生专篇，详细说明生产工艺流程中可能产生的职业危害和应采取的防范措施和预期效果。

1988年，国家劳动部颁布了《关于生产性建设工程项目职业安全卫生监察的暂行规定》，明确规定一切生产性的基本建设工程项目、技术改造和引进的工程项目（包括港口、车站、仓库）都必须符合国家职业安全与卫生方面的有关法规、标准的规定。建设项目中职业安全与卫生技术措施和设施，应与主体工程同时设计、同时施工、同时投产使用。习惯上，把工程项目安全审查叫作"三同时"审查。

1997年，国家劳动部令《建设项目（工程）劳动安全卫生监察规定》施行，规定要求各级劳动行政部门对建设项目"三同时"的实施，实行劳动安全卫生监察：监督检查建设单位及承担建设项目可行性研究、劳动安全卫生预评价、设计、施工等任务的单位贯彻执行"三同时"规定的情况。

二、"三同时"审查的内容

工程项目的安全审查包括由可行性研究开始到设计、施工，直至竣工验收的全过程的审查。

（一）可行性研究报告的审查

可行性研究报告的审查是根据国民经济发展近远期规划、地区规划、作业规划的要求，对工程项目的职业安全卫生技术、工程等方面进行多方案综合分析论证，主要包括技术先进性、经济合理性、生产可行性、各种指标的定性与定量的初步分析等，以确定工程项目的职业安全卫生措施方案是否可行。

审查报告的内容主要包括生产过程中可能产生的主要职业危害、预计危害程度、造成危害的因素及其所在部位或区域，可能接触职业危害的职工人数，使用和生产的主要有毒有害物质、易燃易爆物质的名称、数量；职业危害治理的方案及其可行性论证；职业安全卫生措施专项投资估算；实现治理措施的预期效果；技术、投资方面存在的问题和解决意见。

（二）初步设计审查

初步设计审查是在可行性研究报告的基础上，按照《关于生产性建设工程项目职业安全卫生监察的暂行规定》中《职业安全卫生专篇》的内容和要求，根据有关标准、规范对《职业安全卫生专篇》进行全面深入的分析，提出建设项目中职业安全卫生方面的结论性意见。

初步设计审查的基调应是实施性的。

审查初步设计中的《职业安全卫生专篇》，主要包括以下内容。

1. 设计依据

（1）国家、地方政府和主管部门的有关规定。

（2）采用的主要技术规范、规程、标准和其他依据。

2. 工程概述

（1）本工程设计所承担的任务及范围。

（2）工程性质、地理位置及特殊要求。

（3）改建、扩建前的职业安全与职业卫生概况。

（4）主要工艺、原料、半成品、成品、设备及主要危害概述。

3. 建筑及场地布置

（1）根据场地自然条件中的气象、地质、雷电、暴雨、洪水、地震等情况预测的主要危险因素及防范措施。

（2）建厂的四邻情况对本厂的职业安全卫生的影响及防范措施。

（3）工厂总体布置中对锅炉房、氧气站、乙炔站等，以及易燃易爆、有毒物品仓库对全厂职业安全卫生的影响及防范措施。

（4）厂区内的通道、运输的职业安全卫生。

（5）总图设计中建筑物的安全距离、采光、通风、日晒等情况，主要有害气体与主要风向的关系。

（6）辅助用室，包括救护室、医疗室、浴室、更衣室、休息室、哺乳室、女工卫生室的设置情况。

4. 生产过程中职业危害因素的分析

（1）生产过程中使用和产生的主要有毒有害物质，包括原料、材料、中间体、副产物、产品、有毒气体、粉尘等的种类名称和数量。

（2）生产过程中的高温、高压、易燃、易爆、辐射、振动、噪声等有害作业的生产部位、程度。

（3）生产过程中危险因素较大的设备的种类、型号、数量。

（4）可能受到职业危害的人数及受害程度。

5. 职业安全卫生设计中采用的主要防范措施

（1）工艺和装置中，根据全面分析各种危害因素确定的工艺路线、选用的可靠装置设备，从生产、火灾危险性分类设置的泄压、防爆等安全设施和必要的检测、检验设施。

（2）按照爆炸和火灾危险场所的类别、等级、范围选择电气设备的安全距离及防雷、防静电及防止误操作等设施。

（3）生产过程中的自动控制系统和紧急停机、事故处理的保护措施。

（4）说明危险性较大的生产过程中，一旦发生事故和急性中毒的抢救、疏散方式及应急措施。

（5）扼要说明在生产过程各工序产生尘毒的设备（或部位）及尘毒的种类、名称、原来尘毒危害情况，以及防止尘毒危害所采用的防护设备、设施及其效果等。

（6）经常处于高温、高噪声、高振动工作环境所采用的降温、降噪及降振措施，防护设备性能及检测检验设施。

（7）改善繁重体力劳动强度方面的设施。

6. 预期效果评价

对职业安全卫生方面存在的主要危害所采取的治理措施提出专题报告和综合评价。

7. 安全卫生机构设置及人员配备情况

（1）安全卫生机构设置及人员配备。

（2）维修、保养、日常监测检验人员。

（3）安全教育设施及人员。

8. 专用投资概算

（1）主要生产环节职业安全卫生专项防范设施费用。

（2）检测装备及设施费用。

（3）安全教育装备和设施费用。

（4）事故应急措施费用。

9. 存在的问题与建议

存在问题与建议必须列出，且是重要内容。

（三）竣工验收审查

竣工验收审查是按照《职业安全卫生专篇》规定的内容和要求对职业安全卫生工程质量及其方案的实施进行全面系统的分析和审查，并对建设项目作出职业安全卫生措施的效果评价。

建设单位在生产设备调试阶段，应同时对职业安全卫生设备、措施进行调试和考核，对其效果作出评价。在人员培训时，要有职业安全卫生的内容，并建立健全职业安全卫生方面的规章制度。在生产设备调试阶段中，劳动部门对建设项目的职业安全卫生设施进行预验收，并确定尘、毒等化学因素和物理因素的测定点。对体力劳动强度较大，产生尘、毒危害严重的作业岗位，要按国家有关标准委托劳动行政部门隶属的职业安全卫生监测机构进行体力劳动强度、粉尘和毒物危害程度分级的测定工作，测定结果作为评价职业安全卫生设施的工程技术效果和竣工验收的依据。对于查出的隐患，由建设单位制订计划，限期整改。竣工验收审查是强制性的。

任务四　安全检查表实例

一、管理部门安全检查表

管理部门安全检查表，见表6-2。

表6-2　**应急管理局现场安全检查表

被检查单位									
地　　址									
法定代表人（负责人）	职务：				联系电话：				
检查场所									
检查时间	年	月	日	时	分至	月	日	时	分
检查情况									
检查人员（签名）									
被检查单位现场负责人（签名）									

二、单位自查安全检查表

生产经营企业事业安全生产主体责任单位自查情况表，见表6-3。

表6-3　生产经营企业事业安全生产主体责任单位自查情况表

填报单位 _____（盖章）

序号	自　查　项　目	自查情况		备注
		是	否	
1	是否符合法律法规规定的安全生产条件			
2	主要负责人安全生产责任是否落实			
3	安全管理机构是否按规定设置			
4	安全管理人员是否按规定配备			
5	安全生产规章制度是否健全			
6	安全费用是否按规定提取使用			
7	主要负责人、安全管理人员是否培训合格、持证上岗			
8	特种作业人员是否持证上岗			
9	安全设施是否按"三同时"规定执行			
10	安全警示标志是否按规定设置			
11	设备的安装、使用、检验、维修、改造和报废，是否符合国家标准或者行业标准			
12	设备是否进行经常性的维护、保养，是否定期进行检测			
13	特种设备、危险物品的容器和运输工具是否经过有资质的检测、检验机构的检测、检验			
14	是否使用国家明令淘汰、禁止使用的危及生产安全的工艺、设备			
15	重大危险源是否登记建档，并进行定期检测、评估、监控			
16	生产、经营、储存、使用危险物品的车间、商店、仓库是否与员工宿舍在同一座建筑物内			
17	生产经营场所和员工宿舍是否符合疏散，是否封闭、堵塞生产经营场所或者员工宿舍的出口			
18	进行爆破、吊装等危险作业是否安排专门人员进行现场安全管理			
19	安全生产管理人员是否对本企业安全生产状况进行经常性检查			
20	是否将生产经营项目、场所、设备发包或者出租给不具备安全生产条件或者相应资质的单位或者个人			
21	是否与承租单位或者个人签订安全生产责任书			
22	是否为从业人员提供劳动防护用品，并监督按规则佩戴、使用			
23	是否依法参加工伤社会保险，为从业人员缴纳保险费用			
24	是否按规定配备必要的应急救援器材、设备			
25	是否制定应急预案			
26	是否瞒报过生产安全事故			

主要负责人签字_____

填表人_____　联系电话_____

年　月　日

复习思考题

1. 简述安全检查、安全检查表和工程项目安全检查的定义。
2. 简述安全检查表的类型。
3. 简述"三同时"审查的具体内容。
4. 针对学校的消防安全检查情况，编制一份学校消防安全检查表。

项目七 事故调查与处理

学习目标

➢ 掌握事故调查的要求和步骤。

➢ 熟悉事故分析和处理，掌握事故报告的编写要求。

任务一 事故调查概述

一、事故调查

事故调查是一门科学，也是一门艺术。说它是一门科学，是因为事故调查工作需要特定的技术和知识，包括事故调查专门技术的掌握，如飞机事故调查人员既应熟悉事故分析测定技术，也应了解飞机的结构、原理及相关设备；说它是一门艺术，是因为事故调查工作需要具有丰富的经验及综合处理信息并加以分析的能力，有时甚至要凭直觉，这些并不是简单的教育培训所能达到的。因而，真正掌握事故调查的过程及方法，特别需要理论与实践的紧密结合。

二、事故等级

《生产安全事故报告和调查处理条例》中规定：根据生产安全事故（以下简称事故）造成的人员伤亡或者直接经济损失，事故一般分为以下等级。

（一）特别重大事故

特别重大事故，是指造成30人以上死亡，或者100人以上重伤（包括急性工业中毒，下同），或者1亿元以上直接经济损失的事故。

（二）重大事故

重大事故，是指造成10人以上30人以下死亡，或者50人以上100人以下重伤，或者5000万元以上1亿元以下直接经济损失的事故。

（三）较大事故

较大事故，是指造成3人以上10人以下死亡，或者10人以上50人以下重伤，或者1000万元以上5000万元以下直接经济损失的事故。

（四）一般事故

一般事故，是指造成3人以下死亡，或者10人以下重伤，或者1000万元以下直接经济损失的事故。

三、事故调查对象

从理论上讲，所有事故，包括无伤害事故和未遂事故都在调查范围之内。但由于各方面条件的限制，特别是经济条件的限制，要达到这一目标不太现实。因此，进行事故调查并达到事故调查的最终目的，选择合适的事故调查对象也是相当重要的。

（一）重大事故

所有重大事故都应进行事故调查，这既是法律的要求，也是事故调查的主要目的所在。因为如果这类事故再发生，其损失及影响都是难以承受的。重大事故不仅包括损失大的、伤亡多的事故，还包括那些在社会上甚至国际上造成重大影响的事故。

（二）未遂事故或无伤害事故

有些未遂事故或无伤害事故虽未造成严重后果，甚至几乎没有经济损失，但如果其有可能造成严重后果，也是事故调查的主要对象。判定该事故是否有可能造成重大损失，则需要安全管理人员的能力与经验。

（三）伤害轻微但发生频繁的事故

伤害轻微但发生频繁的事故伤害虽不严重，但由于发生频繁，对安全生产会产生较大影响，而且突然频繁发生的事故，也说明管理上或技术上有不正常的问题，如不及时采取措施，累积的事故损失也会较大。事故调查是解决这类问题的最好方法。

（四）可能因管理缺陷引发的事故

管理系统缺陷的存在不仅会引发事故，而且也会影响工作效率，进而影响经济效益。因此，及时调查这类事故，不仅可以防止事故的再发生，还会提高经济效益。

（五）高危险工作环境的事故

由于高危险工作环境中极易发生重大伤害事故，造成较大损失，因而在这类环境中发生的事故，即使后果很轻微，也值得深入调查。只有这样，才能发现潜在的事故隐患，防止重大事故的发生。高危险工作环境包括高空作业场所、易燃易爆场所、有毒有害的生产工艺等。

（六）适当的抽样调查

除上述各类事故外，还应通过适当抽样调查的方式选取调查对象，及时发现新的潜在危险，提高系统的总体安全性。这是因为有些事故虽然不完全具备上述 5 类事故的典型特征，但却有发生重大事故的可能性，适当的抽样调查会增加发现这类事故的可能性。

四、事故调查的目的

必须首先明确的是，无论什么样的事故，一个科学的事故调查过程的主要目的就是防止事故的再发生。也就是说，根据事故调查的结果提出整改措施，控制事故或消除此类事故。各种事故说明，只有通过深入的调查分析，查出导致事故发生的深层次原因，特别是管理系统的缺陷，才有可能达到事故调查的首要目的，即防止事故的再发生。

同时，对于重大、特大事故，包括死亡事故，甚至重伤事故，事故调查还是满足法律要求，提供违反有关安全法规的资料，是司法机关正确执法的主要手段。这里当然也包括确定事故的相关责任，但这与以确定事故责任为目的的事故责任调查过程存在本质上的区别。后者仅仅以确定责任为目的，不可能控制事故的再发生；前者则要分析探讨深层次的原因，如管理系统的缺陷，为控制此类事故奠定良好的基础。

此外，通过事故调查还可以描述事故的发生过程，鉴别事故的直接原因与间接原因，从而积累事故资料，为事故的统计分析及类似系统、产品的设计与管理提供信息，为企业或政府有关部门安全工作的宏观决策提供依据。

五、事故调查的重要性

概括起来，事故调查工作对于安全管理的重要性可归纳为以下几个方面。

（一）事故调查工作是一种最有效的事故预防方法

事故的发生既有偶然性，也有必然性，即如果潜在事故发生的条件（一般称之为事故隐患）存在，则什么时候发生事故是偶然的，但发生事故是必然的。通过事故调查，可以发现事故发生的潜在条件，包括事故的直接原因和间接原因，找出其发生发展的过程，防止类似事故的发生。例如，某建筑工地叉车司机午间休息时饮酒过量后，又进入工地现场，爬上叉车，使叉车前行一段后从车上摔下，造成重伤。如果按责任处理非常简单，即该司机违章酒后驾车，但在其酒后进入工地驾车的过程中，为什么没有人制止或提醒他不要酒后驾车呢？如果在类似情况下有人制止，是否还会发生事故呢？答案是十分明确的。

（二）为制定安全措施提供依据

事故的发生是有因果性和规律性的，事故调查是找出这种因果关系和事故规律的最有效的方法，掌握了这种因果关系和规律性，就能有针对性地制定出相应的安全措施，包括技术手段和管理手段，达到最佳的事故控制效果。

（三）揭示新的或未被人注意的危险

任何系统，特别是具有新设备、新工艺、新产品、新材料、新技术的系统，都在一定程度上存在着某些尚未了解、掌握或被忽视的潜在危险。事故的发生给了人们认识这类危险的机会，事故调查是人们抓住这一机会的最主要的途径，只有充分认识了这类危险，才有可能防止其产生。

（四）可以确认管理系统的缺陷

事故是管理不佳的表现形式，而管理系统缺陷的存在也会直接影响到企业的经济效益。事故的发生给了人们将坏事变成好事的机会，即通过事故调查发现管理系统存在的问题，加以改进后，就可以一举多得，既控制事故，又改进管理水平，提高企业经济效益。

（五）事故调查工作是高效的安全管理系统的重要组成部分

安全管理工作主要是事故预防、应急措施和保险补偿手段的有机结合，且事故预防和应急措施更为重要。既然事故调查的结果对于事故预防和应急计划的制订均有重要价值，因此，在安全管理系统中要具备事故调查处理的职能并真正发挥其作用，否则安全管理工作的目的和对象就会在人们的头脑中变得模糊起来。

当然，事故调查不仅仅与企业安全生产有关。对于保险业来说，事故调查也有着特殊的意义。因为事故调查既可以确定事故真相，排除骗赔事件，减少经济损失；也可以确定事故经济损失，确定双方都能接受的合理的赔偿额；还可以根据事故的发生情况，进行保险费率的调整，同时提出合理的预防措施，协助被保险人减少事故，搞好防灾防损工作，减少事故率。另外，对于产品生产企业来说，对其产品使用、维修乃至报废过程中发生的事故的调查对于确定事故责任、发现产品缺陷、保护企业形象、搞好新一代产品开发都具有重要意义。

任务二 事故调查的准备

俗话说"有备无患"，由于事故是小概率事件，所以在一般情况下，事故调查并不是一项日常性工作，但若不做好充分的准备，事故调查工作就不能取得良好的收效。对于突然发生的事故，如果在没有充分准备的条件下，极有可能发生取样不及时、不准确、调查者受到伤害、当事者或目击者受到他人影响等不良后果，而且这些后果又是无法弥补的。

事故调查准备工作包括调查计划、调查人员和调查物质的准备等。

一、事故调查计划

做好事故调查的准备工作，首要的一条就是要有详细、严谨、全面的计划，对由谁来进行调查、怎样进行调查做出详尽的安排。"临阵磨枪，仓促上阵"是不可能很好地完成调查任务的。对于计划的内容，应视具体情况而定，可详可简，可多可少，切忌过于注重细节，过分庞大的计划会给执行者造成麻烦，反而影响了执行效果。但计划中至少应包括：及时报告有关部门，抢救人的生命，保护人的生命和财产免遭进一步的损失，保证调查工作的及时执行。

及时报告有关部门是当前很多调查计划中最易忽略的内容。当事故发生后，首先要做的事情不是手忙脚乱地赶赴现场，而是及时通知下列有关人员及部门。

（一）事故直接影响区域内工作的人员或其他人员

及时通知事故直接影响区域内工作的人员或者其他人员，是避免进一步损失或及时施救的最关键的措施。

（二）从事生命抢救、财产保护的人员

从事生命抢救、财产保护的人员，如消防、医疗、抢险人员等。

（三）上层管理部门的有关人员

最尴尬的情况是新闻媒介或上级工会监督部门、检察院、劳动管理部门等都已来到现场，而本单位领导或上级主管部门领导仍蒙在鼓里。

（四）专业调查人员

有些事故，如重特大事故或专业性很强的事故（如飞机失事）是需要专业调查人员实施调查的。他们来得越早，证据收集就会越及时、越充分。

（五）公共事务人员

公共事务人员负责对外接待及有关善后事宜的处理，以保证专业人员能够集中力量投入事故调查之中。

（六）安全管理人员

安全管理人员参与事故调查或保证现场安全。

计划中应依重要度次序列出上述人员的地址及联系方式等，同时也应选择合适的通知方式，既要保证信息的准确交流，也要限制非有关人员受到不必要的影响。

二、事故调查人员

（一）调查人员素质及组成

事故调查是一项高度专业性的工作，只有那些经过专门训练的人，才能胜任这一工作。作为一个调查人员，要善于探索，对其工作要有献身精神，勤奋而有耐心，而且必须精通有关被调查对象的专业知识，通晓那些影响整体工作的因素。技能、毅力和逻辑推理是其最主要的业务工具，而对人谦让、诚实及尊重他人则应是他们为人处世的准则。因事故调查活动，是一个非常严肃的行政行为，按照《中华人民共和国行政处罚法》的规定，必须满足主体合法、程序合法、适用的法律条款合法的要件，如果事故调查组组成人员不符合法定规定的程序，也就是说事故调查组成员单位不齐，就会造成执法程序不合法，那么可能会影响到整个事故调查的结果。

事故调查人员是事故调查的主体。不同的事故，调查人员的组成会有所不同。

（二）参与事故调查人员的要求

事故调查人员应当具有事故调查所需要的知识和专长，并与所调查的事故没有直接利害关系。

（三）不同调查人员的特点

对于各级事故，主持和参与调查的人员会有很大差异，不同的群体又有不同的特点。

1. 企业基层管理人员

企业基层管理人员一般可直接进行小型事故的调查，或者部分参与某些重大事故的调查过程，如提供相应资料等。企业基层管理人员的优点是熟悉特定的工作环境，了解设备的运行状态，了解当事者的背景情况及心态变化等情况，这些都有利于事故调查的进程。企业基层管理人员的缺点是由于其极可能因管理责任等问题牵涉其中，因而影响了其与事故调查人员的合作或可能会以某些言行误导调查过程。

2. 各职能部门人员

职能部门包括人事、医疗、采购、后勤、工会等。由于这类职能部门也是企业安全管理系统的一部分，因而这类职能部门有关人员参与事故调查对确定管理者的疏忽、失误或管理系统的缺陷尤为重要。但必须指出的是，由于事故原因可能是上述某部门的职能问题，故而这类人员在参与事故调查过程中也会有所顾忌。

3. 安全专业人员

安全专业人员是事故调查的主角。他们一般均受过专门的事故调查的训练，有分析事故的能力和经验，而且能够较为公正地进行事故分析。但是，他们可能会受到事故调查组主持单位领导观点的左右，从"大局"的观点处理事故。

4. 事故调查组组长

事故调查组组长由负责事故调查的政府确定，并明确事故调查的牵头单位，全面负责和领导事故调查组的工作。

5. 职业事故调查人员

我国目前基本上尚无此类人员。部分欧美发达国家均有以某类专业事故调查为职业者，如小型飞机事故调查人员、汽车事故调查人员等。在我国刚刚兴起的保险评估业，实际上正扮演着这一角色。职业事故调查人员既具备丰富的专业知识和事故调查经验，也有着较好的公正性，是事故调查的最佳人选。

（四）事故调查组

根据事故的具体情况，事故调查组由有关人民政府、应急管理部门、负有安全生产监督管理职责的有关部门、公安机关及工会派人组成，并邀请纪检监察机关、人民检察院介入调查。事故调查组可以聘请有关专家参与调查。通常事故调查组是一个法定的事故调查组成单位。

1. 事故调查组组成原则

事故调查组的组成应当遵循精简、效能的原则。

2. 事故调查组组成

（1）特别重大事故由国务院或国务院授权有关部门组织事故调查组进行调查。

（2）重大事故由事故发生地省级人民政府负责调查。

（3）较大事故由设区的市级人民政府负责调查。

（4）一般事故由县级人民政府负责调查。未造成人员伤亡的一般事故，县级人民政府也可以委托事故发生单位组织事故调查组进行调查。

省级人民政府、设区的市级人民政府、县级人民政府可以直接组织事故调查组进行调查，也可以授权或委托有关部门组织事故调查组进行调查。

特别重大事故以下等级事故，事故发生地与事故发生单位不在同一个县级以上行政区域的，由事故发生地人民政府负责调查，事故发生单位所在地人民政府应当派人参加。

3. 事故调查组的职责

（1）查明事故发生的经过、原因、人员伤亡情况及直接经济损失。

（2）认定事故的性质和事故责任。

（3）提出对事故责任者的处理建议。

（4）总结事故教训，提出防范和整改措施。

（5）提交事故调查报告。

三、事故调查物质

在事故调查准备工作中，除事故调查计划及人员素质要求外，另一个主要的工作就是物质上的准备。"工欲善其事，必先利其器"，没有良好的装备和工具，事故调查人员素质再高，也是"巧妇难为无米之炊"。因而，一般情况下，有可能从事事故调查的人员，必须事先做好必要的物质准备，包括身体上的准备和工具准备。

（一）身体上的准备

除保证一个良好的身体状态外，由于事故发生地点的多样性（如飞机、火车等运输工具的事故可能在荒无人烟处）、事故现场有害物质的多样性（如辐射、有毒物质、细菌、病毒等），因而在服装及防护装备上也应根据具体情况加以考虑。另外，考虑到在收集样品时受到轻微伤害的可能性较大，建议有关调查人员能定期注射预防破伤风的血清。

（二）工具准备

调查工具因被调查对象的性质而异。通常来讲，专业调查人员必备的调查工具如下。

（1）摄像机、照相机和胶卷。用于现场摄像、照相取证。对于火灾事故，彩色胶卷是必须的，因为火焰的颜色是鉴别燃烧温度的关键。

（2）纸、笔、夹等。

（3）有关规则、标准等参考资料。

（4）放大镜，用于样品鉴定。

（5）手套，用于收集样品使用。

（6）录音机、带，用于与目击证人等交谈或记录调查过程。

（7）急救包，用于抢救人员或自救。

（8）绘图纸，用于现场地形图绘制等。

（9）标签，采样时标记采样地点及物品。

（10）样品容器，用于采集液体样品等。

（11）罗盘，用于确定方向。

（12）常用的仪器。例如，噪声、辐射、气体等的采样或测量设备，以及与被调查对象直接相关的测量仪器等。

任务三　事故调查的基本步骤

实施事故调查过程是事故调查工作的主要内容。一般的事故调查的基本步骤包括现场处理、现场勘查、物证收集、人证问询等。由于这些工作时间性极强，有些信息、证据是随时间的推移而逐步消亡的，有些信息则有着极大的不可重复性，因而对于事故调查人员来讲，实施调查过程的速度和准确性显得更为重要。只有把握住每一个调查环节的中心工作，才能使事故调查过程进展顺利。

一、事故现场处理

事故现场处理是事故调查的初期工作。对于事故调查人员来说，由于事故的性质不同及事故调查人员在事故调查中的角色的差异，事故现场处理工作会有所不同，但通常现场处理应进行如下工作。

（一）安全抵达现场

无论准备如何充分，事故的发生对任何人都是一个意外事件，因而要顺利地完成事故调查任务，首先要使自己能够在携带了必要调查工具及装备的情况下，安全地抵达事故现场。越是手忙脚乱，越容易出现意外。在抵达事故现场的同时，应保持与上级有关部门的联系、及时沟通。

（二）现场危险分析

现场危险分析是现场处理工作的中心环节。只有做出准确的分析与判断，才能够防止进一步的伤害和破坏，同时做好现场保护工作。现场危险分析工作主要有观察现场全貌，分析是否会进一步产生危害的可能性及可能的控制措施，计划调查的实施过程，确定行动次序及考虑与有关人员合作，控制围观者，指挥志愿者等。

（三）现场营救

最先赶到事故现场的人员的主要工作就是尽可能地施救幸存者和保护财产。作为一个事故调查人员，如果有关抢救人员（如医疗、消防等）已经到位且人手并不紧张，则应及时记录事故遇难者尸体的状态和位置并用照相和绘草图的方式标明位置，同时告诫救护人员必须尽早记下他们最初看到的情况，包括幸存者的位置、移动过的物体的原位置等。如需要调查者本人也参加营救工作，也应尽可能地做好上述工作。

（四）防止进一步危害

在现场危险分析的基础上，应对现场可能产生的进一步的伤害和破坏采取及时的行动，尽可能减少二次事故造成的损失。这类工作包括防止有毒有害气体的生成或蔓延，防止有毒有害物质的生成或释放，防止易燃易爆物质或气体的生成与燃烧爆炸，防止由火灾引起的爆炸等。

许多事故现场很容易发生火灾，故应严加防护，以保证所有在场人员的安全和保护现场免遭进一步的破坏。当存在严重的火灾危险时，应准备好随时可用的消防装置，并尽快转移易燃易爆物质，同时严格制止任何可能引起明火的行为。即使是使用抢救设备等，都应在确保绝对安全的情况下才可使用。

应尽快查明现场是否有危险品存在并采取相应措施。这类危险品包括放射性物质，爆炸物，腐蚀性液体、气体，液体或固体有毒物质，或者细菌培养物质等。

（五）保护现场

保护现场是下一步物证收集与人证问询工作的基础，其主要目的就是使与事故有关的物体痕迹、状态尽可能不遭到破坏，人证得到保护。

完成了抢险、抢救任务，保护了生命和财产之后，现场处理的主要工作就转移到了现场保护方面。这时，事故调查人员将成为主角，并应承担起主要的责任。

首先到达事故现场的有可能是企业职工、附近居民、抢救人员或警方人员，因此为保证调查组抵达现场之前不致因对现场进行不必要的干预而丢失重要的证据，争取企业职工，特别是厂长等基层干部及当地警察或抢救人员的合作是非常重要的。调查人员应分认识到，事故调查不仅需要进行技术调查，还需要服从某种司法程序，而国家法律也许更重视后者。所以，应通过合适的方式，使上述人员了解到，除必要的抢救等工作外，应使现场尽可能地原封不动。事故中遇难者的尸体及人体残留物应尽可能留在原处，私人的物品也应保持不动，因为这些东西的位置有助于辨别遇难者的身份。此外，应通过照相等手段记下像冰、烟灰之类短时间内会消失的迹象及记下所有现场目击者的姓名和地址，以便于调查者取得相应的证词。因此可以看出，对上述人员进行适当的保护现场的培训也是十分重要的。

在调查者抵达现场后，应建立一个中心，并以标志、通知等方式使有关人员知道该中心的设立及主要负责人员。调查人员可通过该中心与新闻媒体及时沟通，保证现场各方面的信息交换及做好现场保护工作。对目击者的保护还必须注意既要与他们保持联系或尽可能使他们滞留在现场，也要尽可能地避免目击者之间及与其他有关人员的沟通。这是因为对于任何一个人而言，事故的发生都是没有任何心理准备的意外事件，因而对其本人听到、看到、感觉到的东西大多数是模糊的，不确定的。一旦受到外人的干扰，他都会改变原来的模糊印象而逐步"清晰"起来，而这种"清晰"是我们最不希望看到的。特别是当一些别有用心的人采用暗示的手段后，我们通过人证对事故了解的难度就更大了。

有些物证，如痕迹、液体和碎片等，极容易消失，因而要事先计划好这类证据的收集，准备好样品袋、瓶、标签等，并及时收集保存。

因需要清理现场或移动现场物品时，如车祸发生后会阻塞通道，应在移动或清理前对重要痕迹照相或画出草图，并测量各项有关数据。

值得指出的是，现场保护工作不是少数人就能完成的。事故调查人员应主动与在现场工作的其他人员沟通联系，多方合作，同时协调好保护现场与其他工作的矛盾，以合作的方式达到目的。

二、事故现场勘查

事故现场勘查是事故现场调查的中心环节，其主要目的是查明当事各方在事故之前和事发之时的情节、过程及造成的后果。通过对现场痕迹、物证的收集和检验分析，可以判明发生事故的主、客观原因，为正确处理事故提供客观依据。因此，全面、细致地勘查现场是获取现场证据的关键。无论什么类型的事故现场，勘查人员都要力争把现场的一切痕迹、物证甚至微量物证收集、记录下来，对变动的现场更要认真细致地勘查，弄清痕迹形成的原因及与其他物证和痕迹的关系，去伪存真，确定现场的本来面目。

（一）现场勘查的顺序和范围

现场勘查的顺序和范围，应根据不同类型的事故现场来确定。因此，勘查人员到达现场后，首先要向事故当事人和目击者了解事故发生的情况和现场是否有变动。如有变动，应先弄清变动的原因和过程，必要时可根据当事人和证人提供的事故发生时的情景恢复现场原状以利实地勘查。在勘查前，应巡视现场周围情况，在对现场全貌有了概括的了解后，再确定现场勘查的顺序和范围。

事故现场勘查工作是一种信息处理技术。由于其主要关系四个方面的信息，即人（people）、部件（part）、位置（position）和文件（paper），表述这四个方面的英文单词均以字母 P 为开头，故人们也称之为 4P 技术。

1. 人

人以事故的当事人和目击者为主，但也应考虑维修、医疗、基层管理、技术人员、朋友、亲属或任何能够为事故调查工作提供帮助的人员。

2. 部件

部件指失效的机器设备、通信系统、不适用的保障设备、燃料和润滑剂、现场各类碎片等。

3. 位置

位置指事故发生时的位置、天气、道路、操作位置、运行方向、残骸位置等。

4. 文件

文件指有关记录、公告、指令、磁带、图纸、计划、报告等。

（二）事故现场勘查方法和步骤

事故现场是保持着事故发生后原始状态的地点，包括事故所波及的范围和与事故有关联的场所。只有现场保持了原始状态，现场勘查工作才有实际意义。在事故原点和事故初步原因未完全确定，以及拍摄、记录工作未进行完以前，事故现场不能废除和破坏，也不准开放。现场勘查步骤如下。

1. 勘查事故现场的目的

(1) 查明事故造成的破坏情况（包括物资损失、设备和建筑物的破坏、防范措施的功能作用和破坏、人员伤害等）。

(2) 发现或确定事故原点和事故原因的物证，以确定事故的发生和发展过程。

(3) 收集各种技术资料，为研究新的防范措施提供依据。

2. 勘查工作的准备

安全部门要经常做好事故现场勘查的准备工作，最好备有事故勘查箱，箱内存放摄影、录像设备、测绘用的工具仪器，备好有关的图纸、记录和资料。应事先培训好事故调查人员，以便在发生事故时能迅速进行勘查工作。

3. 勘查工作的步骤

根据现场的实际情况，划定事故现场范围，制订勘查计划，并对现场的全貌和重点部位进行摄影、录像和测绘。然后按调查程序，从现场中找出可供证明事故发生和发展过程的各种物证。首先要查证事故原点的位置，在初步确定事故原点之后，再查证事故原点处事故隐患转化为事故的原因（即第一次激发）和造成事故扩大的原因（即第二次激发）。必要时，要对事故原点和事故原因进行模拟试验，加以验证。

图 7-1 是事故调查的基本流程。

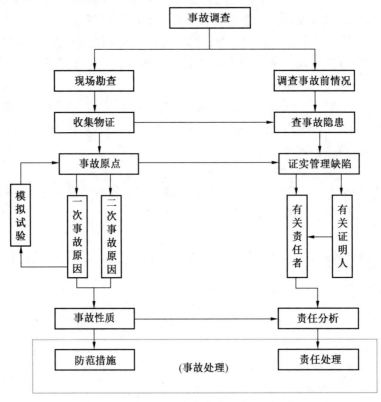

图 7-1 事故调查程序

4. 勘查记录

为了保存现场记忆，在勘查现场时要做好记录和摄影、录像工作。

（三）对事故前劳动生产情况的调查

1. 调查对象和内容

（1）生产过程中人员的活动情况和设备运行情况。

（2）生产的进行状态，原材料、成品的贮存状态，工艺条件和操作情况，技术规定和管理调度等。

（3）生产区域环境和自然条件，如雷电、晴雨、风向、温湿度、地震等，以及其他有关的外界因素。

（4）生产中出现的异常现象和判断、处理情况。

（5）有关人员的工作状态和思想变化等。

2. 调查方式和时机

（1）凡是与形成事故隐患有关和发生事故时在场的人员，以及目击者、报警者都在调查范围之内。

（2）要注意他们对调查分析事故的心理状态和他们向调查人员提供事故线索的态度。

（3）事故前情况的调查工作应比现场勘查工作早一步进行。

（4）对负伤人员要抓紧时机调查并核实他们的负伤部位。

（5）查清死亡人员的伤痕部位、状态及致死原因。

（6）要注意现场勘查和事故前情况调查两者互通情况，互相配合提供线索和依据。

（7）在调查中要注意用物证证实人证，用物证来揭示事故的事实真相，不要被表面现象所迷惑。

3. 人证材料的可靠性

调查结论必须以物证为基础，不能仅凭某些人的推理和判断，但人证材料仍不可缺少，有时一句话就能说明事故发生的关键，特别在事故刚出现时有关人员的证实材料较为真实，应充分注意最初的个别谈话材料。

三、人证的保护与问询

在事故调查中，证人的询问工作相当重要，大约50%的事故信息是由证人提供的，而事故信息中大约有50%能够起作用，另外50%的事故信息的效果则取决于调查者怎样评价分析和利用它们。

所谓证人，通常是指看到事故发生或事故发生后最快抵达事故现场且具有调查者所需信息的人。广义上则是指所有能为了解事故提供信息的人，甚至有些人不知事故发生，却能提供有价值的信息。证人信息收集的关键之处在于迅速果断，这样就会最大程度地保证信息的完整性。有些调查工作耗时费力，收效甚微，主要原因是没有做到这一点。

（一）人证保护与询问工作应注意的问题

在进行人证保护与问询工作中，应注意以下问题。

（1）证人之间会强烈地互相影响。

（2）证人会强烈地受到新闻媒介的影响。

（3）不了解他所看到的事，不能以自己的知识、想法去解释的证人，容易改变他们掌握的事实去附和别人。

（4）证人会因为记不住、不自信或自认为不重要等原因忘却某些信息。例如，一个人

10年后才讲出他看到的事情，因为当时他认为没有价值。

（5）问询开始的时间越晚，细节会越少。

（6）问询开始的时间越晚，内容越可能改变。

（7）最好画出草图，结合草图讲解其所闻所见。

从上述问题可以看出，在人证保护工作中，应当避免其互相接触及其与外界的接触，并最好使其不离开现场，使问询工作能尽快开始，以期获得尽可能多的信息。

（二）证人的确定

证人的确定工作是人证保护与问询工作的第一步。因为几乎没有无证人的事故现场，因而事故调查人员应尽快赶到现场，为确定目击者创造良好的机遇。在收集证据时首先要收集证人的信息，如姓名、地址、电话号码等，以便与证人保持联系。

在一些特殊情况下，也可采用广告、电视、报纸等形式征集有关事故信息，获得证人的支持。

（三）证词的可信度

由于证人背景的差异及其在该事件中所处的地位，都可能产生证词可信度上的差异。不同可信度的证词其重要性是有很大差异的。例如，熟悉发生事故的系统或环境的人能提供更可信的信息，但也有可能把自己的经验与事实相混淆，加上了自己的主观臆断。与肇事者或受害者有特殊关系的人，或者与事故有某种特定关系的人，其证词的可信度与事故与其工作的关系、个人的认识程度、与肇事者或受害者的关系等密切相关。可信度最高的证人是那些与事故发生没有关联，且可以根据其经验与水平做出准确判断者，一般称之为专家证人。我国各级政府聘请的安全专家组的专家们，实际上就属于这类人。他们的经验和判断对于事故结论的认定具有极其重要的意义。

（四）证人的问询

1. 证人问询的方式

证人问询主要有以下两种方式。

（1）审讯式。调查者与证人之间是一种类似于警察与疑犯之间的关系，问询过程高度严谨，逻辑性强，且刨根问底，不放过任何细节。问询者一般多于一人。这种问询方式效率较高，但有可能造成证人的反感从而影响双方之间的交流。

（2）问询式。这种方法首先认为证人在大多数情况下没有义务为调查者描述事故，作证主要依赖于自愿。因而应创造轻松的环境，让证人感到调查者是需要他们帮助的朋友。这种方式花费时间较多，但可使证人更愿意讲话。问询中应鼓励其用自己的语言讲，尽量不打断其叙述过程，而是用点头、仔细聆听的方式，做记录或录音时最好不引人注意。

无论采用何种方法，都应首先使证人了解，问询的目的是了解事故真相，防止事故再发生。好的调查者，一般都采用两者结合，以后者为主的问询方式，并结合一些问询技巧进行工作。

2. 问询中应注意的问题

在问询中，我们应注意以下7个问题。

（1）情绪激动的人容易产生事实的扭曲或夸大，特别在口头叙述时更是如此。

（2）被调查者本人的信仰及先入为主的观点也会对其的叙述产生影响，如反对酗酒者对酒精与肇事间的关系特别敏感。

（3）小孩子做证人有利有弊。8~10岁的孩子一般会毫不隐瞒，实事求是地讲述自己的所见所闻；再小一些的孩子就会加上自己的一些想象。

（4）证人的性别与证词的可信度没有关系，但智力型证人似乎可靠性比其他人稍高一些。

（5）如果有两个以上的证人，我们可采用列表的方式来进行证词一致性的比较与判断。

（6）在可能的情况下，应对事故发生时处于不同位置的人员进行调查，以获得不同的细节。

（7）当多人的证词显示出矛盾时，则应通过进一步的问询获得更详细的信息。

四、物证的收集与保护

物证的收集与保护是现场调查的另一项重要工作、前面提到的4P技术中3P［部件（part）、位置（position）、文件（paper）］属于物证的范畴。保护现场工作的很主要的一个目的也是保护物证。大多数物证在加以分析后能用以确定其与事故的关系。在有些情况下，确认某物与事故无关也一样非常重要。

由于相当一部分物证存留时间比较短，有些甚至稍纵即逝，所以必须事先制订好计划。按次序有目标地选择那些应尽快收集的物证，并为收集这类物证做好物质上的准备。例如，液体会随时间而逐渐渗入地下，应用袋、瓶等取样装入；如已渗入地下，则应连土取样，以供分析。物体表面的漆皮也是很重要的物证，因其与其他物质相接触后一般会带走一些，有时肉眼看不见，但借助于专门的仪器即可发现。有关文件资料、各类票据、记录等也是一类很重要的物证，即使不在事故现场，也应注意及时封存。

数据记录装置是另一类物证。它是为满足事故调查的需要而事先设置的记录事故前后有关数据的仪器装置。其主要目的是在缺乏目击者和可调查的硬件（如已损坏）的条件下，保证调查者能准确地找出事故的原因。设备上的运行记录仪，公交道口、公共设施、金融机构的摄像装置，是较为简单的数据记录装置；飞机上的"黑匣子"，是较高档次的数据记录装置。前者不断录制最后某段时间的情景，提供有关信息；后者则是由于空难事故中大部分物证破坏极为严重而成为空难事故调查的最主要的物证。"黑匣子"实为橘红色，分为飞行数据记录仪（flight data recorder，FDR）和座舱语音记录仪（cockpit voice recorder，CVR）两大部分，始用于1957年，当时的飞行数据记录仪只能记录45 s的有关爬升率、下降量、速度、离地面高度、方向5个飞机飞行参数，现在的飞行数据记录仪已可记录25 h内的100多个飞行参数，且整个装置均置于一个耐冲击、耐高温、耐腐蚀的封闭容器之中，因而在事故发生后成为调查人员搜寻的第一目标。当然，包括飞行数据记录仪在内的各种数据记录装置不仅可用于事故调查，也可应用于事故预防之中。通过对已收集数据的处理，及时发现系统中的缺陷和驾驶人员的失误，就可采取相应措施，防止事故的发生。

遥测技术的应用也为数据记录分析开辟了新的道路。例如，美国一航天飞行器发射后即失去了地面对其的控制，为查出事故原因，技术人员利用遥测的方式测量飞行器中的有关参数，并进行相应的模拟实验，最终判断出是因为一位工程师装错了一根管子所致，为避免类似事故的发生发挥了重要的作用。

五、事故现场照相与录像

现场照相和录像是收集物证的重要手段之一。其主要目的是通过拍照的手段提供现场的画面，包括部件、环境及能帮助发现事故原因的物证等，证实和记录人员伤害和财产破坏的情况。特别是对于那些肉眼看不到的物证、当进行现场调查时很难注意到的细节或证据、那些容易随时间逝去的证据及现场工作中需移动位置的物证，现场照相的手段更为重要。

事故现场照相和录像的主要目的是获取和固定证据，为事故分析和处理提供可视性证据。其原理与刑事现场的照相和录像完全相同，只是工作对象不同。二者都要求及时、完整与客观。事故现场照相是现场勘查的重要组成部分。它是使用照相、摄像器材，按照现场勘查的规定及调查和审理工作的要求，拍摄发生事故的现场上与事故有关的人与物、遗留的痕迹、物证及其他一些现象，真实准确、客观实际、完整全面、鲜明突出、系统连贯地表达现场的全部状况。

一个事故，在其发生过程中总要触及某些物品，侵害某些客体，并在绝大多数发生事故的现场遗留下某些痕迹和物证。在一些事故现场中，当事人为逃避责任，会千方百计地破坏和伪造现场。但是，现场上的一切现象都会反映现场上的实际情况，通过观察和分析这些现象能辨别事件的真伪。把它们准确地拍照下来，使之成为一套完整现场记录的一部分，在审理和调查的工作中具有重要的作用。现场照相和录像能够为研究事故性质、分析事故进程、进行现场实验提供资料，为技术检验、鉴定提供条件，为审理提供证据，所以是现场勘查工作中的重要组成部分和不可缺少的技术手段。

由于现场照片和录像多用于技术检验、鉴定工作，所以必须按照技术检验和鉴定工作的要求进行拍照和录像。在多数情况下，首先拍摄整个原始现场的概貌。如果有几处现场时，应先拍中心现场，再分别拍各个关联的现场，然后用一两个镜头把各个现场的位置反映出来。之后，应对比较明显的或已确定的现场重点部位、重点物品和遗留痕迹、物证的原始状况及其所在位置进行拍照。对那些不明显的重点部位，要随着勘查工作的进展，及时发现及时拍照。现场概况和现场重点部位拍照完成之后，可对现场方位进行拍照。最后，根据现场勘查人员的要求，拍摄在现场发现的痕迹、物证。

六、事故现场图与表格

现场绘图也是一种记录现场的重要手段。现场绘图与现场笔录、现场照相均有各自特点，相辅相成。现场绘图是运用制图学的原理和方法，通过几何图形来表示现场活动的空间形态，是记录事故现场的重要形式，能比较精确地反映现场上主要物品的位置和比例关系。

（一）现场绘图的作用

现场绘图的作用概括起来有以下 3 点。

（1）用简明的线条、图形，把人无法直接看到或无法一次看到的整体情况、位置围环境、内部结构状态清楚地反映出来。

（2）把与事故有关的物证、痕迹的位置、形状、大小及其相互关系形象地反映出来。

（3）对现场上必须专门固定反映的情况，如有关物证、痕迹等的地面与空间位置、事故前后现场的状态，事故中人流、物流的运动轨迹等，可通过各种现场图显示出来。

（二）事故现场图的种类

事故现场图的种类有以下4种。

1. 现场位置图

现场位置图可以反映现场在周围环境中的位置。对测量难度大的，可利用现有的厂区图、地形图等现成图纸绘制。

2. 现场全貌图

现场全貌图是反映事故现场全面情况的示意图。绘制时应以事故原点为中心，将现场与事故有关人员的活动轨迹、各种物体运动轨迹、痕迹及相互间的联系反映清楚。

3. 现场中心图

现场中心图是专门反映现场某个重要部分的图形。绘制时以某一重要客体或某个地段为中心，把有关的物体痕迹反映清楚。

4. 专项图

专项图也称专业图，是把与事故有关的工艺流程、电气、动力、管网、设备、设施的安装结构等用图形显示出来。

以上4种现场图，可根据不同的需要，采用比例图、示意图、平面图、立体图、投影图的绘制方式来表现，也可根据需要绘制出分析图、结构图及地貌图等。

任务四　事故分析与处理

一、事故分析

（一）事故分析的概念

事故分析是根据事故调查所取得的证据，进行事故的原因分析和责任分析。事故的原因包括事故的直接原因、间接原因和主要原因；事故责任包括事故的直接责任者、领导责任者和主要责任者。

事故分析是事故管理的重要组成部分，它是建立在事故调查研究或科学实验基础上对事故进行科学的分析。对于事故，如果只有情况和数据，没有科学的分析，就不能揭示事故的演变规律。事故分析的重点是事故所产生的问题或影响的大小，而不是描述事故本身的大小。

事故分析包含两层含义，一是对已发生事故的分析，二是对相似条件下类似事故可能发生的预测。通过事故分析，可以查明事故发生的原因，弄清事故发生的经过和相关的人、物及管理状况，提出防止类似事故发生的方法及途径。事故分析的对象是具有特定条件的事件全体。

通过事故分析可以达到如下作用：①能发现各行各业在各种工艺条件下发生事故的特点和规律；②发现新的危险因素和管理缺陷；③针对事故特点，研究有效的、有针对性的技术防范措施；④可以从事故中引出新工艺、新技术等。

（二）事故分析的内容

1. 事故原因分析的内容

事故原因分析是调查事故的关键环节。事故原因确定正确与否将直接影响到事故处理。事故原因的确定是在调查取得大量第一手资料的基础上进行的。事故原因分直接原因和间接原因。

1）直接原因

事故的直接原因包括：人的不安全行为和物的不安全状态。

（1）人的不安全行为，包括操作错误、忽视安全、忽视警告；造成安全装置失效；使用不安全设备；用手代替工具操作；物体存放不当；冒险进入危险场所；攀、坐不安全位置（如平台护栏、汽车挡板、吊车吊钩）；在起吊物下作业、停留；机器运转时加油、修理、检查、调整、焊接、清扫等工作；有分散注意力行为；在必须使用个人防护用品用具的作业或场合中，忽视其使用；不安全装束；对易燃、易爆等危险物品处理错误。

（2）物的不安全状态，包括防护、保险、信号等装置缺乏或有缺陷；设备、设施、工具、附件有缺陷；个人防护品用具，如防护服、手套、护目镜及面罩、呼吸器官护具、听力护具、安全带、安全帽、安全鞋等缺少或有缺陷；生产（施工）场地环境不良。

2）间接原因

技术和设计上有缺陷，如工业构件、建筑物、机械设备、仪器仪表、工艺过程、操作方法、维修检验等设计、施工和材料使用存在问题；教育培训不够或未经培训、缺乏或不懂得安全操作技术知识；劳动组织不合理；对现场工作缺乏检查或指导错误；没有安全操作规程或安全操作规程不健全；没有或不认真实施事故防范措施，对事故隐患整改不力；其他。

分析事故的时候，应从直接原因入手，逐步深入到间接原因，从而掌握事故的全部原因。再分清主次，进行责任分析。

进行事故原因分析要做到以下几点。

（1）明确某些事情错在哪里，以及需要如何改正才能不犯这些错误。

（2）指出引起事故（或临界事故）的有害因素类型，并描述所造成的危害和损伤情况。

（3）查明并描述某些基本情况，如确定存在的潜在危害和危险状况，以及一经改变或排除后出现的最安全的情况。

通过分析事故或损伤的原因，以及发生时的环境情况，可以获得一般类型的资料，从其他类似事故的资料可得出更常见的重要因素，进而揭示某些不能立即见到的因果关系。然而，若通过特殊事故分析得到更为详细和特殊的资料时，该资料可能有助于揭示所涉及的特殊情况。通常个别特殊事故分析所提供的资料不可能从一般分析中得到。反之，一般分析指出的因素在特殊分析时也难以阐明。因此，这两类资料分析都是重要的，且均有助于明显地和直接地揭示个别事故的因果关系。

假设已查明导致损伤或破坏的事件是由于生产过程的某些因素引起的，则可根据这些因素的存在和出现的频率来确定事故的大小。在处理生产过程事故时，可通过比较其发生频率和严重度，回顾性地测算事故的大小。在进行未来可能发生的问题的大小预测时，则可利用生产过程目前存在的危险因素（包括潜在的危险因素）来进行评价。

通过一个完整的事故分析报告就可以得到一个从本质上说明事故发生的基本关系的映像。在进行事故分析时，要全面和精确地对有关生产过程事故状况进行了解，查阅综合事故报告和保存的系统记录。为了详细预测问题的大小，必须进行必要的危险因素测定。对有关危险因素的了解，可通过对每个事故记录所提供的详细信息的分析得到。这些事故记录描述了工人和操作者在事故发生时的所在地点、他们当时在做什么或处理什么、用什么方法、发生了什么样的损伤和破坏，及其周围的其他情况（特别是与事故有关的）等。危险测量必须根据以往发生的有关损伤频率和损伤严重程度的资料，并采用回顾性测定方法。

描述人员损伤的危险可用以下两类方法。

（1）危险测定。计算损伤频率和损伤严重程度，采用全体工人中损失的工作日（或死亡数）来判定（如有的国家规定，职业事故死亡危险是每10万个雇员中死亡3个，即$3×10^{-6}$）。

（2）危险类型或危害成分评价。危险类型或危害成分评价是指出接触源和其他可能引起事故的有害因素，同时指出导致损伤和破坏的周围环境。

人们对多种危险类型已有丰富的认识，如高空作业者有可能摔倒，并可能产生严重损伤的后果，切割操作者使用锐利的器械，有被切割的危险。但某些没有明显特征的危险类型就可能被忽视，有关这些危险必须告诉工人（如噪声会引起听损、某些溶剂可引起脑损伤，以及吸入某些化学品后可引起急性中毒等）。对危险类型的认识，从最明显的到最潜在的，都是从以往的事件中取得的。无论如何，要了解发生了什么，要估计将来会发生些什么，都应该注意到对接触源的认识，以及在执行不同类型任务时，对有可能引起损伤和破坏的其他潜在有害因素加强认识。另外，还应认识到某些因素会影响危险的测量，或能使其增高或使其降低，这些都是认识危险性的必要基础。

确定危险因素、确定危险最相关的因素有：①决定有无（或潜在）发生各类危险的因素；②使发生事故或损伤危险的概率增加或减少的因素；③与危险有关的、影响到事故严重性的决定性因素。

为理解第一点，有必要查明事故的原因，即接触源和其他有害因素；后两点是构成影响测量危险范围的因素。

工作环境中主要有害因素是造成损伤的直接原因，它们常以职业病方式或职业事故方式出现。

2. 事故责任分析的内容

事故责任分析的是在查明事故的原因后，分清事故的责任，使生产经营单位负责人和其他从业人员从中吸取教训，改进工作，并根据事故后果和事故责任者提出处理意见。为了准确实行处罚，必须根据事故调查所确认的事实，分清事故责任。

1）直接责任者

直接责任者是指其行为与事故的发生有直接关系的人员。

2）主要责任者

主要责任者是指对事故的发生起主要作用的人员。有下列情况之一时，应由肇事者或有关人员负直接责任或主要责任：①违章指挥或违章作业、冒险作业造成事故的；②违反安全生产责任制和操作规程，造成伤亡事故的；③违反劳动纪律、擅自开动机械设备或擅自更改、拆除、毁坏、挪用安全装置和设备，造成事故的。

3）领导责任者

领导责任者是指对事故的发生负有领导责任的人员。有下列情况之一时，有关领导应负领导责任：①由于安全生产规章、责任制度和操作规程不健全，职工无章可循，造成伤亡事故的；②未按规定对职工进行安全教育和技术培训，或者职工未经考试合格上岗操作造成伤亡事故的；③机械设备超过检修期限或超负荷运行，或因设备有缺陷又不采取措施，造成伤亡事故的；④作业环境不安全，又未采取措施，造成伤亡事故的；⑤基本建设工程和技术发行项目中，尘毒治理和安全设施不与主体工程同时设计、审批、同时施工、同时验收、投产使用，造成伤亡事故的。

（三）事故分析的方法

事故分析有许多不同的方法，如事故的定性分析、事故的定量分析、事故的定时分析、事故的评价分析等。根据事故分析的目的，可选用不同的方法。例如，根据人们的需要去估算事故究竟有多大，或者这个问题将来有多大影响。在进行事故分析时，首先要对事故大小及类型分类，各个国家、各个行业并不完全一样。一个事故可能被描述成是由一连串事件产生的结果，在这个事件链中某些事做错了，于是产生了一个没有预料到的结果。实践证明，人的干预可以预防损伤和破坏，可以使这个事件链转变方向。然而，有时人的干预也可能使危害比实际事故所产生的损伤和破坏更大。因此，在评价一个生产过程的危险程度时应考虑到这个可能性。

目前事故分析技术可以分为以下三大类。

1. 综合分析法

综合分析法是针对大量事故案例而采取的一种方法。它总结事故发生、发展的规律，并针对性地提出普遍适用的预防措施。该种分析技术，大体上分为以下两类。

1）统计分析法

统计分析法是以某一地区或某个单位历来发生的事故为对象，综合分析。这种分类分析对提高安全工作水平，改进安全管理，可以起到很大的作用。

2）按生产专业进行分析

按生产专业进行分析是对不同事故类型（往往是危险性大的行业），如对化工、爆破、煤气、厂内运输、机械、电器等事故进行的分析。它需要熟悉专业生产知识，了解大量的事故情况，才能正确分析，得到正确的结论。这种分析针对性强，所提措施行之有效。通过分析，既可改善不安全状态，又丰富了本专业技术。

2. 个别案例技术分析法

该分析技术有以下四种类型。

1）从基本技术原理进行分析

例如，大连钢厂对 1979 年 7 月 18 日 3 号电炉炉盖崩塌所造成的重大伤亡事故（死亡 4 人，重伤 2 人，轻伤 3 人）进行深入分析，抓住碳氧平衡这一中心问题，明确了产生事故的主要原因是低温氧化和用氧量过大而造成的，掌握了事故发生的初步规律，提出了合理供氮、炉料搭配、熔炼中不断移动氧气吹管、大沸腾不倾炉等措施。又如，葫芦岛锌厂以该厂粉煤和浸漆罐爆炸为对象，重点从爆炸的三个基本条件入手进行分析。根据三个基本条件（空气或氧气、可燃物与空气以特定比例范围进行混合、具有火源或者超限量能量等），提出了防范爆炸事故的具体措施。

2）以基本计算进行事故分析

通过对事故进行物料、压力、温度、容积、能量、速度和时间等的计算，可以得出事故破坏范围、事故发生条件、事故性质等。例如，鞍钢氧气厂 1980 年 4 月 24 日氧气管道与阀门发生燃烧事故，造成三人死亡。该厂通过计算管道流量流速，找出管道内积存的可燃性杂质是发生事故的基本因素，并提出了有效措施。

3）从中毒机理进行分析

例如，1972 年 11 月 12 日江西钴冶炼厂大余分厂在电炉检修中因向 50~60 ℃ 的炉内洒水降温、除尘，产生有毒气体砷化氢，导致三人死亡。该厂从中毒机理、产生砷化氢的化学反应及根源上分析事故原因，并提出了防范措施。

4）责任分析方法

仅从作业者或肇事者个人的责任进行分析，重点是分析个人是否违章、违纪。这在某些局部场合可以起到一定的作用。但是，因分析不够深入和全面，对预防事故、消除危险因素来说，不是最好的方法。

3. 系统安全分析法

系统安全分析是运用逻辑学和数学方法、结合自然科学和社会科学的有关理论，分析系统的安全性能，揭示其潜在的危险性和发生的概率，以及可能产生的伤害和损失的严重程度。既可作综合分析，也可作个别案例分析。常用的系统安全分析方法，如故障树分析（fault tree analysis，FTA）、事件树分析（event tree analysis，ETA）、变化分析等，都可以应用于事故分析中，只是需要在应用时根据具体情况，适当地选用有关方法。

采用系统安全分析法分析事故时，应用逻辑图，避免了冗长的文字叙述，比较直观和形象化，考虑问题全面、系统、透彻。美国、日本等国家比较流行，我国也开始应用。例如，东北大学通过综合辽宁省部分矿山的 32 个提升事故实例，用故障树分析法进行研究，找出了造成事故的初始原因 23 个、得出伤亡事故发生的模式 46 种，提出了预防事故的有效措施。

（四）事故分析的过程

1. 个别事故分析

分析个别事故有以下两个主要目的。

首先，个别事故分析可用来确定促成事故发生的原因及其影响的特殊工作因素。通过分析，人们可评估已知危险的严重程度，也能确定所掌握的技术、组织安全措施，以及积累的工作经验在减轻危害上所能达到的程度。此外，还要有一个更明确的观点，就是工人可能已经采取了避免危险的措施，而且必须督促工人采取这些措施。

其次，人们可以通过许多发生于企业级别的或更为综合性的级别（如在整个组织中或在国家内）的事故的分析而提高认识。在这方面重要的是要搜集以下资料：①鉴别工作地点和工作本身（有关工作所处地段和行业资料），以及工作过程和具有工作特性的技术；②事故的性质及其严重性；③引起事故的某些因素，如接触源、事故发生的方式，以及引起事故的特殊工作状态；④工作地点一般情况和工作状态。

2. 事故分析类型

对事故的分析主要有以下 5 种类型。

（1）分析并查明事故发生的地点和类型。目的是确定各有关方面的损伤发生率，如工作地段、行业组、企业、工作过程和工艺类型。

（2）分析所监视的事故发生率的发展情况。目的在于对变动提出警告（肯定的或否定的），衡量预防活动的效果就可能通过这类分析的结果获得。在一个特定区域内，发生新的事故类型增多时，将预示要对新的危险成分提出警告。

（3）优先分析和衡量所提出的高度危险区，并依次计算其事故频率和严重性。目的是决定此处优先其他地点执行预防措施。

（4）分析确定事故是如何发生的，特别是要找到直接的和潜在的事故原因。这些资料随后可用于选择、描述，以及执行具体的改正活动和预防性建议。

（5）分析并阐明其他值得关注的特殊方面（一种新发现或控制的分析）。例如，某个特殊损伤危险发生率的分析，或者在检查一个已知危险的过程中查明一个迄今尚未认识且实际存在的危险。

上述类型的分析可在不同级别的企业中进行，如从个体企业到全国性企业。这类多级别分析对预防性措施很有必要。在高档次执行的分析涉及一般事故发生率、监视、预告和优先分析，而在低档次执行的分析则是描述直接的和潜在的事故原因的分析，这样分析的结果反映出对较低级别企业中个案的分析更详细、具体，而对较高级别企业的分析结果则更为一般化。

3. 事故分析阶段

事故分析的阶段不管分析从哪个档次开始，通常都有以下几个阶段。

（1）查明（在所选择的一般档次内）事故发生的地点。

（2）详细说明一般档次情况下事故发生地的某些更特殊的情况。

（3）确定目标时，要考虑到事故发生频率和事故的严重程度。

（4）描述接触源或其他有害因素，即破坏和损伤的直接原因。

（5）检查事故基本的因果关系和引发事故的原因。

总结调查全国性事故是为了对各个区域、各个行业、工艺技术和工作过程中发生有关损伤和破坏的分布情况有所了解，目的是查明事故发生的地点，测量事故发生的频率，以及在不同级别进行事故分析的严重性等，是为了明确某些错误事件的特殊情况，同时也是为了指出那些地点的危险已经有所改变。对企业存在的危险类型可通过个别企业发生事故的类型及事故发生的方式来描述，用这种方式可以了解生产过程中存在的接触源和其他有害因素及预防措施的效果。

如果仅仅注意安全条件、意识到危险性、为工人提供行动和申诉他们愿望的机会，这是不足以避免事故发生的。对事故进行调查、测定和分析等可提供一个基础，即明确应该做些什么，以及由谁来做，以减少危险。例如，若特殊接触源能够与特殊的工艺技术连接，将有助于确定需要采取什么样的特殊安全措施以控制危险，这个资料亦可用来影响与工艺技术问题有关的制造商和供应商。如果证明事故发生的频率高而且很严重，并且与这个特殊过程有关，就需要调整与这个过程有关的装备、机器、操作或工作方法等。遗憾的是，这类首创的和调整的典型方式，在事故和原因的分析中所得到的几乎都是明显的单一因果相关，而且只是在很少的情况下才能见到。企业内部的事故分析也可能是先从一般档次着手，而后是较为特殊的档次。不过这类分析中常遇到的问题是要集中大范围的、有足够数量的资料库。如果企业集中了多年的事故及损伤的资料，就能建立这个档次的有价值的资料库。整个企业的全面分析将能指出在企业的特殊部位（区域）是否有特殊问题，或者与特殊任务有关，或者与使用特殊工艺类型有关，这些详细的分析可以指出有什么差错，并可借此机会对预防措施进行一次全面综合评价。

二、事故处理

（一）事故处理的概念

事故处理是指在日常生产和生活中在发生危及人身安全或财产安全的紧急状况或事故时，为迅速解救人员、隔离故障设备、调整运行方式，以便迅速恢复正常运行的操作过程。例如，交通事故处理、生产事故处理、火灾事故处理、设备事故处理、电力事故处理等。

（二）事故处理的原则

事故处理坚持实事求是、尊重科学、"四不放过"、公正公开和分级管辖的原则。

"四不放过"原则是指在调查处理工伤事故时，必须坚持事故原因分析不清不放过，事故责任者和群众没有受到教育不放过，没有采取切实可行的防范措施不放过，事故责任者没有受到严肃处理不放过的原则。它要求对工伤事故必须进行严肃认真的调查处理，接受教训，防止同类事故重复发生。

1）事故原因分析不清不放过

事故原因分析不清不放过的含义是要求在调查处理工伤事故时，首先要把事故原因分析清楚，找出导致事故发生的真正原因，不能敷衍了事，不能在尚未找到事故主要原因时就轻易下结论，也不能把次要原因当成真正原因，未找到真正原因绝不轻易放过，直至找到事故发生的真正原因，并搞清各因素之间的因果关系才算达到事故原因分析的目的。

2）事故责任者和群众没有受到教育不放过

事故责任者和群众没有受到教育不放过的含义是要求在调查处理工伤事故时，不能认为原因分析清楚了，有关人员也处理了就算完成任务了，还必须使事故责任者和广大群众了解事故发生的原因及所造成的危害，并深刻认识到搞好安全生产的重要性，使大家从事故中吸取教训，在今后工作中更加重视安全工作。

3）没有采取切实可行的防范措施不放过

没有采取切实可行的防范措施不放过的含义是要求在对工伤事故进行调查处理时，必须针对事故发生的原因，提出防止相同或类似事故发生的切实可行的预防措施，并督促事故发生单位加以实施。只有这样，才算达到了事故调查和处理的最终目的。

4）事故责任者没有受到严肃处理不放过

事故责任者没有受到严肃处理不放过的含义也是安全事故责任追究制的具体体现，对事故责任者要严格按照安全事故责任追究规定和有关法律、法规的规定进行严肃处理，根据所承担的责任大小行政责任、民事责任，构成犯罪的，追究刑事责任。

（三）事故责任的处理

事故调查应当及时、准确地查清事故经过、事故原因和事故损失，查明事故性质，认定事故责任，总结事故教训，提出整改措施，并对事故责任者依法追究责任。

责任事故是指由人为因素引起的生产安全事故，包括由于违章作业、违反劳动纪律、违章指挥；不具备安全生产条件擅自从事生产经营活动；违反安全生产法律和规章制度；安全生产监督管理与审批失职、玩忽职守、徇私舞弊等行为造成的事故，都属于责任事故，应追究有关责任人的法律责任。《安全生产法》规定要追究法律责任的对象包括：①生产经营单位及其责任人；②安全生产审查批准机构及其责任人；③应急管理部门及其责任人。

事故发生单位应当按照负责事故调查的人民政府的批复，对本单位负有事故责任的人员进行处理。负有事故责任的人员涉嫌犯罪的，依法追究刑事责任。

事故发生单位应当认真吸取事故教训，落实防范和整改措施，防止事故再次发生。防范和整改措施的落实情况应当接受工会和职工的监督。

参加事故调查处理的部门和单位应当互相配合，提高事故调查处理工作的效率。对事故报告和调查处理中的违法行为，任何单位和个人有权向应急管理部门、纪律监察机关或者其他有关部门举报，接到举报的部门应当依法及时处理。

事故发生地有关地方人民政府应当支持、配合上级人民政府或者有关部门的事故调查处理工作，并提供必要的便利条件。

重大事故、较大事故、一般事故，负责事故调查的人民政府应当自收到事故调查报告之日起 15 日内做出批复；特别重大事故，30 日内做出批复，特殊情况下，批复时间可以适当延长，但延长的时间最长不超过 30 日。

有关机关应当按照人民政府的批复，依照法律、行政法规规定的权限和程序，对事故发生单位和有关人员进行行政处罚，对负有事故责任的国家工作人员进行处分。

应急管理部门和负有安全生产监督管理职责的有关部门应当对事故发生单位落实防范和整改措施的情况进行监督检查。

事故处理的情况由负责事故调查的人民政府或者其授权的有关部门、机构向社会公布，依法应当保密的除外。

任务五　事故调查报告

一、事故调查报告的内容

事故调查组应当自事故发生之日起 60 日内提交事故调查报告；特殊情况下，经负责事故调查的人民政府批准，提交事故调查报告的期限可以适当延长，但延长的期限最长不超过 60 日。

事故调查报告应当包括下列内容：①事故发生单位概况；②事故发生经过和事故救援情况；③事故造成的人员伤亡和直接经济损失；④事故发生的原因和事故性质；⑤事故责任的认定及对事故责任者的处理建议；⑥事故防范和整改措施。

事故调查报告应当附具有关证据材料。事故调查组成员应当在事故调查报告上签名。事故调查报告报送负责事故调查的人民政府后，事故调查工作即告结束。事故调查的有关资料应当归档保存。

二、事故调查报告的规定

（一）事故报告程序的规定

单位负责人接到事故报告后，应当迅速采取有效措施，组织抢救，防止事故扩大，减少人员伤亡和财产损失，并按照国家有关规定立即如实报告当地负有安全生产监督管理职责的部门，不得隐瞒不报、谎报或者拖延不报，不得故意破坏事故现场、毁灭有关证据。

负有安全生产监督管理职责的部门接到事故报告后，应当立即按照国家有关规定上报事故情况。负有安全生产监督管理职责的部门和有关地方人民政府对事故情况不得隐瞒不报、谎报或者拖延不报。

有关地方人民政府和负有安全生产监督管理职责的部门的负责人接到重大生产安全事故报告后，应当立即赶到事故现场，组织事故抢救。参与事故抢救的部门和单位应当服从统一指挥，加强协同联动，采取有效的应急救援措施，防止事故扩大，减少人员伤亡和财产损失。事故抢救过程中应当采取必要措施，避免或者减少对环境造成的危害。

生产经营单位发生生产安全事故，经调查确定为责任事故的，除应当查明事故单位的责任并依法予以追究外，还应当查明对安全生产的有关事项负有审查批准和监督职责的行政部门的责任，对有失职、渎职行为的，依照规定追究法律责任。任何单位和个人都应当支持、配合事故抢救，并提供一切便利条件。

应急管理部门和负有安全生产监督管理职责的有关部门接到事故报告后，应当依照下列规定上报事故情况，并通知公安机关、劳动保障行政部门、工会和人民检察院：

（1）特别重大事故、重大事故逐级上报至国务院应急管理部门和负有安全生产监督管理职责的有关部门。

（2）较大事故逐级上报至省、自治区、直辖市人民政府应急管理部门和负有安全生产监督管理职责的有关部门。

（3）一般事故上报至设区的市级人民政府应急管理部门和负有安全生产监督管理职责的有关部门。

应急管理部门和负有安全生产监督管理职责的有关部门依照前款规定上报事故情况，应当同时报告本级人民政府。国务院应急管理部门和负有安全生产监督管理职责的有关部门，以及省级人民政府接到发生特别重大事故、重大事故的报告后，应当立即报告国务院。必要时，应急管理部门和负有安全生产监督管理职责的有关部门可以越级上报事故情况。

应急管理部门和负有安全生产监督管理职责的有关部门逐级上报事故情况，每级上报的时间不得超过 2 h。

（二）事故报告后出现新情况的，应当及时补报

自事故发生之日起 30 日内，事故造成的伤亡人数发生变化的，应当及时补报。道路交通事故、火灾事故自发生之日起 7 日内，事故造成的伤亡人数发生变化的，应当及时补报。

（三）事故调查报告的其他规定

事故发生单位负责人接到事故报告后，应当立即启动事故相应应急预案，或者采取有效措施，组织抢救，防止事故扩大，减少人员伤亡和财产损失。

事故发生地有关地方人民政府、应急管理部门和负有安全生产监督管理职责的有关部门接到事故报告后，其负责人应当立即赶赴事故现场，组织事故救援。

事故发生后，有关单位和人员应当妥善保护事故现场及相关证据，任何单位和个人不得破坏事故现场、毁灭相关证据。

因抢救人员、防止事故扩大及疏通交通等原因，需要移动事故现场物件的，应当做出标志，绘制现场简图并做出书面记录，妥善保存现场重要痕迹、物证。

事故发生地公安机关根据事故的情况，对涉嫌犯罪的，应当依法立案侦查，采取强制措施和侦查措施。犯罪嫌疑人逃匿的，公安机关应当迅速追捕归案。

应急管理部门和负有安全生产监督管理职责的有关部门应当建立值班制度，并向社会公布值班电话，受理事故报告和举报。

复习思考题

1. 什么是事故调查、事故分析和事故处理？
2. 根据《生产安全事故报告和调查处理条例》规定，事故等级是如何划分的？
3. 简述事故调查的重要性。
4. 根据《生产安全事故报告和调查处理条例》规定，事故调查组的要求是什么？
5. 简述事故调查的基本步骤。
6. 事故分析的主要内容包括哪些？
7. 简述事故处理的原则。
8. 简述事故调查报告的主要内容。

项目八　安全生产事故应急预案

学习目标

➢ 熟悉安全生产事故应急预案编制适用的法律依据。
➢ 掌握重大危险源辨识的依据及方法，我国应急预案的类型、编制要素、演练类型。
➢ 了解重大危险源辨识对应急预案编制的意义。

任务一　安全生产事故应急预案的编制依据

一、安全生产应急管理法律法规

（一）《安全生产法》

《安全生产法》对安全生产应急管理有以下规定。

（1）国家加强生产安全事故应急能力建设，在重点行业、领域建立应急救援基地和应急救援队伍，并由国家安全生产应急救援机构统一协调指挥；鼓励生产经营单位和其他社会力量建立应急救援队伍，配备相应的应急救援装备和物资，提高应急救援的专业化水平。国务院应急管理部门牵头建立全国统一的生产安全事故应急救援信息系统，国务院交通运输、住房和城乡建设、水利、民航等有关部门和县级以上地方人民政府建立健全相关行业、领域、地区的生产安全事故应急救援信息系统，实现互联互通、信息共享，通过推行网上安全信息采集、安全监管和监测预警，提升监管的精准化、智能化水平。

（2）县级以上地方各级人民政府应当组织有关部门制定本行政区域内生产安全事故应急预案，建立应急救援体系。乡镇人民政府和街道办事处，以及开发区、工业园区、港区、风景区等应当制定相应的生产安全事故应急预案，协助人民政府有关部门或者按照授权依法履行生产安全事故应急救援工作职责。

（3）生产经营单位应当制定本单位生产安全事故应急预案，与所在地县级以上地方人民政府组织制定的生产安全事故应急预案相衔接，并定期组织演练。

（4）危险物品的生产、经营、储存单位，以及矿山、金属冶炼、城市轨道交通运营、建筑施工单位应当建立应急救援组织；生产经营规模较小的，可以不建立应急救援组织，但应当指定兼职的应急救援人员。危险物品的生产、经营、储存、运输单位，以及矿山、金属冶炼、城市轨道交通运营、建筑施工单位应当配备必要的应急救援器材、设备和物资，并进行经常性维护、保养，保证正常运转。

（二）《突发事件应对法》

《突发事件应对法》规定，自然灾害、事故灾难、公共卫生事件发生后，履行统一领导职责的人民政府可以采取多项应急处置措施。任何单位和个人报送、报告突发事件信息，都应做到及时、客观、真实，不得迟报、谎报、瞒报、漏报。根据《突发事件应对法》，国务院将建立全国统一的突发事件信息系统，县级以上地方各级人民政府应当建立或确定本地区统一的突发事件信息系统。地方各级人民政府应当按照国家有关规定向上级人民政府报送突发事件信息，县级以上人民政府有关主管部门应当向本级人民政府相关部门通报突发事件信息。专业机构、监测网点和信息报告员应当及时向所在地人民政府及其有关主管部门报告突发事件信息。《突发事件应对法》还规定，获悉突发事件信息的公民、法人或其他组织，应当立即向所在地人民政府、有关主管部门或指定的专业机构报告。

（三）《生产安全事故应急预案管理办法》

《生产安全事故应急预案管理办法》明确了应急预案的管理遵循综合协调、分类管理、分级负责、属地为主的原则。应急管理部负责全国应急预案的综合协调管理工作。国务院其他负有安全生产监督管理职责的部门在各自职责范围内，负责相关行业、领域应急预案的管理工作。县级以上地方各级人民政府应急管理部门负责本行政区域内应急预案的综合协调管理工作。县级以上地方各级人民政府其他负有安全生产监督管理职责的部门按照各自的职责负责有关行业、领域应急预案的管理工作。生产经营单位主要负责人负责组织编制和实施本单位的应急预案，并对应急预案的真实性和实用性负责；各分管负责人应当按照职责分工落实应急预案规定的职责。

（四）《生产安全事故应急条例》

《生产安全事故应急条例》规定，国务院统一领导全国的生产安全事故应急工作，县级以上地方人民政府统一领导本行政区域内的生产安全事故应急工作。生产安全事故应急工作涉及两个以上行政区域的，由有关行政区域共同的上一级人民政府负责，或者由各有关行政区域的上一级人民政府共同负责。县级以上人民政府应急管理部门和其他对有关行业、领域的安全生产工作实施监督管理的部门在各自职责范围内，做好有关行业、领域的生产安全事故应急工作。县级以上人民政府应急管理部门指导、协调本级人民政府其他负有安全生产监督管理职责的部门和下级人民政府的生产安全事故应急工作。乡、镇人民政府及街道办事处等地方人民政府派出机关应当协助上级人民政府有关部门依法履行生产安全事故应急工作职责。生产经营单位应当加强生产安全事故应急工作，建立、健全生产安全事故应急工作责任制，其主要负责人对本单位的生产安全事故应急工作全面负责。

二、安全生产应急管理技术标准

（一）《生产经营单位生产安全事故应急预案编制导则》

《生产经营单位生产安全事故应急预案编制导则》规定了生产经营单位编制生产安全事故应急预案的编制程序、体系构成和综合应急预案、专项应急预案、现场处置方案以及附件。本标准适用于生产经营单位的应急预案编制工作，其他社会组织和单位的应急预案编制可参照本标准执行。

（二）《生产安全事故应急演练基本规范》

《生产安全事故应急演练基本规范》（AQ/T 9007—2019）本标准规定了生产安全事故应急演练（以下简称应急演练）的计划、准备、实施、评估总结和持续改进规范性要求。本标准适用于针对生产安全事故所开展的应急演练活动。

（三）《企业安全生产标准化基本规范》

《企业安全生产标准化基本规范》（GB/T 33000—2016）规定了企业安全生产标准化管理体系建立、保持与评定的原则和一般要求，以及目标职责、制度化管理、教育培训、现场管理、安全风险管控及隐患排查治理、应急管理、事故管理和持续改进 8 个体系的核心技术要求。该标准适用于工矿商贸企业开展安全生产标准化建设工作，有关行业制（修）订安全生产标准化标准、评定标准，以及对标准化工作的咨询、服务、评审、科研、管理和规划等。其他企业和生产经营单位等可参照执行。

（四）矿山救护规程

国家标准《矿山救护规程》（AQ 1008—2007）规定了矿山救护工作涉及的矿山应急救援组织、矿山救护队军事化管理、矿山救护队装备与设施、矿山救护队培训与训练、矿山事故应急救援一般规定、矿山事故救援等各项内容。该规程适用于中华人民共和国境内矿山企业、矿山救护队伍及管理部门。

三、安全生产应急管理规范性文件

（一）《国务院关于坚持科学发展安全发展促进安全生产形势持续稳定好转的意见》

《国务院关于坚持科学发展安全发展促进安全生产形势持续稳定好转的意见》指出安全生产事关人民群众生命财产安全，事关改革开放、经济发展和社会稳定大局，事关党和政府形象和声誉。《国务院关于坚持科学发展安全发展促进安全生产形势持续稳定好转的意见》还对安全生产应急管理工作提出了相关的要求，明确提出要建设更高效的应急救援体系和积极推进安全文化建设。

（二）《国务院关于进一步加强企业安全生产工作的通知》

《国务院关于进一步加强企业安全生产工作的通知》要求进一步加强企业安全生产工作，从总体要求、企业安全管理、技术保障体系、监督管理、应急救援体系建设、行业安全准入、政策引导、经济发展方式转变、严格考核和责任追究等九方面做出了明确的要求。

（三）《国务院办公厅关于加强基层应急队伍建设的意见》

《国务院办公厅关于加强基层应急队伍建设的意见》指出：基层应急队伍是我国应急体系的重要组成部分，是防范和应对突发事件的重要力量。《国务院办公厅关于加强基层应急队伍建设的意见》从基本原则和建设目标、加强基层综合性应急救援队伍建设、完善基层专业应急救援队伍体系、完善基层应急队伍管理体制机制和保障制度等方面对基层应急队伍建设提出了意见。

（四）《国务院关于印发"十四五"国家应急体系规划的通知》

《国务院关于印发"十四五"国家应急体系规划的通知》中提出的目标是：到 2025 年，防范化解重大安全风险体制机制不断健全，重大安全风险防控能力大幅提升，安全生产形势趋稳向好，生产安全事故总量持续下降，危险化学品、矿山、消防、交通运输、建筑施工等重点领域重特大事故得到有效遏制，经济社会发展安全保障更加有力，人民群众安全感明显增强。到 2035 年，安全生产治理体系和治理能力现代化基本实现，安全生产保障能力显著增强，全民安全文明素质全面提升，人民群众安全感更加充实、更有保障、更可持续。

1. 夯实企业应急基础

完善应急预案管理与演练制度，加大对企业应急预案监督管理力度，加强政企预案衔接与联动。强化重点岗位、重点部位现场应急处置方案实操性监督检查，强化制度化、全员化、多形式的应急救援演练。建立企业应急预案修订与备案制度。推动规模以上高危行业领域企业加强专兼职应急救援队伍建设与应急物资装备配备，建立内部监测预警、态势研判及与周边企业、属地政府的信息通报、资源互助机制。加强超大桥梁垮塌、超长隧道火灾、大型客船遇险、大型船舶原油溢油等巨灾情景构建，建设一批应急演练情景库。开展以基层为重点的实战化应急演练、救援技能竞赛等活动，提升自救互救技能。

2. 提升应急救援能力

合理规划安全生产应急救援基地和队伍布局，推动安全生产应急救援装备建设制度化、标准化。加快推进重点区域、重点行业领域国家级安全生产应急救援队伍建设，提升国家矿山、危险化学品、油气开采、水上搜救、核事故、铁路交通等事故应急处置能力。规范地方骨干、基层安全生产应急救援队伍职能定位、建设规模与装备配备。推动工业园区、开发区等产业聚集区内企业联合建立专职救援队伍。推进国家综合性环境应急、航空应急救援和事件调查、无人智能救援装备测试、航空器消防救援等实训设施建设。完善重点城市群跨区域联合救援机制，提高京津冀、长三角、粤港澳大湾区、长江经济带等跨地区应急救援资源共享与联合处置能力。健全安全生产应急救援社会化运行模式，培育专业化应急救援组织。引导社会力量有序参与安全生产应急救援。

3. 提高救援保障水平

完善国家、省、市、县等各级应急管理部门互联互通的安全生产应急救援指挥平台体系，提升应急救援机构与事故现场的远程通信指挥保障能力。加强应急救援基础数据库建设，完善应急救援装备技术参数信息库，建立应急救援基础数据普查与动态采集报送机制。加强救援实训基础设施建设，提升国家级安全生产应急救援队伍跨区域作战自我保障能力。健全道路交通事故多部门联动救援救治长效机制，完善事故救援救治网络。推进深远海油气勘探开发应急技术、国家大型原油储罐火灾抢险救援科技装备支撑体系建设。加强应急装备实物储备，建立实物储备、协议储备和生产能力储备相结合的储备机制，构建应急装备储备与调度管理平台。完善安全生产应急装备储备与调运制度，健全各地区应急救援资源共享、快速输送与联合处置机制。选择交通枢纽城市开展区域性安全生产应急物资供应链与集配中心建设试点。完善应急救援车辆优先通行机制和应急救援生态环境保护制度。制定应急救援社会化有偿服务、应急装备征用补偿、应急救援人员人身安全保险等政策。

任务二　重大危险源应急预案的编制

一、重大危险源应急预案

20 世纪 70 年代以来，预防重大工业事故引起国际社会的广泛重视。随之产生了"重大危害（Major Hazards）""重大危害设施（Major Hazard Installations）"等概念。重大危险源的概念源自 1993 年 6 月第 80 届国际劳工大会通过的《预防重大工业事故公约》（174号公约），即重大危害设施是指不论长期或临时的加工、生产、处理、搬运、使用或贮存数量超过临界量的一种或多种危险物质，或者多类危险物质的设施。《安全生产法》规定重大危险源是指长期或者临时地生产、搬运、使用或者储存危险物品，且危险物品的数量等于或者超过临界量的单元（包括场所和设施）。

（一）重大危险源应急预案的内容

重大危险源应急预案应当简明，便于有关人员在实际紧急情况下使用。一方面，预案的主要部分应当是整体应急反应策略和应急行动，具体实施程序应放在预案附录中详细说明；另一方面，预案应有足够的灵活性，以适应随时变化的实际紧急情况。因此，预案中非常重要的内容是预案应包括至少六个主要应急反应要素，它们是：应急资源的有效性，事故评估程序，指挥、协调和反应组织的结构，通报和通信联络程序，应急反应行动，培训、演练和预案保持。具体应当包括以下内容。

（1）重大危险源基本情况及周边环境概况。

（2）应急机构人员及其职责。

（3）危险辨识与评价。

（4）应急设备与设施。

（5）应急能力评价与资源。

（6）应急响应、报警、通信联络方式。

（7）事故应急程序与行动方案。

（8）事故后的恢复与程序。

（9）培训与演练。

（二）重大危险源应急预案编制的注意事项

1. 基本要求

（1）根据实际情况，按照事故的性质、类型、影响范围和后果等制定相应的预案。为使预案更有针对性和能迅速应用，一般要制定出不同类型的应急预案，如火灾型、爆炸型、泄漏型等。

（2）一个系统、单位的不同类型的应急预案要形成统一体，救援力量要统筹安排。

（3）要切合本系统、本单位的实际条件制定预案，应急方案应立足于本地，立足于国内。

（4）制定的预案要有权威性，各级应急组织应职责明确、通力协作。

（5）预案要经过上级批准才能实施，要有相应的法律保障。

（6）预案要定期演练和复查，要根据实际情况定期检查和修正。

（7）应急队伍要进行专业培训，并要有培训记录和档案，应急人员要通过考核，证实确能胜任所担负的应急任务后，才能上岗。

（8）各专业队平时就要组建落实并配有相应器材。应急器材要定期检查，保证设备性能完好，在应急救援时不至于因为设备问题带来损失。

2. 编制预案的依据

（1）必须根据本单位重大灾害事故危险源的数量和发生事故的可能性来制定预案。

（2）预案是依据可能发生的事故类型、性质、影响范围大小，以及后果的严重程度等的预测结果，结合本系统、本企业单位的实际情况而制定相应的应急措施。它具有一定的现实性和实用性，要制定切合实际的预案，必须依据确切的各种资料，一般包括以下内容。

①有权威性的应急指挥组织系统情况。

②有关应急救援方面的立法文件和规范规定。

③调查并准备出有关图表。城市地图：包括城市行政区划分、政府机关及重点单位（目标的位置、地形、地貌，并标出影响气象参数的重要地区）。城市交通图：区分出道路宽度等级，标出交通道口、立交桥等通过能力。城市水系及管道分布图：标出水源，自来水管路及流量，下水道及排水流向。重点防护目标分布图：标出目标单位和坐标位置，产品名称、产量、源强和高度。建筑物情况图：按方格为单位标出建筑物的结构、层数（高度、用途、耐火等级、防护系数和房间距的比例数）。人口情况图：按方格为单位标出夜晚、白天、上下班、节假日的人员分布情况，并分出 15 岁以下儿童和老弱病残者比例。救援能力分布总图：标出应急救援指挥部位置。按需要绘制各个专业队的实力图，标出分布的单位、人数、专业技术情况、配备器材情况。监测、化验力量分布图：标出分布点位置、仪器、设备情况，监测化验能力，人员技术状况等。连续三年的气象资料：如风速、风向、云量、气温、各月风频率、大气垂直稳定度。救援能力调查表：如防护能力、侦查能力、初步救护能力、消防能力、后果处置能力、撤离能力等。

④调查应急事故状态下所需的应急器材、设备、物资的储备和供给保障的可能性。

⑤选择 2~3 个撤离安置点和对撤离路线上的休息站的实地调查。

3. 编制步骤

编制事故应急预案的步骤一般按以下四步进行。

1）调查研究，收集资料

调查研究，收集资料是制定预案的基础和前提，收集的内容与"依据"的内容相同。

2）全面分析

分析评估的内容主要包括以下几个方面。

（1）危险源的分析。主要包括有毒、有害、易燃、易爆事故应急处理预案编制指南。企业单位的名称、地点、种类、数量、分布、产量、储量、危险度、以往事故发生情况和发生事故的诱发因素等。

（2）危险度的评估。事故源潜在危险度的评估就是在对危险源全面调查的基础上，对化工企业单位的事故潜在危险度进行全面的科学评估，为确定目标单位危险度的等级找出科学的数据依据。

（3）救援力量的分析。对现有可用于参与事故应急救援队伍的单位、人员装备情况、分布特点、可担负的任务及执行任务能力等逐项分析、正确评估、合理使用。

3）制定预案要分工负责

组织编写制定预案要涉及各个方面、各个部门，是一项比较复杂的工作，必须在统一领导下，指定专门的部门牵头组织，吸收有关单位参加，共同拟定。

4）制定预案要现场勘查，反复修改

为使预案切实可行，尤其是重点目标区的具体行动预案，拟定前需要组织有关部门、单位的专家、领导到现场进行实地勘察，如重点目标区的周围地形、环境、指挥所位置、分队行动路线、展开位置、人口疏散道路及疏散地域等实地勘查、实地确定。预案拟定后还要组织有关部门、单位的领导和专家进行评议，使制定的预案更清楚、更科学、更合理。

二、现场应急计划

应急计划也被称为"重大事故应急救援预案"，是重大危险源控制系统的一个重要组成部分。应急计划是为了加强对重大事故的处理能力，根据实际情况预计可能发生的重大事故，所预先制定的事故应急对策。也就是说，认识事故可能发生，并估计事故的后果，决定紧急处理方法和措施（包括现场和厂外的）。

一个完整的应急计划由两部分组成：现场应急计划和厂外应急计划。现场和厂外应急计划应分开，但它们彼此应协调一致，即它们必须是涉及同一估计的紧急情况。现场计划由企业负责准备，而厂外应急计划则由地方政府负责。

1. 计划的制订

每一个重大危险源都应有现场应急计划。现场应急计划应由企业准备，应包括重大事故潜在后果的评估。对于简易设施，应急计划可仅仅为安排工人站在一旁观察，并呼叫外部应急服务机构。但是对于复杂的设施，应急计划应更具实质性，需要充分考虑每一个重大危险及它们之间可能发生的相互作用，包括下述内容。

（1）评估潜在事故危险的性质、规模，以及紧急状态发生时的可能作用。

（2）制订与外部机构联系的计划，其中包括与紧急救援服务机构的联系。

（3）设施内外报警和通信联络的步骤。

（4）特别是任命现场事件的管理者和现场主要管理者，并确定他们的义务和责任。

（5）应急控制中心的地点和组织。

（6）在紧急状态中现场工人的行为，包括撤离步骤。

（7）在紧急状态下，厂外工人和其他人的行动。

无论在重大危险源设施内外，应急计划应制订一种方法，以便在事故现场的工人可以寻求其他补救措施。特别是，应急计划中应包括保障有关设施受影响部分的安全规定，如紧急停车的方法。现场应急计划还应包括从设施的其他部分或厂外召集关键工人的先后顺序。企业应确保应急计划所需的资源，无论是人还是设备都应能及时获得，并在紧急事件情况下，能迅速聚集。企业应针对与紧急服务机构共同所做的事故评估，考虑在设施附近是否存在足够的资源以执行应急计划。在应急计划需要紧急服务机构帮助的情况下，企业应弄清这些服务机构到现场开始操作所需的时间，然后考虑在整个过程中工人是否能遏制住事故。

应急计划应充分考虑以下事件，如工人生病、节日和设施停车期内，工人不在岗时，此时是否配备了足够的人员以适应各种可预见的变化。

2. 报警和联络

企业应能将任何突发的事故或紧急状态迅速通知给所有有关工人和厂外人员，并做出安排。企业应将报警步骤告知所有的工人以确保能尽快采取措施，控制事态的发展。企业应根据设施的规模考虑紧急报警系统的需求。厂内应在多处安装报警系统，并达到一定的数量，这样报警系统才能起作用。在噪声较高的地方，应考虑安装显示性报警装置以提醒在那里工作的工人。工作场所警报响起来时，为能尽快通知应急服务机构，企业应保证具有一个可靠的通信系统。

3. 关键岗位人员的确定及其责任

作为应急计划的一部分，企业应委派一名现场事件管理者（如有必要，委派一名副手）以便及时采取措施控制、处理事故。现场事件管理者应肩负如下责任。

（1）评估事件的规模（为内部和外部应急机构）。

（2）建立应急步骤，确保工人的安全和减少设施和财产的损失。

（3）在消防队到来之前，（如有必要）直接参与救护和灭火活动。

（4）安排寻找受伤者。

（5）安排非重要工人撤离到集中地带。

（6）设立与应急中心的通信联系点。

（7）在现场主要管理者到来之前担当起其责任。

（8）如有必要时，为应急服务机构提供建议和信息。

现场事件管理者应从服装穿戴上容易辨认。作为应急计划的一部分，企业管理部门应委派一名现场主要管理者（如有需要，也可委派一名副手），负责全面的事故管理。

4. 紧急情况控制中心

企业应在现场应急计划中考虑设置应急控制中心，从应急控制中心可指挥和协调处理紧急情况。控制中心应具有接收和传送从中心到事件现场管理者和设施其他部分，及外部的信息和指示的能力。控制中心应拥有：

（1）数量充足的内、外线电话。

（2）无线电和其他通信设备。

（3）设施示意图，标有：①存放大量危险物质的地点；②安全设备存放点：③消防系统和附加水源；④污水和排水系统；⑤设施进口和通道；⑥集合点；⑦设施的位置与周围社区的关系。

（4）测量和显示风速、风向的设备。

（5）个人防护和其他救护设备。

（6）工人名单表。

（7）关键人员的地址和电话表。

（8）现场的其他人员名单，如承包商和参观者。

（9）地方政府和紧急服务机构的地址和电话。

应急控制中心应设在风险最小的地方，或考虑确定另外一个应急中心，以防止控制中心可能被有毒气体笼罩而不能使用。

5. 现场措施

现场应急计划的首要目的是控制和遏制事故，防止事故扩大到附近的其他设施，以减少伤害。在应急计划中应包含足够的灵活性，以保证在现场能采取适当的措施和决定。企业在应急计划中应考虑怎样进行下列各方面的工作。

（1）非相关工人可沿着具有清晰标志的撤离路线到达预先指定的集合点。

（2）指定某人记录所有到达集合点的工人，并特此信息告之应急控制中心。

（3）指定控制中心某人核对与事故有关的人员到达集合点的名单，核对被认为是在现场的人员名单。

（4）由于节日、生病和当时现场人员的变化，需根据不在现场人员的情况，更新应急控制中心所掌握的名单。

（5）安排对工人进行记录，包括其姓名、地址，并保存在应急控制中心且定期更新。

（6）紧急状态的关键时期，授权披露有关信息，并指定一名高级管理人员作为该信息的唯一出处。

（7）紧急状态结束后，恢复步骤中应包括对再次进入事故现场的指导。

6. 制定关闭设施步骤

对于复杂设施的应急计划中应充分考虑设施不同部分的内部关系，这样当需要时，可依照特定的程序关闭设施。

7. 应急计划的演练

一旦应急计划被确定，应确保所有工人及外部应急服务机构都了解。企业应对应急计划进行定期检查，包括下列内容：①在事故期间通信系统是否能正常运作；②撤离步骤。

8. 计划的评估和修订

在制订计划和演练过程中，应让熟悉设施的工人，包括相应的安全小组共同参与。企业应让熟悉设施的工人参加应急计划的演习和操练；与设施无关的人，如高级应急官员、政府监察员，也应作为观察员监督整个演练过程。每一次演练后，应核对该计划是否被全面执行，并发现不足和缺陷。

企业应在必要的时候修改应急计划以适应现场设施和危险物的变化。这些修改应通知所有与应急计划有关的人员。

任务三　安全生产事故应急预案的编制

一、我国应急救援框架概况

应急预案的使用最早体现在军事上。在我国春秋末期，著名军事家孙武在《孙子兵法》中就强调了谋略和计划对决定战争胜负的重要作用。他提出：道、天、地、将、法是战略谋略和重要组成部分，"凡此五者，将莫不闻，知之者胜，不知之者不胜""夫未战而妙算胜者，得算多也；未战而妙算不胜者，得算少也。多算胜，少算不胜，而况于无算乎！吾以此观之，胜负见矣"。由此可见，事前制订周密详细的计划和方案是多么的重要。

随着社会发展，人们逐渐将应急预案应用于各种灾害事故和社会管理，并在世界许多国家广泛运用。应急预案的编制和事故应急救援是近年来国内外开展的一项社会性减灾救灾工作，是保障社会各部门有序生产生活的重要措施，将促进社会经济的快速发展。20世纪以来，随着工业化进程的迅猛发展，特别是第二次世界大战后，危险化学品使用种类和数量急剧增加，各种工业事故呈不断上升趋势，危及社会安全的多人重大事故时有发生，给人民生命安全、国家财产和环境构成重大威胁。重大工业事故的应急救援是近年来国内外开展的一项社会性减灾救灾工作。

国外发达国家对事故应急预案非常重视，早在20世纪80年代就以法律法规的形式对事故应急预案进行了规定。

2003年的重症急性呼吸综合症过后，我国应急预案体系的建设工作被提上日程，应急相关的各方面工作都全面加速。为了有效应对可能出现的各种突发事件，国务院办公厅于

2003年12月成立了国务院办公厅应急预案工作小组，负责制定、修订国家突发公共事件应急预案。2004年是全国应急预案的编制之年，制定完善突发公共事件应急预案是2004年政府工作的一项重要任务，国务院办公厅印发了《国务院有关部门和单位制定和修订突发公共事件应急预案框架指南》和《省（区、市）人民政府突发公共的事件总体应急预案框架指南》。国家总体应急预案和专项、部门预案的编制工作取得重大进展。2005年是全面推进"一案三制"的工作之年，在预案方面，国务院通过了《国家突发公共事件总体应急预案》。"十一五"期间，建立起覆盖各地区、各部门、各单位"横向到边、纵向到底"的预案体系。2006年，国务院发布《国家突发公共事件总体应急预案》。2019年，应急管理部发布《生产安全事故应急预案管理办法》。2013年，国务院办公厅印发《突发事件应急预案管理办法》。2019年，应急管理部修改《生产安全事故应急预案管理办法》。

二、应急预案的目标

目前，人类还无法完全抵御和消除重大自然灾害的潜在威胁和现实破坏，一旦发生会造成重大损失，针对突发事件的这种性质，人们只能在力所能及的范围内立足于防灾、救灾工作，不但平时要积极预防，还要在突发事件还没有发生的时候，预先制定突发事件一旦发生时的应对方案即应急预案，才能在应对突发事件的过程中有备无患，未雨绸缪。因此，应急预案在应急管理中具有十分重要的作用。

（一）以人为本，减少危害

切实履行政府的社会管理和公共服务职能，把保障公众健康和生命财产安全作为首要任务，最大限度地减少突发公共事件及其造成的人员伤亡和危害。

（二）居安思危，预防为主

高度重视公共安全工作，常抓不懈，防患于未然。增强忧患意识，坚持预防与应急相结合，常态与非常态相结合，做好应对突发公共事件的各项准备工作。

（三）统一领导，分工协作

在党中央、国务院的统一领导下，建立健全分类管理、分级负责，条块结合，属地管理为主的应急管理体制，在各级党委领导下，实行行政领导责任制，充分发挥专业应急指挥机构的作用。

（四）依法规范，加强管理

依据有关法律和行政法规，加强应急管理，维护公众的合法权益，使应对突发公共事件的工作规范性、制度化、法制化。

（五）快速反应，协同应对

加强以属地管理为主的应急处置队伍建设，建立联动协调制度，充分动员和发挥乡镇、社区、企事业单位、社会团体和志愿者队伍的作用，依靠公众力量，形成统一指挥、反应灵敏、功能齐全、协调有序、运转高效的应急管理机制。

（六）依靠科技，提高素质

加强公共安全科学研究和技术开发，采用先进的监测、预测、预警、预防和应急处置技术及设施，充分发挥专家队伍和专业人员的作用，提高应对突发公共事件的科技水平和指挥能力，避免发生次生、衍生事件；加强宣传和培训教育工作，提高公众自救、互救和应对各类突发公共事件的综合素质。

三、应急预案的类型

我国法律法规要求，任何生产经营单位都应该制定事故应急预案，应急预案制定后，应进行应急演练。

应急预案按时间特征可划分为常备预案和临时预案（如偶尔组织的大型集会等），按事故灾害或紧急情况的类型可划分为自然灾害、事故灾难、突发公共卫生事件和突发社会安全事件等预案。最适合生产经营企业预案文件体系的分类方法是按预案的适用对象范围进行分类，即将生产经营企业的应急预案划分为综合预案、专项预案和现场处置方案，以保证预案文件体系的层次清晰和开放性。生产经营企业事故应急预案是按预案的适用对象范围进行分类，多采用综合预案、专项预案、现场处置方案的形式进行编制。

（一）综合预案

综合预案是生产经营企业的整体预案，从总体上阐述生产经营企业的应急方针、政策、应急组织结构及相应的职责，应急行动的总体思路等。通过综合预案可以很清晰地了解生产经营企业的应急体系及预案的文件体系，更重要的是可以作为生产经营企业应急救援工作的基础，即使对那些没有预料的紧急情况也能起到一般的应急指导作用。

（二）专项预案

专项预案是针对生产经营企业某种具体的、特定类型的紧急情况，如危险物质泄漏、火灾、某一自然灾害等的应急而制定的。

专项预案是在综合预案的基础上充分考虑了某特定危险的特点，对应急的形势、组织机构、应急活动等进行更具体的阐述，具有较强的针对性。

（三）现场处置方案

现场处置方案是在专项预案的基础上，根据具体情况需要而编制的。它是针对生产经营企业特定的具体场所（即以现场为目标），通常是该类型事故风险较大的场所或重要防护区域等所制定的预案。例如，为危险化学品事故专项预案而编制的某重大危险源的场外应急预案，现场应急预案的特点是针对某一具体现场所存在的该类特殊危险，结合可能受其影响的周边环境情况，在详细分析的基础上，对应急救援中的各个方面做出具体、周密而细致的安排，因而现场处置方案具有更强的针对性和对现场具体救援活动的指导性。

四、应急预案的要素

应急预案是针对各级各类可能发生的事故和所有危险源制定的应急方案，必须考虑事前、事中、事后的各个过程中相关部门和有关人员的职责、物资、装备的储备、配置等方方面面的需要。概括起来，应急预案主要包括：方针与原则、应急策划、应急准备、应急响应、应急恢复、预案改进6个基本要素。这6个基本要素是编制应急预案的最基本因素，也可以说是一级要素，构成了应急预案编制的基本程序和编制框架。

（一）方针与原则

任何应急预案操作体系，首先必须有明确的方针和原则，作为开展应急救援工作的总则。

方针与原则反映了应急救援工作的优先方向、政策、范围和总体目标。应急策划、准备、响应程序的制定、现场救援行动、应急恢复，都要围绕方针和原则开展。

预防是事故应急救援工作的基础。事故应急救援工作坚持"防为上、救为下"的方针，贯彻统一指挥、分级负责；条块结合、属地为主；单位自救和社会救援相结合的原则，既要平时做好事故的预防工作，避免或减少事故的发生外，还要落实好救援工作的各项准备措施，做到预先有准备，一旦发生事故就能及时实施救援。

（二）应急策划

应急策划，就是为依法编制应急预案，并满足应急预案的针对性、科学性、实用性、可操作性要求，而进行的危险辨识与风险评估、预案对象确定、企业应急资源与应急能力现状评估等前期策划工作。

应急预案最重要的特点是要有针对性、科学性、实用性、可操作性。因此，编制应急预案，首先要根据针对性、科学性、实用性、可操作性要求，进行全面详细的策划。

应急策划的主要任务如下。

（1）危险辨识与风险评估，对企业内的所有危险源进行辨识，对潜在的事故类型进行分类，并从严重度与发生概率上进行风险评估。

（2）明确预案的对象，在风险评估的基础上，综合考察不可接受的重大风险，合理确定预案的对象。

（3）评估企业应急资源与应急能力现状，分析评估企业中应急救援力量和资源情况，明确可用的应急资源，为增加应急资源提供建设性意见。

（4）依法编制，在进行应急策划时，应当列出国家、地方相关的法律法规，作为制定预案和应急工作授权的依据。

（三）应急准备

能否成功地在应急救援中发挥应急预案的作用，取决于应急准备的充分与否。应急准备是根据应急策划的结果，主要针对可能发生的应急事件，应做好各项准备工作，具体包括：①明确应急组织及其职责权限；②应急队伍的建设；③应急人员的培训；④应急物资的储备；⑤应急装备的配备；⑥信息网络的建立；⑦应急预案的演练；⑧公众应急知识培训；⑨签订必要的互助协议等。

（四）应急响应

应急响应是在事故险情、事故发生状态下，在对事故情况进行分析评估的基础上，有关组织或人员按照应急预案所采取的应急救援行动。

应急响应的主要任务包括：①报警、接警与预警；②指挥与控制；③事态评估；④警报和紧急公告；⑤人员抢险；⑥工程抢险；⑦事态随机监测与评估；⑧警戒与治安；⑨人群疏散与安置；⑩医疗与卫生；⑪公共关系等。

（五）应急恢复

应急恢复是指当事故现场得以控制，环境符合有关标准，导致次生、衍生事故隐患消除后，为使生产、工作、生活和生态环境尽快恢复到正常状态，针对事故造成的设备损坏、厂房破坏、生产中断等后果，采取的设备更新、厂房维修、重新生产等措施。

（六）预案改进

为了保证应急预案的有效性、高效性，在应急救援行动结束后，应对应急预案从应急指挥、应急职责、救援方法、救援操作等方面进行全面评审，对错误项进行改正，对不合理项进行修正，对不足项进行完善，通过这些改进完善，使预案更合理、更科学、更符合实际、更有可操作性，提高应急救援能力与效果。

五、应急预案的编制过程和要求

针对可能发生的事故，结合危险分析和应急能力评估结果等信息，按照《国家突发公共事件总体应急预案》、《省（区、市）人民政府突发公共事件总体应急预案框架指南》、《生产经营单位生产安全事故应急预案编制导则》（GB/T 29639—2020）、政府部门预案和专项预案等有关规定和要求编制应急预案。

（一）应急预案的编制过程

应急预案编制过程中，应注重编制人员的参与和培训，充分发挥他们的专业优势，使他们掌握危险分析和应急能力评估结果，明确应急预案框架、应急过程的行动重点及应急衔接、联系要点等。同时，编制的应急预案应充分利用社会应急资源，考虑与政府应急预案、上级主管单位及相关部门的应急预案相衔接。

此外，预案编制时应充分收集和参阅已有的应急预案，应急资源的需求和现状及有关的法律法规要求，以最大可能减少工作量和避免应急预案的重复和交叉，并确保与其他相关应急预案的协调和一致。

应急预案编写过程如下：①确定应急对象；②确定行动的优先顺序；③按照任务书列出任务清单、工作人员清单和时间表；④编写分工。按任务清单与工作人员清单，进行合理分工；⑤集体讨论。定期不定期组织讨论，发现问题，及时改进；⑥初稿完成，征求意见，初步评审；⑦创造条件，进行应急演练，对预案进行验证；⑧评审定稿。

（二）应急预案编制的要求

《生产安全事故应急预案管理办法》规定，应急预案的编制应当符合下列基本要求：①符合有关法律、法规、规章和标准的规定；②结合本地区、本部门、本单位的安全生产实际情况；③结合本地区、本部门、本单位的危险性分析情况；④应急组织和人员的职责分工明确，并有具体的落实措施；⑤有明确、具体的事故预防措施和应急程序，并与其应急能力相适应；⑥有明确的应急保障措施，并能满足本地区、本部门、本单位的应急工作要求；⑦预案基本要素齐全、完整，预案附件提供的信息准确；⑧预案内容与相关应急预案相互衔接。

编制应急预案必须以科学的态度，在全面调查的基础上，实行领导与专家相结合的方式，开展科学分析与论证，使应急预案真正具有科学性、完整性、针对性、可操作性、指导性、符合性、衔接性和逻辑性。

任务四　安全生产事故应急预案的培训和演练

一、应急预案培训

《生产安全事故应急预案管理办法》规定，各级应急管理部门、生产经营单位应当采取多种形式开展应急预案的宣传教育，普及生产安全事故预防、避险、自救和互救知识，提高从业人员安全意识和应急处置技能。

（一）培训原则和范围

为提高应急救援人员的技术水平与应急救援队伍的整体能力，以便在事故的应急救援行动中，达到快速、有序、有效的效果，经常性地开展应急救援培训与演练应成为应急救援队伍的一项重要的日常性工作。应急救援培训与演练的指导思想应以加强基础、突出重点、边练边战、逐步提高为原则。应急救援培训与演练的基本任务是锻炼和提高队伍在突发事故情况下的快速抢险堵源、及时营救伤员，正确指导和帮助群众防护或撤离，有效消除危害后果、开展现场急救和伤员转送等应急救援技能和应急反应综合素质，有效降低事故危害，减少事故损失。

应急培训的范围应包括：①政府主管部门的培训；②社区居民的培训；③企业全员的培训；④专业应急救援队伍的培训。

（二）培训对象

应急预案培训对象包括：①政府各级相关领导；②政府各级相关部门人员；③企业各级领导；④企业专业应急救援人员；⑤企业一般应急救援人员；⑥企业其他人员；⑦临时外来人员；⑧消防队伍；⑨医疗卫生；⑩矿山、危险化学品、电力等专业工程抢险队伍。

（三）培训内容

基本应急培训是指对参与应急行动所有相关人员进行的最低程度的应急培训，要求应急人员了解和掌握如何识别危险、如何采取必要的应急措施、如何启动紧急情况警报系统、如何安全疏散人群等基本操作，尤其要加强火灾应急培训，以及危险物质事故应急的培训。火灾和危险品事故是常见的事故类型，因此，培训中要加强与灭火操作有关的训练，强调危险物质事故的不同应急水平和注意事项等内容，主要包括以下几方面：①报警；②疏散；③火灾应急培训；④不同水平应急者培训。

在具体培训中，通常将应急者分为5种水平，即初级意识水平应急者、初级操作水平应急者、危险物质专业水平应急者、危险物质专家水平应急者、事故指挥者水平应急者。每一种水平都有相应的培训要求。

二、应急救援预案演练

应急预案只是预想的作战方案，实际效果如何，还需要实践来验证。同时，熟练的应急技能也不是一日可得。因此，必须对应急预案进行经常性演练，验证应急预案的适用性、有效性，发现问题，改进完善。演练不是演戏，要从实际出发、突出实战、注重实效，不能走过场、不能流于形式、不能为演练而演练。演练形式可以多种多样，但都必须精心设计，周密组织。要针对演练中发现的问题，及时制定整改措施。要真正通过演练，使应急管理工作和应急管理水平得到完善和提高，使应急人员具有过硬的心理素质和熟练的操作技能，真正达到检验预案、磨合机制、锻炼队伍、提高能力、实现目标的目的。

特别强调：演练是为了保障人的安全而进行的，首先要保障演练人员的安全；演练是为保障财产安全而进行的，因此也要保障装置、设备的安全；同时，演练需要投入人力、物力、财力，要优选合理的演练方式，采用先进的手段，尽可能地降低演练的成本。

（一）演练类型

1. 根据演练规模划分

1）桌面演练

桌面演练是指由应急组织的代表或关键岗位人员参加的，按照应急预案及其标准工作程序，讨论紧急情况时应采取行动的演练活动。桌面演练的特点是对演练情景进行口头演练，一般是在会议室内举行。其主要目的是锻炼参演人员解决问题的能力，以及解决应急组织相互协作和职责划分的问题。

桌面演练一般仅限于有限的应急响应和内部协调活动，应急人员主要来自本地应急组织，事后一般采取口头评论形式收集参演人员的建议，并提交一份简短的书面报告，总结演练活动和提出有关改进应急响应工作的建议。桌面演练方法成本较低，主要为功能演练和全面演练做准备。

2）功能演练

功能演练是指针对某项应急响应功能或其中某些应急响应行动举行的演练活动，主要目的是针对应急响应功能，检验应急人员及应急体系的策划和响应能力。演练地点主要集中在若干个应急指挥中心或现场指挥部，并开展有限的现场活动，调用有限的外部资源。

功能演练比桌面演练规模更大，需动员更多的应急人员和机构，因而协调工作的难度也随着更多组织的参与而加大。演练完成后，除采取口头评论形式外，还应向地方提交有关演练活动的书面汇报，提出改进建议。

3）全面演练

全面演练指针对应急预案中全部或大部分应急响应功能，检验、评价应急组织应急运行能力的演练活动。全面演练一般要求持续几个小时，采取交互式方式进行，演练过程要求尽量真实，调用更多的应急人员和资源，并开展人员、设备及其他资源的实践性演练，以检验相互协调的应急响应能力。与功能演练类似，演练完成后，除采用口头评论、书面汇报外，还应提交正式的书面报告。

2. 根据演练的基本内容划分

1）基础训练

基础训练是应急队伍的基本训练内容之一，是确保完成各种应急救援任务的基础。基础训练主要包括队列训练、体能训练、防护装备和通信设备的使用训练等内容。训练的目的是使应急人员具备良好的战斗意志和作风，熟练掌握个人防护装备的穿戴、通信设备的使用等，

2）专业训练

专业技术关系到应急队伍的实战水平，是顺利执行应急救援任务的关键，也是训练的重要内容，主要包括专业常识、堵源技术、抢运和清消，以及现场急救等技术。通过专业训练，可使救援队伍具备一定的救援专业技术，有效地发挥救援作用。

3）战术训练

战术训练是救援队伍综合训练的重要内容和各项专业技术的综合运用，是提高救援队伍实战能力的必要措施。战术训练可分为班（组）战术训练和分队战术训练。通过训练，可使各级指挥员和救援人员具备良好的组织指挥能力和实际应变能力。

4）自选科目训练

自选科目训练可根据各自的实际情况，选择开展如防化、气象、侦检技术、综合演练等项目的训练，进一步提高救援队伍的救援水平。在确定训练科目时，专职救援队伍应以社会性救援需要为目标确定训练科目；兼职救援队应以本单位救援需要，兼顾社会救援的需要确定训练科目。救援队伍的训练可采取自训与互训相结合、岗位训练与脱产训练相结

合、分散训练与集中训练相结合的方法。在时间安排上应有明确的要求和规定。为保证训练有素，在训练前应制订训练计划，训练中应组织考核，演练完毕后应总结经验，编写演练评估报告，对发现的问题和不足应予以改进并跟踪。

（二）演练参与人员

应急演练的参与人员包括参演人员、控制人员、模拟人员、评价人员和观摩人员。这5类人员在演练过程中都有着重要的作用，并且在演练过程中都应佩戴能表明其身份的识别符。

1. 参演人员

参演人员是指在应急组织中承担具体任务，并在演练过程中尽可能对演练情景或模拟事件做出真实情景下可能采取的响应行动的人员，相当于通常所说的演员。参演人员所承担的具体任务主要包括救助伤员或被困人员、保护财产或公众健康、获取并管理各类应急资源、与其他应急人员协同处理重大事故或紧急事件。

2. 控制人员

控制人员是指根据演练情景，控制演练时间进度的人员。控制人员根据演练方案及演练计划的要求，引导参演人员按响应程序行动，并不断给出情况或消息，供参演的指挥人员进行判断、提出对策。其主要任务包括确保规定的演练项目得到充分的演练，以利于评价工作的开展；确保演练活动的任务量和挑战性；确保演练的进度；解答参演人员的疑问，解决演练过程中出现的问题；保障演练过程的安全。

3. 模拟人员

模拟人员是指演练过程中扮演、代替某些应急组织和服务部门或模拟紧急事件、事态发展的人员。其主要任务包括扮演、替代正常情况或响应实际紧急事件时应与应急指挥中心、现场应急指挥所相互作用的机构或服务部门；模拟事故的发生过程；模拟受害或受影响人员。

4. 评价人员

评价人员是指负责观察演练进展情况并予以记录的人员。其主要任务包括观察参演人员的应急行动，并记录观察结果；在不干扰参演人员工作的情况下，协助控制人员确保演练按计划进行。

5. 观摩人员

观摩人员是指来自有关部门、外部机构及旁观演练过程的观众。

复习思考题

1. 《安全生产法》中对安全生产应急管理有哪些规定？
2. 什么是重大危险源？我国辨识重大危险源的主要依据是什么？
3. 简述安全评价的程序。
4. 应急预案需具备的要素及编制要求有哪些？
5. 分析我国安全生产应急预案应用的现状与存在的问题。

项目九　职业健康安全管理

学习目标

➢ 掌握职业病的概念、特点，劳动保护的含义、意义。

➢ 了解职业安全健康管理体系概念、建立程序、体系构成及认证等。

➢ 熟悉劳动保护的基本任务、基本内容等内容。

任务一　职业健康与安全

一、职业病管理

现代社会是一个高度工业文明的社会，但是随着生产的发展，市场竞争日益加剧，社会往往过多地专注于发展生产，而有意无意地忽视了劳动者劳动条件和环境状况的改善，由此造成了不文明生产的现象。同时，由于许多新技术、新材料、新设备的广泛应用，以及新产业不断出现，生产过程中随之又产生和发现了许多前所未有的新的职业健康安全问题，如电磁辐射对人体的伤害是随着有关电磁波技术的广泛应用大量出现的。人类的活动造成资源耗费及生态环境破坏，产生以下问题：地球变暖，臭氧层被破坏，冰川面积缩减，海洋污染，淡水危机，土地沙化，酸雨频频，热带雨林面积锐减，动植物物种逐步消亡……人类意识到保护环境的重要性。

职业健康与安全状况是国家经济发展和社会文明程度的反映，所有劳动者获得健康与安全是社会公正、安全、文明、健康发展的基本标志之一，也是保持社会安定团结和经济持续、快速、健康发展的重要条件。

健康和安全关系到企业的可持续发展。安全生产事关劳动者的基本人权和根本利益。如果工伤事故和职业病对人民群众生命与健康的威胁长期得不到解决，会使劳动者感到不满。当这些问题累积到一定程度并突发震动性事件时，有可能成为影响社会安全和稳定的因素。人民群众的基本工作条件与生活条件得不到改善，也会直接影响到国家稳定发展的大局。据广东省的有关统计，在日益增多的劳动争议案件中，涉及职业健康与安全条件和工伤保险的已达 50%，安全生产可能直接影响到国家的政治、经济安全。两次世界大战间接地推动了职业健康的发展。第一次世界大战一个关键的影响就是当使用有毒物质和易爆物品时，要保证军队医护人员的健康。

OHS（Occupational Health Safety，职业健康安全）与 HSE 一样，是一种管理体系。在20世纪初期，国际劳工组织正式成立。成立的原因之一是为了保证那些设置了较高劳工标准的国家与没有较高劳工标准国家竞争时不被削弱竞争力。国际劳工组织设立在日内瓦，它的主要活动就是建立国际公约。鼓励国际劳工组织的成员国采用并认可这些公约，并迫使他们将这些公约融入本国的法律。欧盟、美国和一些非官方组织试图合并所谓的 7个国际劳工组织核心公约为国际贸易协定，但在亚太经济合作组织经贸论坛中某些国家并不支持它们。国际劳工组织公约共有 175 个，其中第 155 号是关于职业健康的，第 161 号是为所有雇员提供劳动保护设备的。（对"职业健康"这个词的理解通常包含职业安全）当某个国家同意某个公约时，同时也会通过立法保障公约的实施。

第 161 号公约和第 171 号建议书提出了这样的问题：如何向所有雇员提供职业健康的服务？这些服务到什么程度才能达到基本健康的要求？例如，在芬兰，为了提供财政上的支持，社会保障局负责提供公司职业健康的服务费用的 55%。提供服务的公司应该是被认可的机构。

根据国际劳工组织近年的统计数字，全球每年发生各类伤亡事故大约为 2.5 亿起，这意味着每天发生 68.5 万起，每小时发生 2.8 万起，每分钟发生 475.6 起。全世界每年死于工伤事故和职业病危害的人数约为 110 万人，其中约 25% 为职业病引起的死亡。国际劳工组织 2019 年发布报告中提到：全球大约 36% 的劳动人口工作时间过长，即每周工作时长超过 48 个小时。全球每天约有 6500 人死于职业病，另有约 1000 人死于工作造成的意外事故。此外，每年全球还有超过 3.7 亿人因工作相关的意外受伤或生病。在这些工伤事故和职业病危害中，发展中国家所占比例甚高，如中国、印度等国家工伤事故死亡率比发达国家高出一倍。

改革开放以来，我国国民经济一直保持着高速增长，但作为社会进步主要标志之一的职业健康安全工作却远滞后于经济建设的步伐。重大恶性工伤事故频频发生与职业病人数居高不下一直是困扰我国经济社会发展的难题。

人力资源和社会保障部发布《2021 年度人力资源和社会保障事件发展统计公报》：全年认定工伤 129.9 万人，评定伤残等级 77.1 万人，全国参加工伤保险人数为 28287 万人；截至 2022 年年底，全国工伤保险参保人数分别为 29112 万人。近年来，尘肺病等重点职业病高发势头得到初步遏制，劳动者职业健康权益进一步得到保障。全国报告新发职业病病例数从 2017 年的 26756 例下降至 2021 年的 15407 例，降幅达 42.4%；其中，报告新发职业性尘肺病病例数从 2017 年的 22710 例下降至 2021 年的 11809 例，降幅达 48.0%。

工伤事故和职业危害不但威胁千百万劳动者的生命与健康，还给国民经济造成巨大损失，每年因工伤事故直接损失数十亿元人民币，职业病的损失近百亿元人民币。据粗略估算，近几年中国每年因此而造成的经济损失在（800~2000）亿元人民币。这种形势对职业健康安全工作提出了紧迫而严肃的要求，改善中国职业健康安全状况、加强职业健康安全管理已成为重中之重、急而又急的任务。

（一）职业安全与职业病

职业安全问题是人类自从开始从事生产劳动就必须面对的问题。换言之，安全是伴随着生产过程而存在的，是与生产过程共存的过程。尤其是从工业革命开始以后，随着机器大工业的发展各种生产事故也逐渐增多。其后的第二次和第三次工业革命，推动了电力、石油、核能等新能源的推广。这些新能源和新机器的使用，固然在一定程度上减轻了劳动者的劳动强度，但是它们的不安全因素所造成的事故却更加具有破坏力。所以，产业的不断变革对劳动者的职业健康和安全不断提出新的挑战。

早期保障劳动者的职业安全的形式有安全人机工程、防护设施和经济赔偿等。随着对安全理论研究的进一步深入，逐渐出现了安全系统工程、工业卫生学、安全心理学、职业医学、人体工程学和人类工效学等新兴学科。

然而对于安全的概念，目前并不统一，主要可分为绝对安全观和相对安全观两种。绝对安全观认为，安全是没有危险，不存在威胁，不会出事故的，即消除了能导致人员伤害，发生疾病、死亡或造成设备财产破坏、损失，以及危害环境的条件。但是由于事故的发生有一定的概率，从而不能忽视在概率论中所谓"没有零概率现象"的理论和偶然独立法则。因此，从严格的意义上讲，绝对安全在现实生活中是不存在的，它只能是一种极端理想的状态。相对安全观认为，安全是在具有一定危险条件下的状态，安全并非绝对无事故。由此可以引申出事故与安全是对立的，但事故并不意味着不安全，而只是在安全与不安全这对矛盾过程中某些瞬间突变结果的外在表现。安全不是瞬间的结果，而是对系统在某一时期、某一阶段过程状态的描述。换言之，安全是一个动态过程。

一般地，可以将安全定义为：在生产过程中，能将人员伤亡或财产损失控制在可接受水平状态，如果人员或财产遭受损失的可能性超过了可接受水平，即不安全。该安全指的是生产领域的安全问题，既不涉及军事或社会意义的安全与保安，也不涉及与疾病有关的安全。它是对于某一过程状态的描述，具有动态性的特点。

作为安全的对立面，可将危险定义为：在生产过程中，人员或财产遭受损失的可能性超出了可接受范围的一种状态。危险与安全一样，也是与生产过程共存的一种过程，是一种连续性的过程状态。危险包含了各种隐患，包含尚未为人所认识的和虽为人所认识但尚未为人所控制的各种潜在威胁，同时还包含了安全与不安全这对矛盾斗争过程中，某些瞬间突变发生外在表现的事故结果。

职业病是指劳动者在生产劳动及其他职业活动中，当工业毒害、生物因素、不良的气象条件、不合理的劳动组织、恶劣的卫生条件等职业性有害因素，作用于人体并造成人体功能性或器质性病变时所引起的疾病。纳入工伤保险范畴内的职业病是由国家规定的法定职业病。

（二）职业病的特点

1. 职业病病因明确

《职业病防治法》中规定，职业病是指企业、事业单位和个体经济组织的劳动者在职业活动中，因接触粉尘、放射性物质和其他有毒、有害物质等因素而引起的疾病。这就明确了职业病的病因指的是对从事职业活动的劳动者可能导致职业病的各种职业病危害因素。职业病危害因素包括职业活动中存在的各种有害的化学、物理、生物因素，以及在作业过程中产生的其他职业有害因素。

职业病的发生与其接触的职业病危害的种类、性质、浓度或强度有关。有些职业病病人，在医学检查时往往无特殊表现，或者表现为一般症状（如头晕、头痛、无力、食欲减退及白细胞减少等）。例如，某病人在劳动过程中经常接触浓度较高的苯，按照职业病诊断标准，应考虑到是否属于接触苯导致的职业病病变。一个在强噪声影响下的工人，听力逐渐降低，就要考虑是否属职业病病变。从另一个角度讲，只有控制和消除职业病危害因素，才能控制职业病的发生。

2. 职业病表现多样

职业病的发病表现多种多样，有急性的、慢性的，还有接触职业病危害后经过一段时间缓慢发生的，也有长期潜伏性的。例如，吸入氯气、氨气等刺激性气体后，会立即出现流泪、畏光、结膜充血、流涕、呛咳等不适，严重者可发生喉头痉挛水肿、化学性肺炎。

又如，吸入二氧化碳、光气、硫酸二甲酯等刺激性气体后，往往要经过数小时至 24 h 的潜伏期才出现较明显的呼吸系统症状。从事采矿、石英喷砂、地下掘进等接触大量矽尘的作业者，经过数年或十余年后才能发生矽肺病。还有接触石棉、苯氯乙烯等致癌物者，往往在接触 1~20 年后才显示出职业性癌肿。有时同一种毒物，其毒性表现也不一样。例如，硫化氢急性中毒可导致电击样猝死，而在低浓度时主要出现刺激症状，急性苯中毒表现为麻醉症状，慢性苯中毒主要是对血液系统的影响。职业病的病变不仅限于这些，还涉及精神科、神经科、血液科、呼吸科、皮肤科、眼科、耳鼻喉科等。

3. 职业病防治政策性强

职业病的诊断与治疗，应按照《职业病防治法》及其配套规章、职业病诊断标准进行。

职业病诊断治疗机构应具备法律效力，必须由省级以上人民政府卫生行政部门批准的医疗卫生机构承担。

职业病诊断的定性，必须具备诊断的依据。其病因是劳动者在企事业单位和个体经济组织从事职业活动中，因接触粉尘、放射性物质和其他有毒、有害物质等因素。因此，涉及用人单位的劳动生产环境等一系列问题，对职业病的处理不能等同一般性疾病的诊断。

职业病患者一经诊断，就有权按照有关工伤保险的规定，享受工伤保险待遇，如医疗费、住院伙食补助费、康复费、残疾用具费、停工留薪期间待遇、生活护理补助费、一次性伤残补助费、伤残津贴、死亡补助金、丧葬补助金、供养亲属抚恤金及国家规定的其他工伤保险待遇等。

（三）职业病的范围

由于职业病危害因素的种类很多，导致职业病的范围很广，不可能把所有的职业病的防治都纳入《职业病防治法》的调整范围。根据我国的经济发展水平，并参考国际通行做法，当务之急是严格控制对劳动者身体健康危害严重的几类职业病。

2013 年 12 月 30 日，国家卫生和计划生育委员会公布了由人力资源和社会保障部、安全生产监督管理总局、全国总工会共同印发的《职业病分类和目录》。修订后的《职业病分类和目录》将职业病调整为 132 种（含 4 项开放性条款）。

（1）职业性尘肺病及其他呼吸系统疾病。包括：砂肺、煤工尘肺、石墨尘肺、炭黑尘肺、石棉肺、滑石尘肺、水泥尘肺、云母尘肺、陶工尘肺、铝尘肺、电焊工尘肺、铸工尘肺，根据《尘肺病诊断标准》和《尘肺病理诊断标准》可以诊断的其他尘肺，过敏性肺炎、棉尘病、哮喘、金属及其化合物粉尘肺沉着病（锡、铁、锑、钡及其化合物），刺激性化学物所致慢性阻塞性肺疾病，硬金属肺病。

（2）职业性放射性疾病。包括：外照射急性放射病、外照射亚急性放射病、外照射慢性放射病、内照射放射病、放射性皮肤疾病、放射性肿瘤、放射性骨损伤、放射性甲状腺疾病、放射性性腺疾病、放射复合伤，根据《职业性放射性疾病诊断标准（总则）》可以诊断的其他放射性损伤。

（3）职业性化学中毒。包括：铅及其化合物中毒（不包括四乙基铅）、汞及其化合物中毒等。

（4）物理因素所致职业病。包括：中暑、减压病、高原病、航空病、手臂振动病、激光所致眼（角膜、晶状体、视网膜）、冻伤。

（5）职业性传染病。包括：炭疽、森林脑炎、布氏杆菌病、艾滋病（限于医疗卫生人员及人民警察）、莱姆病。

（6）职业性皮肤病。包括：接触性皮炎、光敏性皮炎、电光性皮炎、黑变病、痤疮、溃疡、化学性皮肤灼伤，根据《职业性皮肤病诊断标准（总则）》可以诊断的其他职业性皮肤病、白斑。

（7）职业性眼病。包括：化学性眼部灼伤、电光性眼炎、职业性白内障（含放射性白内障、三硝基甲苯白内障）。

（8）职业性耳鼻喉口腔疾病。包括：噪声聋、铬鼻病、牙酸蚀症、爆震聋。

（9）职业性肿瘤。包括：石棉所致肺癌、间皮瘤、联苯胺所致膀胱癌、苯所致白血病、氯甲醚所致肺癌、砷所致肺癌、皮肤癌、氯乙烯所致肝血管肉瘤、焦炉工人肺癌、铬酸盐制造业工人肺癌、毛沸石所致肺癌、胸膜间皮瘤、毛沸石所致肺癌等。

（10）其他职业病。包括：金属烟热、职业性哮喘、职业性变态反应性肺泡炎、棉尘病、煤矿井下工人滑囊炎、股静脉血栓综合征、股动脉闭塞症或淋巴管闭塞症（限于刮研作业人员）。

（四）工作场所压力与疾病

数年来，人们对"压力"一词的定义如下。

（1）任何扰乱人体自然平衡的作用。

（2）对袭击的正常反应（汉斯·赛耶，1936年）。

（3）持续焦躁的感觉，并在一段时间后会导致疾病。

（4）因无法解决问题而引起的心理反应。

通常情况下，压力环境是指个人无法妥善处理，或者个人认为自己无法妥善处理的环境，压力环境会导致不必要的体力、精神或情绪反应。压力反映了对个人的某种要求，可以将其理解为一种威胁，压力能产生典型的"逃跑或反抗"反应，造成心理失衡并影响个人绩效。尤其关系到人们如何处理他们在工作场所、家里和其他场合遭遇的变故。但是，值得注意的是，并非所有的压力都是百害而无一利的。我们都需要一定的压力（正面压力）来应对不断出现的实际问题。

在压力管理中，经常提到角色理论。角色理论将大部分大型企业视为由连锁角色组成的系统。这些角色涉及当事人要做什么，以及别人期待他们做什么。导致问题产生的原因如下。

（1）角色不明。角色不明是指角色扮演者接收的信息不足以执行他的角色，或者指其接收的信息可以有多种解释。如果采取的措施与显现的效果之间存在时间间隔，或者如果角色扮演者无法预见自己的行为所产生的后果，那么就可能持续角色不明的状况。

（2）角色冲突。如果与角色扮演者交流信息的其他组织成员对角色扮演者的角色有不同的期望，那么角色冲突就会应运而生（健康与安全专家常常苦于这种冲突）。所有人都可以给角色扮演者施加压力，通常，满足一个人的期望值就难以顺应其他人的期望。这就是典型的"一仆两主"的情形。

（3）角色过载。角色过载是由角色不明和角色冲突造成的。角色扮演者更加努力，以达到常规的期望值，或者去满足相互矛盾的优先项目的要求，这通常是不可能在规定的时间期限内完成的。

研究表明，角色冲突、不明和过载现象越多，工作的满意程度就越低。同时还可能伴有忧虑和焦躁情绪。这些因素可能导致与压力相关的疾病，以及胃溃疡、冠心病和精神崩溃。

二、职业健康安全管理体系

世界卫生组织报告："健康不仅仅是没有疾病和衰弱的表现，而是生理上、心理上和社会适应方面的一种完好的状态。"现代人健康的十条标准是：精力充沛，不感觉疲劳、处世乐观，敢于承担责任、善于休息，睡眠良好、适应环境，应变能力强、能抵御一般性感冒和传染性疾病、体重适中，身材匀称、眼睛明亮，没有炎症、牙齿清洁，无龋齿和痛感、头发有光泽，无头屑、肌肤丰满有弹性，走路轻松均匀。只有真正健康的人，才能充满激情，乐观活跃，洞彻事理，意欲温和，散发平静欢愉的气质和无限能量，成为人群中最闪亮的焦点，而这些不是身份与财富能代替的。

（一）职业健康安全管理体系概述

职业安全健康管理体系是指为建立职业安全健康方针和目标，以及实现这些目标所制定的一系列相互联系或相互作用的要素。它是职业安全健康管理活动的一种方式，包括影响职业安全健康绩效的重点活动与职责，以及绩效测量的方法。职业安全健康管理体系的运行模式可以追溯到一系列的系统思想，最主要的是戴明的 PDCA 概念。在此概念的基础上结合职业安全健康管理活动的特点，不同的职业安全健康管理体系标准提出了基本相似的职业安全健康管理体系运行模式，其核心都是为生产经营单位建立一个动态循环的管理过程，通过周而复始地进行"计划、实施、监测、评审"活动，使体系功能不断加强。它要求组织在实施 OHSMS 时始终保持持续改进意识，对体系进行不断修正和完善，最终实现预防和控制工伤事故、职业病及其他损失的目标。ILO-OSH 2001 的运行模式，如图 9-1 所示。职业健康安全管理体系（OHSAS 18001）的运行模式为职业安全健康方针、策划、实施与运行、检查与纠正措施、管理评审。

图 9-1　ILO-OSH 2001 的运行模式

建立与实施职业安全健康管理体系有助于生产经营单位建立科学的管理机制，采用合理的职业安全健康管理原则与方法，持续改进职业安全健康绩效（包括整体或某一具体职业安全健康绩效），有助于生产经营者积极主动地贯彻执行相关职业安全健康法律法规，并满足其要求，有助于大型生产经营单位（如大型现代联合企业）的职业安全健康管理功能一体化，有助于生产经营单位对潜在事故或紧急情况做出响应，有助于生产经营单位满足市场要求，有助于生产经营单位获得注册或认证。总之，通过实施 OHSAS 18001 标准，可最终达到减少意外事故的机会，减少事故的直接、间接经济损失，提高组织的形象和市场竞争力，符合法律、法规的要求。

职业安全健康评价系列（Occupational Health and Safety Assessment Series，OHSAS）法律法规体系，自 20 世纪 80 年代末开始，一些发达国家率先开展了研究及实施职业安全健康管理体系的活动，国际标准化组织（International organization for standardization，ISO）及国际劳工组织研究和讨论职业健康安全管理体系（OHSMS）标准化问题，许多国家也相应建立了自己的工作小组，开展这方面的研究，并在本国或所在地区发展这一标准，为了适应全球日益增加的职业安全健康管理体系认证需求。

OHSAS 18000 系列标准是由英国标准协会（British Standards Institution，BSI）、挪威船级社（DET NORSKE VERITAS，DNV）等 13 个组织于 1999 年联合推出的国际性标准，在目前 ISO 尚未制定的情况下，它起到了准国际标准的作用。其中，OHSAS 18001 标准是认证性标准，它是组织（企业）建立职业健康安全管理体系的基础，也是企业进行内审和认证机构实施认证审核的主要依据。职业健康安全管理体系是 20 世纪 80 年代后期在国际上兴起的现代安全生产管理模式，它与 ISO 9000 和 ISO 14000 等标准体系一并被称为"后工业化时代的管理方法"。职业健康安全管理体系产生的主要原因是企业自身发展的要求。随着企业规模扩大和生产集约化程度的提高，对企业的质量管理和经营模式提出了更高的要求。企业必须采用现代化的管理模式，使包括安全生产管理在内的所有生产经营活动科学化、规范化和法制化。

目前，职业健康安全管理体系已被广泛关注，包括组织的员工和多元化的相关方（如居民、社会团体、供方、顾客、投资方、签约者、保险公司等）。标准要求组织建立并保持职业安全与卫生管理体系，识别危险源并进行安全评价，制定相应的控制对策和程序，以达到法律法规要求并持续改进。在组织内部，体系的实施以组织全员（包括派出的职员、各协力部门的职员）活动为原则，并在一个统一的方针下开展活动，这一方针应为职业安全健康管理工作提供框架和指导作用，同时要向全体相关方公开。

（二）职业健康安全管理体系的常用知识要点

1. 概念和术语

（1）安全生产方针：安全第一、预防为主、综合治理。

（2）安全生产原则：管生产必须管安全、管业务必须管安全、管行业必须管安全。

（3）"三同时"：新、改、扩建工程项目的劳动安全卫生设施必须与主体工程同时设计、同时施工、同时投入生产和使用。

（4）"三级教育"：对新员工（含实习人员）进行的安全教育包括公司级、车间级、班组级。

（5）"三不放过"：事故原因分析不清不放过，事故责任者和其他员工没有受到教育不放过，没有制定出防范措施不放过。

2. 建立至少 11 个程序

11 个程序包括：危险源辨识，法律与其他要求，培训意识与能力，信息交流，文件管理，运行控制，应急准备和响应，监测，事故、事件、不符合、纠正与预防措施，记录及记录管理，审核。

3. 体系构成与认证

2003 年以来，我国陆续出台了不同行业的系列指导文件，包括《建筑企业职业安全健康管理体系实施指南》《金属非金属矿山企业职业安全健康管理体系实施指南》《化工企业职业安全健康管理体系实施指南》《小企业职业安全健康管理体系实施指南》《煤矿企业职业安全健康管理体系实施指南》等，这系列文件的指导思想是预防和控制工作事故职业病。

1）OHSAS 标准构成

国家经济贸易委员会颁布的 OHSAS 试行标准由范围、术语和定义、职业健康安全管理体系要素三部分组成。

（1）范围：提出了对职业健康安全管理体系的基本要求，目的是使组织能够控制其职业安全卫生危险，持续改进职业安全卫生绩效。

（2）术语和定义：提出了"事故""危害""危害辨识""危害评价"等 25 个术语和定义。

（3）职业健康安全管理体系由 28 个要素组成。

2）获得认证的条件及其实施意义

企业要想获得 OHSAS 18001 认证需满足以下条件：

（1）按 OHSAS 18001 标准要求建立文件化的职业健康安全管理体系。

（2）体系运行 3 个月以上，覆盖标准的全部 28 个要素。

（3）遵守适用的安全法规，事故率低于同行业平均水平，接受国家认证认可监督管理委员会授权的认证机构第三方审核并获通过。

企业获得认证意义在于，通过实施认证可全面规范、改进企业职业健康安全管理，保障企业员工的职业健康与生命安全，保障企业的财产安全，提高工作效率；可改善与政府、员工、社区的公共关系，提高企业声誉；提供持续满足法律要求的机制，降低企业风险，预防事故发生；克服产品及服务在国内外贸易活动中的非关税贸易壁垒，取得进入市场的通行证；提高金融信贷信用等级，降低保险成本；提高企业的综合竞争力等。

3）主要认证流程

建立职业健康安全管理体系一般要经过 OHSAS 标准培训、制订计划、职业安全健康管理现状的评估（初始评审）、职业健康安全管理体系设计、职业健康安全管理体系文件编写、体系运行、内审、管理性复查（或称管理评审）、纠正不符合规定的情况、外部审核等基本步骤，主要认证流程，如图 9-2 所示。

（1）领导决策与准备：领导决策、提供资源、任命管代、宣贯培训。

（2）初始安全评审：识别并判定危险源、识别并获取安全法规、分析现状、找出薄弱环节。

（3）体系策划与设计：制定职业健康安全方针、目标、管理方案，确定体系结构、职责及文件框架。

（4）编制体系文件：编制职业健康安全管理手册、有关程序文件及作业文件。

（5）体系试运行：各部门、全体员工严格按体系要求规范自己的活动和操作。

（6）内审和管理评审：体系运行 2 个多月后，进行内审和管评，自我完善改进。

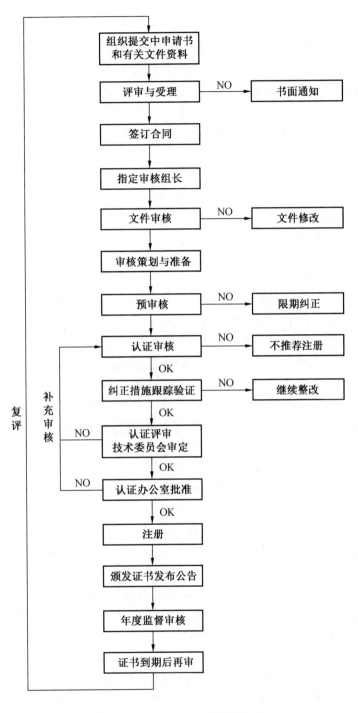

图 9-2 OHSAS 1800 认证流程图

4. OHSAS 咨询程序和内容

1) 标准宣贯

咨询组对被咨询企业（以下简称"企业"）的领导层、管理层和骨干层进行集中动员和培训，主要内容包括：

（1）OHSMS 的产生发展和现状。

（2）企业建立和推行职业健康安全管理体系标准的意义。

（3）OHSMS 标准的基本内容、特点和运行模式。

（4）OHSMS 标准、ISO 14000 标准与 ISO 9000 标准的相互关系。

（5）建立 OHSMS 的基本过程和重点、难点。

（6）各部门和各级领导在建立和实施 OHSMS 中的职责。

2）内审员培训

对企业选定的内审员进行系统培训，包括：

（1）职业健康安全管理体系标准讲解及练习。

（2）审核程序讲解。

（3）审核技巧、方法、要求、案例练习。

（4）复习及考试（考试合格者颁发内审员合格证书）。

3）初始状态评审指导

咨询组向企业体系建立工作小组讲解初始状态评审的内容方法，并与工作小组一起对企业进行初始状态评审，主要内容包括以下几点。

（1）辨识组织活动、产品或服务中的危险源，进行安全评价分级。

（2）明确适用于组织的职业安全卫生法律、法规和其他要求。

（3）评价组织对于职业安全卫生法律、法规的遵循情况。

（4）评审过去的事故经验、赔偿经验、失败结果和有关职业安全卫生方面的评价。

（5）评价投入到职业安全卫生管理的现存资源的作用和效率。

（6）识别现存管理体系与标准之间的差距。

4）职业健康安全管理体系策划

（1）根据初始状态评审的结果对职业健康安全管理体系的关键要素进行策划。

（2）确定职业安全卫生管理组织机构和职责。

（3）确定职业安全卫生方针、重大危险源分级、制定职业安全卫生目标和指标、职业安全卫生管理方案。

5）体系文件编写指导

咨询组对企业文件编写小组讲解如何编写职业健康安全管理体系文件。

（1）讲解 OHSMS 文件的基本要求和内容，手册、程序文件编写的内容和方法。

（2）实例分析和讨论。

6）文件评审及修改

文件编写小组通过咨询师的指导进行文件编写。在完成第一稿文件后，咨询师将会在预定的时间内对文件初稿进行修改，并提交文件修改意见，与企业有关人员进行讨论并修订。体系文件最终同时提交企业领导和咨询委员会进行审定并定稿。

7）体系开始试运行

文件定稿后企业最高领导者正式发布文件，体系开始进入试运行阶段。企业在咨询师指导下，对各部门各级人员进行职业健康安全管理体系和文件相关内容的培训。各部门根据文件要求进行体系试运行，同时做好运行记录。

8）内审指导及协助整改

体系通过三个月左右的试运行后，咨询师指导企业内审员制订内部审核计划并实施内审。内审结果将提交管理层。在认证审核前应至少做两次内审。对内审中发现的问题，企业在咨询师指导下进行整改。

9）管理评审

根据内审结果和文件的要求，企业进行管理评审。管理评审应由最高管理者主持，对体系的有效性和充分性进行评审，提出改进意见，使得企业职业健康安全管理体系不断完善。

10）模拟审核和认证准备

咨询委员会将组织模拟审核小组，按照认证机构的审核程序和要求对企业职业健康安全管理体系进行全面审核，尽可能找出体系中的问题，同时提出整改意见。根据模拟审核的结果，协助企业做认证审核前期的有关工作，使认证审核能够顺利通过。

建立职业健康安全管理体系对企业的意义：提升企业形象，扩大企业美誉度、消除危险源，鼓励员工士气、杜绝事故发生，降低经营成本、改善人权形象，扩大市场占有率、打破贸易壁垒，开拓国际市场。

5. OHSAS 培训方案设计

OHSAS 18001 培训课程设计，见表 9-1。

表 9-1 OHSAS 18001 培训课程

OHSAS 18001 基础知识	什么是 OHSAS 18001 标准
	OHSAS 18001 与 ISO 9001、ISO 14001 标准的关系
	OHSAS 18001 标准条文解析
职业安全卫生法律法规介绍 危害识别、危险评价与预防措施	我国职业健康安全管理体系
	职业健康安全管理制度
	女职工和未成年员工的职业健康安全
	职业健康安全标准
	危害、危险因素的产生和分类
	危害辨别
	危险评价
	事故预防对策
OHSAS 18001 体系文件编写指导	文件与策划
	文件编写格式与风格
	文件与 ISO 9001、ISO 14001 的关系
OHSAS 18001 标准内审员培训	职业健康安全内审员概述
	职业健康安全案例分析
	职业健康安全审核技巧

任务二 劳 动 保 护

一、劳动保护的定义

劳动保护是国家和单位为保护劳动者在劳动生产过程中的安全和健康所采取的立法、组织和技术措施的总称。从这个简短的定义中可以看出，劳动保护的对象很明确，是保护从事劳动生产的劳动者。劳动保护的另一个含义是依靠技术进步和科学管理，采取技术措施和组织措施，来消除劳动过程中危及人身安全和健康的不良条件和行为，防止伤亡事故和职业病危害，保障劳动者在劳动过程中的安全和健康的一门综合性科学。保护劳动者在生产劳动过程中的安全与健康，是中国共产党和我们国家的一项基本方针，是坚持社会主义制度的劳动保护本质要求，是发展生产、促进经济建设的一项根本性大事，也是社会主义物质文明和精神文明建设的一项重要内容。

（一）劳动保护是我国的一项基本政策

"加强劳动保护，改善劳动条件"，是载入《宪法》的神圣规定。中华人民共和国成立以来，中国共产党和人民政府十分重视劳动保护工作。早在 1956 年国务院发布《工厂安全卫生规程》《建筑安装工程安全技术规程》和《工人职员伤亡事故报告规程》时就指出："改善劳动条件，保护劳动者在生产劳动中的安全健康，是我们国家的一项重要政策。"国家正在不断通过健全劳动保护立法，强化劳动保护监察和安全生产管理，推进安全技术、职业卫生技术与有关工程等措施，来保证《宪法》所要求的这一基本政策的实现。

既然保护劳动者在生产劳动中的安全健康是中国共产党和我们国家的一项基本政策，当然更是社会主义国家各类企业劳动保护进行经营管理的基本原则。只有加强劳动保护，才能确保安全生产，从而改变长期以来不少企业中工伤事故频繁和职业危害严重的不良局面。不然，势必严重损害千百万职工的切身利益，伤害他们建设社会主义的积极性和主观能动精神，不利于社会安全和现代化建设事业的持续、稳定发展。所有这些，都有悖于中国共产党和社会主义制度国家的根本宗旨，损害国家在国际上的形象，必须努力防止。

（二）劳动保护是促进国民经济发展的重要条件

劳动保护不仅包含着重要的政治意义，从某种意义上来说，劳动保护还有着深刻的经济意义。在生产过程中，人是最宝贵的，人是生产力诸要素中起决定作用的因素。探索和认识生产中的自然规律，采取有效措施，消除生产中不安全和不卫生因素，可以减少和避免各类事故的发生；创造舒适的劳动环境，可以激发劳动者热情，充分调动和发挥人的积极性，这些都是提高劳动生产率，提高经济效益的基本保证。同时，加强劳动保护工作，还可减少因伤亡事故和职业病所造成的工作日损失和救治伤病人员的各项开支；减少由于设备损坏、财产损失和停产造成的直接或间接经济损失。这些都与提高经济效益密切相关。

经济发展的经验表明，搞好劳动保护是发展经济的一条客观规律。人们很好地认识它和利用它，就能达到理想的效劳动保护果；反之，就会受到处罚。例如，美国在印度博帕尔化学公司甲基异氰酸盐贮罐泄漏，导致大量毒气外泄事故；苏联切尔诺贝利核电站 4 号反应堆爆炸，导致大量放射性物质严重污染大气事故；中国哈尔滨亚麻厂粉尘爆炸事故；

中国山西三交河煤矿特大瓦斯煤尘爆炸事故，都造成了巨大的人身伤亡和经济损失，污染了环境，破坏了生态平衡，扰乱了社会生产的正常秩序。

二、劳动保护的任务

（1）不断改善劳动条件，使不安全的、有害健康的作业安全化、无害化，使繁重的体力劳动机械化、自动化，实现安全生产和文明生产。

（2）规定法定工时和休假制度，限制加班加点，保证劳动者有适当的休息时间和休假日数。

（3）根据妇女劳动者生理特点，实行特殊保护。

三、劳动保护的基本内容

《劳动法》规定，用人单位必须建立、健全劳动安全卫生制度，对劳动者进行劳动安全卫生教育，防止事故，减少职业危害；为劳动者提供符合国家规定的劳动安全卫生条件和必要的劳动防护用品，对从事有职业危害作业的劳动者进行定期的健康检查；对从事特种作业的劳动者进行专门培训。劳动保护的基本内容主要包括以下两方面。

（一）劳动安全保护

为了保护劳动者的劳动安全，防止和消除劳动者在劳动和生产过程中的伤亡事故，防止生产设备的误操作，我国《劳动法》和其他相关法律、法规制定了劳动安全技术规程。安全技术规程的要包括：①机器设备的安全；②电气设备的安全；③锅炉、压力的容器的安全；④建筑工程的安全；⑤交通道路的安全。企业必须按照这些安全技术规程使各种生产设备达到安全标准，切实保护劳动者的劳动安全。

（二）劳动卫生保护

为了保护劳动者在劳动生产过程中的身体健康，避免有毒、有害物质的危害，防止、消除职业中毒和职业病，我国制定了有关劳动卫生方面的法律、法规：《劳动法》《环境保护法》《工厂安全卫生规程》《国务院关于加强防尘防毒工作的规定》《关于防止厂矿企业中粉尘危害的决定》《工业企业设计卫生标准》《工业企业噪声劳动保护卫生标准》《防暑降温暂行办法》《中华人民共和国关于防治尘肺病条例》《用人单位职业健康监护监督管理办法》《职业卫生技术服务机构监督管理暂行办法》《建设项目职业卫生"三同时"监督管理暂行办法》等。这些法律、法规都制定了相应的劳动卫生规程，主要包括以下内容：①防止粉尘危害；②防止有毒、有害物质的危害；③防止噪声和强光的刺激；④防暑降温和防冻取暖；⑤通风和照明；⑥个人保护用品的供给。企业必须按照这些劳动卫生规程达到劳动卫生标准，才能切实保护劳动者的身体健康。

复习思考题

1. 什么是职业病？职业病的特点有哪些？
2. 我国目前规定职业病种类有哪些？
3. 简述职业健康与管理体系的构成要素。
4. 如何加强劳动保护，避免或减少职业危害？

项目十　现代企业安全管理

学习目标

➢ 掌握矿山、化工高危险行业的安全管理知识。

➢ 了解特种设备和消防的安全管理方法。

➢ 学习现场安全管理的基础知识。

➢ 掌握现场急救的方法。

任务一　矿山企业安全管理

一、矿山企业安全管理概述

矿山企业安全管理是指对生产过程中安全工作的管理，是矿山企业管理的重要组成部分，是管理层对企业安全工作进行计划、指挥、协调和控制的一系列活动，借以保护职工的安全和健康，保证矿山企业生产的顺利进行，促进企业提高生产效率。

（一）矿山企业安全管理的目的

矿山企业安全管理的目的是提高矿井灾害防治科学水平，预先发现、消除或控制生产过程中的各种危险，防止发生事故、职业病和环境灾害，避免各种损失，最大限度地发挥安全技术措施的作用，提高安全投入效益，推动矿井生产活动的正常进行。

（二）矿山企业安全管理的内容

矿山企业安全管理的内容主要包括以下 3 个方面。

1. 安全管理的基础工作

安全管理的基础工作包括建立纵向专业管理、横向各职能部门管理，以及与群众监督相结合的安全管理体制，以企业安全生产责任制为中心的规章制度体系，安全生产标准体系，安全技术措施体系，安全宣传及安全技术教育体系，应急与救灾救援体系，事故统计、报告与管理体系，安全信息管理系统，制订安全生产发展目标、发展规划和年度计划（矿井灾害预防与处理计划），开展危险源辨识、评估评价和管理，进行安全经费管理等。

2. 生产建设中的动态安全管理

生产建设中的动态安全管理主要指企业生产环境和生产工艺过程中的安全保障，包括生产过程中人员不安全行为的发现与控制，设备安全性能的检测、检验和维修管理，物质流的安全管理，环境安全化的保证，重大危险源的监控，生产工艺过程安全性的动态评价与控制，安全监测监控系统的管理，定期、不定期的安全检查监督等。

3. 安全信息化工作

安全信息化工作包括对国际国内安全信息、煤炭行业安全生产信息、本企业内安全信息的搜集、整理、分析、传输、反馈，安全信息运转速度的提高，安全信息作用的充分发挥等方面，以提高安全管理的信息化水平，推动安全生产自动化、科学化、动态化。安全管理是随着社会和科学技术的进步而不断发展的。现代安全管理主要是在传统安全管理的基础上，注重系统化、整体化、横向综合化，运用新科技和系统工程的原理与方法进行安全管理，强调八大要素（法规、机构、队伍、人、财、物、时间和信息）管理，办法是完善系统，达到本质安全化，工作以完善系统、"事前"为主。其内容包括以下几个方面：系统危险性的识别；系统可能发生事故类型和后果预测；事故原因和条件的分析，可作定性分析，也可作定量分析，可作"事后"分析，主要作"事前"分析，根据具体情况和要求而定；针对系统作可靠性或故障率的分析；用人机工程的控制研究人机关系及其最佳配合；环境（社会环境、自然环境、工作环境）因素的研究；安全措施；应急措施。

（三）矿山企业安全管理的常用方法

1. 安全检查法

安全检查又称安全生产检查，是矿山企业根据生产特点，对生产过程中的安全生产状况进行经常性、定期性、监督性的管理活动，也是促使矿山企业在整个生产活动的过程中，贯彻方针、执行法规、按章作业、依制度办事，实施对安全生产管理的一种实用管理技术方法。

安全检查的内容很多，最常用的提法是"六查"，即查思想、查领导、查现场、查隐患、查制度、查管理。具体实施方法必须贯彻领导与群众相结合、自查和互查相结合、检查和整改相结合的原则，防止走形式、走过场。

2. 安全目标管理法

安全目标管理是安全管理的集中要求和目的所在，是指将企业一定时期的安全工作任务转化为明确的安全工作目标，并将目标分解到本系统的各个部门和个人，各个部门和个人严格、自觉地按照所定目标进行工作的一种管理方法。它也是实施全系统、全方位、全过程和全员性安全管理，提高系统功能，达到降低事故发生率、实现安全目标值、保障安全生产之目的的重要策略。它是矿山在安全管理中应用较为广泛的一种方法。

3. 戴明循环管理法

戴明循环管理法，又叫作 PDCA 循环法，是美国人戴明提出的一种企业管理方法，其实质是把管理工作分为四个阶段，按八步法循环提高，即：①分析现状，找出问题，即查隐患；②分析产生问题的情况，即查原因；③找出主要影响因素，即找关键；④制订整改计划与措施，即定措施；⑤实施措施与计划，即实施；⑥检查决策实施效果，即检查；⑦实行标准，巩固成果，即总结经验；⑧转入下一循环处理的问题，即转入下期。

4. 系统工程管理法

矿山安全系统工程是以现代系统安全管理的理论基础和主要方法为指导来管理矿井的安全生产，可以改变传统的安全管理现状，实现系统安全化，达到最佳的安全生产效益。矿山安全生产工程研究的内容多、范围广，主要包括以下内容。

（1）研究事故致因。事故发生的原因是多方面的，归纳起来有四个方面：人的不安全行为、物（机）的不安全状态、环境不安全条件和管理上的缺陷。

（2）制定事故预防对策。制定事故预防的三大对策，即工程技术对策（本质安全化措施）、管理法制对策（强化安全措施）和教育培训对策（人治安全化措施）。

（3）教育培训对策。按规定要求对职工进行安全教育培训，提高其安全意识和技能，使职工按章作业，不出现不安全行为。

（四）矿山系统安全预测

预测是运用各种知识和科学手段，分析研究历史资料，对安全生产发展的趋势或结果进行事先的推测和估计。系统安全预测的方法种类繁多，矿山常用的大致可分为以下3类。

（1）安全生产专业技术方面。例如，矿压预测预报、煤与瓦斯突出预测预报、煤炭自燃预报、水害预测预报、机电运输故障预测预报等。

（2）安全生产管理技术方面。例如，回看历史法、过程转移法、检查隐患法、观察预兆法、相关回归法、趋势外推法、毗范反馈法、控制图法、管理评定法等。

（3）人的安全行为方面。例如，人体生物节律法、行为抽样法、心理归类法、思想排队法、行动分类法、年龄统计法等。

矿山在生产过程中，最常用的是观察预兆法和隐患法等，管理方面最常用的是回看历史法、相关回归法、管理评定法和人体生物节律法等，而安全生产技术方面最常用的是预测预报法。

（五）矿山系统安全评价法

系统安全评价包括危险性确认和危险性评价两个方面。安全评价的根本问题是确定安全与危险的界限，分析危险因素的危险性，采取降低危险性的措施。评价前要先确定系统的危险性，再根据危险的影响范围和公认的安全指标，对危险性进行具体评价，并采取措施消除或降低系统的危险性，使其在允许的范围之内。评价中的允许范围是指社会允许标准，它取决于国家政治、经济和技术等。通常可以将评价看成既是一种"传感器"，又是一种"检测器"，前者是感受传递企业安全生产方面的数量和质量的信息；后者主要是检查安全生产方面的数量和质量是否符合国家（或上级）规定的标准和要求。

二、矿山企业安全管理体制和制度

我国安全生产方针是"安全第一、预防为主、综合治理"。

"安全第一"的内涵有：一是在矿山生产建设整个过程中，要树立人是最宝贵的思想，把职工生命安全放在第一位；二是在矿山生产建设整个过程中，必须把职工生命安全和健康作为第一位工作来抓；三是把"安全第一"作为矿山搞好生产建设的指导思想和行动准则。

我国矿山安全管理体制是：国家监察、地方监管、企业安全主体的方式，必须认真贯彻"安全第一、预防为主、综合治理"的方针，遵循"装备、管理、培训并重"的原则，"综合治理、总体推进"的方法，落实矿山安全主体责任制，确保矿山安全生产。

为落实矿山安全主体责任制，矿山必须建立以下的安全管理基本制度。

1. 矿山安全生产责任制度

安全生产责任制度的实质是"安全生产，人人有责"，核心是将各级管理人员、各职能部门及其工作人员和岗位生产人员在安全管理方面应做的事情和应负的责任加以明确规定。企业应遵循"横向到边、纵向到底"的原则建立安全生产责任管理体系。纵向上，从安全生产第一责任人到最基层，其安全生产组织管理体系可分为若干个层次。横向上，企业又可分为生产、经营、技术、教育等系统，而生产又有设备、动力等部门。部门负责可以有效地调动各个系统的主管领导搞好分管范围内的安全生产的积极性，形成人人重视安全、人人管理安全的局面。

2. 安全目标管理制度

安全目标管理是指矿山企业将一定时期的安全工作任务转化为安全工作目标，制定安全目标体系，并层层分解到本企业的各个部门和个人，各个部门和个人按照所制定的目标，制定相应的对策措施。安全目标管理制度，应依据政府有关部门或上级下达的安全指标，结合实际制定年度或阶段安全生产目标，并将指标逐渐分解，明确责任，保证措施，考核和奖惩办法。

3. 安全办公会议制度

结合矿山实际情况进行制定。

4. 安全技术措施审批制度

（1）安全技术措施编制和审批的依据。

（2）采煤工作面作业规程及安全技术措施的审批。

（3）掘进工作面作业规程及安全技术措施的审批。

（4）安全技术措施的审批。

5. 安全检查制度

安全检查是消除隐患、防止事故、改善劳动条件的重要手段。安全检查制度，应保证有效地监督安全生产规章制度、规程、标准、规范等执行情况；重点检查矿井"一通三防"的装备、管理情况；明确安全检查的周期、内容、检查标准、检查方式、负责组织检查的部门和人员、对检查结果的处理办法。对查出的问题和隐患应按"五定"原则（定项目、定人员、定措施、定时间、定资金）落实处理，并将结果进行通报及存档备案。

6. 事故隐患排查制度

事故隐患排查制度应保证及时发现和消除矿井在通风、瓦斯、煤尘、火灾、顶板、机电、运输、爆破、水害和其他方面存在的隐患；明确事故隐患的识别、登记、评估、报告、监控和治理标准；按照分级管理的原则，明确隐患治理的责任和义务，并保证隐患治理资金的投入。

7. 安全教育培训制度

安全教育培训制度，应保证矿山企业职工掌握本职工作应具备的法律法规知识、安全知识、专业技术知识和操作技能；明确企业职工教育与培训的周期、内容、方式、标准和考核办法；明确相关部门安全教育与培训的职责和考核办法；明确年度安全生产教育与培训计划，确定任务，保证安全培训的条件，落实费用。

8. 安全投入保障制度

安全投入保障制度应按国家有关规定建立稳定的安全投入资金渠道，保证新增、改善和更新安全系统、设备、设施，消除事故隐患，改善安全生产条件，安全生产宣传、教育、培训、安全奖励、推广应用先进安全技术措施和管理、抢险救灾等均有可靠的资金来源；安全投入应能充分保证安全生产需要，安全投入资金要专款专用；矿山企业应当编制年度安全技术措施计划，确定项目、落实资金、完成时间和责任人。

9. 矿山负责人带班下井制度

矿山企业是落实领导带班下井制度的责任主体，必须确保每个班次至少有1名领导在井下现场带班，并与工人同时下井、同时升井。

10. 劳动防护用品产品发放与使用制度

劳动防护用品产品发放与使用制度应符合有关法规和标准的要求，内容应包括劳动防护用品的质量标准、发放标准、发放范围，以及劳动防护用品的使用、监督检查等方面的内容。

11. 矿用设备、器材使用管理制度

矿用设备、器材使用管理制度，应保证在用设备、器材符合相关标准，保持完好状态；明确矿用设备、器材使用前检测标准、程序、方法和检验单位、人员的资质；明确使用过程中的检验标准、周期、方法和校验单位、人员的资质；明确维修、更新和报废的标准、程序和方法。

12. 矿井主要灾害预防管理制度

矿井主要灾害预防管理制度要明确可能导致重大事故的"一通三防"、防治水、冲击地压、职业危害等主要危险，有针对性地分别制定专门制度，强化管理，加强监控，制定预防措施。

13. 矿山事故应急救援制度

矿山事故应急救援制度，要制定事故应急预案，明确发生事故后的上报时限、上报部门、上报内容、应采取的应急救援措施等。

14. 安全奖罚制度

安全奖罚制度必须兼顾责任、权利、义务，规定明确，奖罚对应；明确奖罚的项目、标准和考核办法。

15. 入井检身与出入井人员清点制度

入井检身与出入井人员清点制度，明确入井人员禁止带入井下的物品和检查方法；明确人员入井、升井登记、清点和统计、报告办法，保证准确掌握井下作业人数和人员名单，及时发现未能正常升井的人员并查明原因。

16. 安全操作规程管理制度

操作规程要涵盖从进入操作现场、操作准备到操作结束和离开操作现场全过程的各个操作环节。要分别制定各工种的岗位操作规程，明确各工种、岗位对操作人员的基本要求、操作程序和标准，明确违反操作程序和标准可能导致的危险和危害。

17. 安全生产现场管理制度

安全生产现场管理制度要明确现场管理人员的职责、权限，现场管理内容和要求及现场应急处置安全质量标准化管理制度等方面的内容。

18. 安全质量标准化管理制度

安全质量标准化管理制度要明确年度达标计划和考核标准，明确检查周期、考核评级奖惩办法、组织检查的部门和人员等方面的内容。

三、矿山企业安全管理计划编制和实施

（一）安全管理计划的含义

一般来说，所谓计划就是指未来行动的方案。它具有3个明显的特征：必须与未来有关；必须与行动有关；必须有某个机构负责实施。这就是说，计划就是人们的一种事先对行动及目的的"谋划"，中国古代所说的"凡事预则立，不预则废""运筹帷幄之中，决

胜于千里之外"，说的就是这种计划。

安全管理计划，成为一种安全管理职能，是由下列原因决定的：首先，安全生产活动作为人类改造自然的一种有目的的活动，需要在安全工作开始前就确定安全工作的目标；其次，安全活动必须以一定的方式消耗一定质量和数量的人力、物力和财力资源，这就要求在安全活动前对所需资源的数量、质量和消耗方式做出相应的安排；再次，企业安全活动本质上是一种社会协作活动，为了有效地进行协作，必须事先按需要安排好人力资源，并把人们的行动相互协调起来，为实现共同的安全生产目标而努力工作；最后，企业安全活动需要在一定的时间和空间中展开，为了使之在时间和空间上协调，必须事先合理地安排各项安全活动的时间和空间。如果没有明确的安全管理计划，安全生产活动就没有方向，人、财、物就不能合理组合，各种安全活动的进行就会出现混乱，活动结果的优劣也没有评价的标准。

（二）安全管理计划的作用

计划作为企业安全生产管理的职能，已经有很长的历史。计划在安全管理中的作用，主要表现在以下3个方面。

1. 安全管理计划是安全决策目标实现的保证

安全管理计划是为了具体实现已定的安全决策目标，而对整个安全目标进行分解，计算并筹划人力、财力、物力、拟定实施步骤、方法和制定相应的策略、政策等一系列安全管理活动。安全管理计划能使安全决策目标具体化，为组织或个人在一定时期内需要完成什么，如何完成提出切实可行的途径、措施和方法，并筹划出人力、财力、物力资源等，因而能保证安全决策目标的实现。

2. 安全管理计划是安全工作的实施纲领

任何安全管理都是安全管理者为了达到一定的安全目标对管理对象而实施的一系列的影响和控制活动，这些活动包括计划、组织、指挥、控制等。安全管理计划是安全管理过程的重要职能，是安全工作中一切实施活动的纲领。只有通过计划，才能使安全管理活动按时间、有步骤地顺利进行。

3. 安全管理计划能够协调、合理利用一切资源，使安全管理活动取得最佳效益

安全管理计划必须统筹安排、反复平衡、充分考虑相关因素和时限，而安全管理计划工作能够通过经济核算，合理地利用企业人力、物力和财力资源，有效地防止可能出现的盲目性和紊乱，使企业安全管理活动取得最佳的效益。

（三）安全管理计划的内容和形式

1. 安全管理计划的内容

由于各行各业的工作性质不同，承担的任务和完成任务的主客观条件不一样，因此计划有大有小、内容有详有略，有的相当完备、有的十分简单。但是，安全管理计划必须具备以下3个要素。

（1）目标。这是安全管理计划的灵魂。安全管理计划就是为完成安全工作任务而制订的。安全工作目标是安全管理计划产生的导因，也是安全管理计划的奋斗方向。没有努力方向，没有要求和指标，就没有必要制订计划。因此，制订安全管理计划前，要分析研究安全工作现状，并明确无误地提出安全工作的目的和要求，以及提出这些要求的根据，使安全管理计划的执行者事先就知道安全工作未来的结果。

（2）措施。"过河必先有桥"，有了既定的安全工作任务，还必须有完成任务的措施和方法。这是实现安全管理计划的保证。措施和方法主要指达到既定安全目标需要什么手段、动员哪些力量、创造什么条件、排除哪些困难。如果是集体的计划，还要写明某项安全任务的责任者，便于检查监督，以确保安全管理计划的实施。

（3）步骤。步骤也就是工作的程序和时间的安排。在实施当中，又有轻重缓急之分，哪是重点、哪是非重点，应有个明确的认识。因此，在制订安全管理计划时，有了总的时限以后，还必须有每一阶段的时间要求，人力、物力、财力的分配使用，使有关单位和人员知道在一定的时间内，一定的条件下，把工作做到什么程度，以争取主动协调进行，这是安全管理计划的主要内容。

安全管理计划的 3 个要素在具体制定时，首先要说明安全任务指标。至于措施、步骤、责任者等，应根据具体情况而定。可分开说明，也可在一起综合说明，还可以有分有合地说明。但是，不论哪种编制方法，都必须体现出这 3 个要素。这 3 个要素是安全管理计划的主体部分。除此以外，每份计划还要包括以下内容：一是确切的一目了然的标题，把安全管理计划的内容和执行计划的有效期体现出来；二是安全管理计划的制订者和制订计划的日期；三是有些内容需要用图表来表现，或者需要用文字说明的，还可以把图表或说明附在计划正文后面，作为安全管理计划的一个组成部分。

2. 安全管理计划的形式

企业安全管理计划的形式是多种多样的，它可以从不同的角度，按照一定的序列进行分类，从而形成一个完整的计划体系。这个计划体系如果按时间顺序来划分，可分为长期计划、中期计划和短期计划；按计划的内容可分为企业安全生产发展计划、企业安全文化建设计划、安全教育发展计划、隐患整改措施计划、班组安全建设计划等；按计划的性质可分为安全战略计划、安全战术计划；按计划的具体化程度可以分为安全目标、安全策略、安全规划、安全预算等；按计划管理形式和调节控制程度的不同可分为指令性计划、指导性计划等。

1）长期、中期和短期安全管理计划

（1）长期安全管理计划的期限一般在 10 年以上，又可称为长远规划或远景规划。长期安全管理计划期限的确定主要考虑以下因素：第一，为实现一定的安全生产战略任务大体需要的时间；第二，人们认识客观事物及其规律性的能力、预见程度，制订科学的计划所需要的资料、手段、方法等条件具备的情况；第三，科技的发展及其在生产上的运用程度等。长期安全管理计划一般只是纲领性、轮廓性的计划，它只有一个比较粗略的远景规划设想。由于计划的期限较长，不确定的因素较多，况且有些因素人们事先也难以预料，因此，它只能以综合性指标和重大项目为主，还必须有中、短期计划来补充，把计划目标加以具体化。

（2）中期安全管理计划的期限一般为 5 年左右，由于期限较短，可以比较准确地衡量计划期各种因素的变动及其影响。所以，在一个较大系统中，中期计划是实现安全管理计划的基本形式。它一方面可以把长期的安全生产战略任务分阶段具体化，另一方面又可为年度安全管理计划的编制提供基本框架，因而成为联系长期计划和年度计划的桥梁和纽带。随着计划工作水平的提高，五年计划也应列出分年度的指标，但它不能代替年度计划的编制。

（3）短期安全管理计划。短期安全管理计划包括年度计划和季度计划，以年度计划为主要形式。它是中、长期安全管理计划的具体实施计划和行动计划。它根据中期计划具体规定本年度的安全生产任务和有关措施，内容比较具体、细致、准确；有执行单位，有相应的人力、物力、财力的分配，为贯彻执行提供了可能，为检查计划的执行情况提供了依据，从而使中、长期安全管理计划的实现有了切实的保证。长期、中期、短期计划的有机协调和相互配套，是企业生存和发展的保证。在安全生产实践过程中，一般的经验是，长期计划可以粗略一些，弹性大一些，而短期计划则要具体、详细些。同时，还应注意编制滚动式计划，以解决好长计划与短计划之间的协调问题。

2）高层、中层、基层安全管理计划

（1）高层安全管理计划。高层安全管理计划是由高层领导机构制定并下达到整个组织执行和负责检查的计划。高层安全管理计划一般是战略性的计划，它是对本组织有关重大的、带全局性的、时间较长的安全工作任务的筹划。例如，远景规划就是对较大范围、较长时间、较大规模的工作的总方向、大目标、主要步骤和重大措施的设想蓝图。这种设想蓝图虽然有重点部署和战略措施，但并不具体指明有关的工作步骤和实施措施；虽然有总的时间要求，但并不提出具体的、严格的工作时间表。这种远景规划和战略措施全国有、地区有、一个企业也有。全国和地区的一般叫作发展战略，企业单位的一般叫作经营战略。

（2）中层安全管理计划。中层安全管理计划是中层管理机构制定、下达或颁布到有关基层执行并负责检查的计划。中层安全管理计划一般是战术或业务计划。战术或业务计划是实现战略计划的具体安排，它规定基层组织和组织内部各部门在一定时期需要完成什么、如何完成，并筹划出人力、物力和财力资源等。

（3）基层安全管理计划。基层安全管理计划是基层执行机构制定、颁布和负责检查的计划。基层安全管理计划一般是执行性的计划，主要有安全作业计划、安全作业程序和规定等。基层安全管理计划的制订首先必须以高层安全管理计划的要求为依据，保证高层安全管理计划或战略计划的实现。同时，基层安全管理计划还应在高层安全管理计划许可的范围内、根据自身的条件和客观情况的变化灵活地做出安排。总之，高层安全管理计划、中层安全管理计划和基层安全管理计划三者既有联系，又有区别，它们应在统一计划分级管理的原则下，合理划分管理权限，做到"管而不死，活而不乱"。

3）指令性计划和指导性计划

（1）指令性计划。指令性计划是由上级计划单位按隶属关系下达，要求执行计划的单位和个人必须完成的计划。其特点为：一是强制性。凡是指令性计划，都是必须坚决执行的，具有行政和法律的强制性。二是权威性。只要以指令形式下达的计划，在执行中就不得擅自更改变换，必须保证完成。三是行政性。指令性计划主要是靠行政办法下达指标完成。四是间接市场性。指令性计划也要运用市场机制，但是，市场机制是间接发生作用的。由此可见，指令性计划只能限于重要的领域和重要的任务，而不能范围过宽。否则，不利于调动基层单位的安全生产积极性。

（2）指导性计划。指导性计划是上级计划单位只规定方向、要求或一定幅度的指标，下达隶属部门和单位参考执行的一种计划形式。在市场经济条件下，大部分是指导性计划。这种计划的特点为：一是具有约束性。指导性计划不像指令性计划那样具有法律强制性，只有号召、引导和一定的约束作用，并不强行下属接受和执行。二是具有灵活性。指导性计划指标是粗线条的，有弹性的，给下属单位以灵活活动的余地。三是间接调节性。指导性计划主要通过经济杠杆、沟通信息等手段来实现上级计划目标的。

（四）安全管理计划的编制和修订

1. 安全管理计划编制的原则

安全管理计划是主观的东西，计划制订的好坏，取决于它和客观相符合的程度。为此，在安全管理计划的编制过程中，必须遵循一系列的原则。

（1）科学性原则。所谓科学性原则，是指企业所制订的安全管理计划必须符合安全生产的客观规律，符合企业的实际情况。只有这样，才有理由要求各部门、各单位主动地按照计划的要求办事。相反，如果安全管理计划不科学，甚至从根本上违背安全生产的客观规律，那么，这样的计划就很难被人接受，即使通过某些强制的方法和手段贯彻下去，也很难实现计划的目标。因此，这就要求安全管理计划编制人员必须从企业安全生产的实际出发，深入调查研究，掌握客观规律，使每一项计划都建立在科学的基础之上。

（2）统筹兼顾的原则。就是指在制订安全管理计划时，不仅要考虑到计划对象系统中所有的各个构成部分及其相互关系，而且还要考虑到计划对象和相关系统的关系，按照它们的必然联系，进行统一筹划。这是因为，安全管理计划的目的是通过系统的整体优化实现安全决策目标；系统整体优化的关键在于系统内部结构的有序和合理，在于对象的内部关系与外部关系的协调。首先，要处理好重点和一般的关系。在安全生产和生产经营中，有的环节、有的项目关系到企业发展的全局，具有战略意义。对于这些重点，要优先保证它的发展。但是也不能只顾重点忽视其他，没有非重点的发展，就不会有重点的发展。其次，要处理好简单再生产和扩大再生产与安全生产的关系。社会化大生产是以扩大再生产为特征的。但是扩大再生产不能离开简单再生产孤立进行，扩大再生产更不能离开安全生产，否则就失去了前提和基础，失掉了扩大再生产的条件。因此，在对财力、物力、人力进行分配时，既要满足简单再生产的需要，又要满足适当的扩大再生产的需要，还必须要满足安全生产的需要。再次，要处理好国家、地方、企业和职工个人之间的关系。按照统筹兼顾的原则，一方面要保证国家的整体利益和长远利益，强调局部利益服从整体利益，眼前利益服从长远利益；另一方面又要照顾到地方、企业和职工个人的利益。只有这样，才能调动各方面的安全生产积极性。

（3）积极可靠的原则。制订安全管理计划指标：①要积极，凡是经过努力可以办到的事，要尽力安排，努力争取办到；②要可靠，计划要落到实处，而确定的安全管理计划指标，必须要有资源条件作保证，不能留有缺口。坚持这一原则，把尽力而为和量力而行正确结合起来，使安全管理计划既有先进性，又有科学性，保证生产、安全、效益持续、稳定、健康地发展。

（4）留有余地原则。即所说的弹性原则，是安全管理计划在实际安全管理活动中的适应性、应变能力和与动态的安全管理对象相一致的性质。计划留有余地，包括两方面的内容：①指标不能定得太高，否则经过努力也达不到，既挫伤计划执行者的积极性，又使计划容易落空；②资金和物资的安排、使用留有一定的后备，否则难以应对突发事件、自然灾害等不测情况。应当看到，任何计划都只是预测性的，在计划的执行过程中，往往会出现某些人们事先预想不到或者无法控制的事件，这将会影响到计划的实现。因此，必须使计划具有弹性和灵活的应变能力，以及时适应客观事物各种可能的变化。

（5）瞻前顾后的原则。就是在制订安全管理计划时，必须有远见，能够预测到未来发展变化的方向；同时又要参考以前的历史情况，保持计划的连续性。为实现安全管理计划的目标，合理地确定各种比例关系。从系统论的角度来说，也就是保持系统内部结构的有序和合理。所以，制订计划时，必须对计划的各个组成部分、计划对象与相关系统的关系进行统筹安排。其中，最重要的就是保持任务、资源与需求之间，局部与整体之间，目前与长远之间的平衡。

（6）群众性原则。安全管理计划工作的群众性原则，是指在制订和执行计划的过程中，必须依靠群众、发动群众、广泛听取群众意见。要通过各种形式向群众讲形势、讲任务、提问题、指关键、明是非；要放手发动群众，揭矛盾、找差距、定措施。只有依靠职工群众的安全生产经验和安全工作聪明才智，才能制订出科学、可行的安全管理计划，也才能激发职工的安全积极性，自觉地为安全目标的实现而奋斗。

2. 安全管理计划编制的程序

（1）调查研究。编制安全管理计划，必须弄清计划对象的客观情况，这样才能做到目标明确，有的放矢。为此，在计划编制之前，首先必须按照计划编制的目的要求，对计划对象中的各个有关方面进行现状的和历史的调整，全面积累数据，充分掌握资料。在调查中，一方面要注意全面、系统地掌握第一手资料，防止支离破碎、断章取义；另一方面也要注意解剖麻雀，有针对性地把主要安全问题追深追透，反对浅尝辄止，浮于表面。调查有多种形式：从获得资料的方式来看，有亲自调查、委托调查、重点调查、典型调查、抽样调查和专项调查等。调查搞好了，还要对调查材料进行及时、深入、细致的分析，发现矛盾、找出原因、去伪存真、去粗取精。

（2）科学预测。预测，就是通过分析和总结某种安全生产现象的历史演变和现状，掌握客观过程发展变化的具体规律性，揭示和预见其未来发展趋势及其数量表现。预测是安全管理计划的依据和前提。因此，在调查研究的基础上，必须邀请有关安全专家参加，进行科学预测，得出科学、可信的数据和资料。安全预测的内容十分丰富，主要有：工艺状况预测、设备可靠性预测、隐患发展趋势预测、事故发生的可能性预测等；从预测的期限来看，则又有长期、中期和短期预测等。

（3）拟定计划方案。经过充分的调查研究和科学的安全管理计划预测，计划者掌握了形成安全管理计划足够的数据和资料，根据这些数据和资料，审慎地提出计划的安全发展战略目标，安全工作主要任务，有关安全生产指标和实施步骤的设想，并附上必要的说明。通常情况下，一般要拟定几种不同的方案以供决策者选择之用。

（4）论证和制订计划方案。这一阶段是安全管理计划编制的最后一个阶段，主要工作大致可归纳为以下几个方面：①通过各种形式和渠道，召集有准备的各方面安全专家的评议会进行科学论证；同时，也可召集职工座谈会，广泛听取意见。②修改补充计划草案，拟出修订稿，再次通过各种形式渠道征集意见和建议。这一程序必要时可反复多次。③比较选择各个可行方案的合理性与效益性，从中选择一个满意的安全管理计划，然后由企业领导批准实行。

由上可见，安全管理计划编制的这套程序，既符合决策科学的要求，也符合群众路线的要求。只要自觉地运用从实际出发的唯物观点和辩证方法，能够认真地运用科学的安全管理计划方法并走群众路线，就一定能够制订出比较满意的计划。

3. 安全管理计划编制的执行与修订

安全管理计划执行首先要把企业安全管理总目标层层分解落实下去，做到层层有计划、有目标、有措施，按预定的目标、标准来控制和检查计划的执行情况，经常对计划运行情况进行修订和调整，发现偏差，迅速予以解决。这就是要加强过程管理，过程管理就是在生产经营活动过程中，通过对过程要素（项目、活动、作业）、对象要素（作业环境、设备、材料、人员）、时间要素和空间要素的系统控制，消除生产经营活动中可能出现的各种危险与有害因素，实现安全生产的目标。过程安全管理基于两个基本理念：一是"一切处于受控状态"；二是"过程规范化、标准化"。属于过程管理的方法很多，如"四全"管理（全过程、全方位、全天候、全员管理）、标准化作业、安全检查、危险作业安全监护确认制、安全审批制、危险监控法、定置管理法等。

四、矿山企业安全检查和隐患整改

（一）安全隐患检查及整改程序

安全隐患检查及整改程序包括：检查、收集筛选、整改通知、隐患整改、效果评价五个环节，实行闭合回路式管理。

（1）隐患检查主要是指各级各类人员、通过各种渠道检查发现所有作业场所的隐患。例如，上级检查、公司检查、单位组织的检查、基层管理人员下井（下现场）检查、小班安检员汇报、员工举报等。

（2）收集筛选，由安检人员负责，每天对所有作业场所，通过各种渠道检查出的所有隐患进行全面的收集、筛选、初步确认、分级登记，并按规定录入隐患排查计算机网络管理系统。

（3）整改通知。对已经核实的重大隐患、典型问题，以"整改通知书"的形式，通知基层队组，按要求整改处理。

（4）隐患整改。根据隐患级别，要求相关分管领导和各机关科室、基层战线进行限期整改。

（5）效果评价。隐患整改完毕后，依照本制度，由安检科负责评价、验收。每月对各单位隐患整改工作进行总结讲评，把隐患整改情况纳入安全绩效考核中，推进隐患整改工作的开展。

（二）安全隐患分类

（1）按隐患的严重程度、解决难易分为 A、B、C 三级。

A 级隐患：如国务院第 446 号令、国家煤矿安全监察局《煤矿重大安全生产隐患认定办法（试行）》及上级相关规定认定为重大隐患的。

B 级隐患：违反相关规定，可能造成工程质量低劣、装备运行不正常和设施、装备性能不完好的、需要矿级领导进行处理的隐患。

C 级隐患：基层或科室的工作人员违反相关规定，可能造成工程质量低劣、装备运行不正常和设施、装备性能不完好的、各基层或科室能够进行处理的一般隐患。

（2）按隐患的种类分为顶板、通风、瓦斯、煤尘、机电、运输、爆破、水灾、火灾及其他。

（三）安全隐患排除及整改要求

（1）矿山企业要建立安全生产隐患排查、治理制度，组织职工发现和排除隐患。矿山主要负责人应当每月组织一次由相关矿山企业安全管理人员、工程技术人员和职工参加的安全生产隐患排查。查出的隐患登记建档。

矿山企业要加强现场监督检查，及时发现和查处违章指挥、违章作业和违反操作规程的行为。发现存在重大隐患，要立即停止生产，并向矿山主要负责人报告。

（2）责任划分：矿长是隐患整改第一责任者，对隐患整改全面负责。各分管领导、总工程师对矿长负责，是分管范围内隐患整改的组织领导者，具体组织实施隐患的整改。各科室负责人是本业务范围内隐患整改业务管理的第一责任者。各基础负责人是本责任区域内隐患整改的第一责任者；班组长是本班安全生产隐患排查的第一责任人；职工个人是本岗位安全生产隐患排查的责任人。生产技术科、财务科、后勤科等相关科室，分别对业务过程中的隐患排查负责，并对隐患整改的有关工程设计、项目计划、资金落实、材料和设备供应等工作负责。安检科负责各类隐患的查处、收集、筛选、分析、追究、反馈、复查、统计、上报、考核、监督整改及落实等综合管理工作。

（3）矿山安全生产隐患实行分级管理和监控。一般隐患由矿山主要负责人指定隐患整改责任人，责成立即整改或限期整改。对限期整改的隐患，由整改责任人负责监督检查和整改验收，验收合格后报矿山主要负责人审核签字备案。重大隐患由矿山主要负责人组织制定隐患整改方案、安全保障措施，落实整改的内容、资金、期限、下井人数、整改作业范围，并组织实施。

（4）矿山企业应当于每季度第一周将上季度重大隐患及排查整改情况向县级以上地方人民政府负责矿山安全生产监督管理的部门提交书面报告，报告应当经矿山企业主要负责人签字。报告要包括产生重大隐患的原因、现状、危害程度分析、整改方案、安全措施和整改结果等内容。重要情况应当随时报告。

（5）县级以上地方人民政府负责安全生产监督管理的部门接到矿山企业重大隐患整改报告后，对不符合要求和措施不完善的提出修改意见，并对矿山重大隐患登记建档，指定专人负责跟踪监控，督促企业认真整改。

五、矿山企业安全生产投入和管理

（一）安全投入的重要意义

首先，要正确认识安全生产的重要性。要做好矿山企业的安全生产工作。首先在思想认识上有足够的提高，应当时时刻刻把我们的生命、企业的效益和社会的责任联系在一起。党中央、国务院非常重视安全工作，提出"以人为本、构建和谐社会的安全生产理念，更体现了安全的重要性。当然，作为一个企业只讲安全，不追求经济效益是不切合实际的，应该说，安全是实现经济效益的前提条件，安全是不能用经济效益来弥补的，它是我们对自己、对他人的责任，在现代化的生产建设中，它占据着十分重要的保障地位。只有大家都充分意识到安全生产对人、对企业、对社会的极端重要性，才能通过社会全员的主动、积极参与而减少事故的发生，减少人员伤亡和财产损失，减少生产过程中出现的负面经济效益。

其次，要从安全经济学角度看待安全投入。很多人认为只要增加安全投入就增加了企业的成本，减少了收入和利润。这种观点是片面的。安全投入不应该是企业的负担，它所产生的绝不是简单的成本增加。但是，究其本质，安全投入应算是一种特殊的投资，对安全投入所产生的效益不像普通的投资那样直接反映在产品的数量的增加和质量的改进上，而是体现在生产的全过程，保证生产的正常和连续进行，这种投入的直接结果是企业不发生或减少发生事故和职业病、人员伤亡和财产损失。这个结果是企业持续生产，保证正常效益取得的必要条件，安全与效益之间是一种相互依存、相互促进的关系。从经济的角度看，如果安全生产做好了，我们的企业效益就有保证，人们的生活和生产秩序才能有保证，从而可以发挥极大的社会效益。如果安全生产工作做不好，不但会危及个人的生命安全，而且会给企业造成很大的经济损失和浪费，并危及企业的正常生产，给人们的生活造成极大的不便，甚至造成一定的社会影响和政治影响。通过增加安全投入，完善安全设施，加大安全培训力度，壮大安全监察队伍，杜绝了伤亡事故的发生，使矿山的各项工作能够在安全、稳定、和谐的环境中连续运转。因此，安全投入并不是单纯的支出，而是安全效益的间接性、滞后性、长效性和实效性，这就是安全投入的特殊性。

（二）对安全生产投入的基本要求

生产经营单位必须安排适当的资金，用于改善安全设施，更新安全技术装备、器材、仪器、仪表及其他安全生产投入，以保证生产经营单位达到法律、法规、标准规定的安全生产条件，并对由于安全生产所必需的资金投入不足导致的后果承担责任。

安全投入资金的保证，要按有关规定严格提取。矿山企业要切实承担起安全生产的主体责任，严格落实《企业安全生产费用提取和使用管理办法》，足额提取安全生产费用，专项用于安全生产投入。未足额提取的，按国家要求时限全部补齐。拒不执行通知要求的，将严肃处理。

安全费用主要用于以下方面：①矿井主要通风设备的更新改造支出；②完善和改造矿井瓦斯监测系统与抽放系统支出；③完善和改造矿井综合防治煤与瓦斯突出支出；④完善和改造矿井防灭火支出；⑤完善和改造矿井防治水支出；⑥完善和改造矿井机电设备的安全防护设备设施支出；⑦完善和改造矿井供配电系统的安全防护设备设施支出；⑧完善和改造矿井运输（提升）系统的安全防护设备设施支出；⑨完善和改造矿井综合防尘系统支出；⑩其他与煤矿安全生产直接相关的支出。

《关于规范煤矿维简费管理问题的若干规定》中指出：河北、山西、山东、安徽、江苏、河南、宁夏、新疆、云南等省（区）煤矿，吨煤 8.50 元；黑龙江、吉林、辽宁等省煤矿，吨煤 8.70 元；内蒙古自治区煤矿，吨煤 9.50 元；其他省（区、市）煤矿，吨煤 10.50 元。

用于以下范围：①矿井（露天）开拓延伸工程；②矿井（露天）技术改造；③煤矿固定资产更新、改造和固定资产零星购置；④矿区生产补充勘探；⑤综合利用和"三废"治理支出；⑥大型煤矿一次拆迁民房 50 户以上的费用和中小煤矿采动范围的搬迁赔偿；⑦矿井新技术的推广；⑧小型矿井的改造联合工程。

（三）认真编制安全技术措施计划保证安全资金的有效投入

生产经营单位为了保证安全资金的有效投入，应编制安全技术措施计划，该计划的核心是安全技术措施。

企业领导应根据本单位具体情况向下属单位或职能部门提出具体要求，进行编制计划布置。安全部门将上报计划进行审查、平衡、汇总后，再由安全、技术、计划部门联合会审，并确定计划项目、明确设计施工部门、负责人、完成期限，成文后报厂总工程师审批。制好的安全技术措施项目计划要组织实施，项目计划落实到各有关部门和下属单位后，计划部门应定期检查。企业领导在检查生产计划的同时，应检查安全技术措施计划的完成情况。安全管理与安全技术部门应经常了解安全技术措施计划项目的实施情况，协助解决实施中的问题，及时汇报并督促有关单位按期完成。已完成的计划项目要按规定组织竣工验收。根据实施情况进行奖惩。

任务二　化工企业安全管理

化工企业生产的安全管理，从生产特点和事故发生情况来看，其重点是生产过程的安全管理、设备设施检修的安全管理和设备设施的安全管理，主要防范的事故是中毒伤害事故和火灾爆炸事故。

一、化工企业安全管理要求

(一) 生产运行安全管理要求

(1) 必须编制生产的工艺规程、安全技术规程，并根据工艺规程、安全技术规程和安全管理制度，编制常见故障和处理方法的岗位操作法，并经主管厂长（经理）或总工程师审批签发后，下发执行。

(2) 变更或修改工艺指标时，生产技术部门必须编制工艺指标变更通知单（包括安全注意事项），并以书面形式下达。操作者必须遵守工艺纪律，不得擅自改变工艺指标。

(3) 操作者必须严格执行岗位操作法，按要求填写运行记录。

(4) 关联性强的复杂重要岗位，必须建立操作票制度，并严格执行。

(5) 安全附件和连锁装置不得随便拆弃和解除，声、光报警等信号不能随意切断。

(6) 在现场检查时，不准踩踏管道、阀门、电线、电缆架及各种仪表管线等设施。进入危险部位检查，必须有人监护。

(7) 严格安全纪律，禁止无关人员进入操作岗位和动用生产设备、设施和工具。

(8) 正确判断和处理异常情况，紧急情况下，可以先处理后报告（包括停止一切检修作业、通知无关人员撤离现场等）。

(9) 在工艺运行或设备处在异常状态时，不准随意进行交接班。

(二) 化工企业开车安全管理要求

(1) 必须编制开车方案，检查并确认水、电、汽（气）符合开车要求，各种原料、材料、辅助材料的供应必须齐备、合格，按规定办理开车操作票，开车严格按开车方案进行。投料前还必须进行系统分析确认。

(2) 检查阀门状态及盲板抽加情况，保证装置流程畅通，各种机电设备及电器仪表等均处在完好状态。

(3) 保温、保压及清洗等设备要符合开车要求，必要时应重新置换、清洗和分析，达到合格标准。

(4) 确保安全、消防设施完好，通信联络畅通，并通知消防、气防及医疗卫生部门。

危险性较大的生产装置开车，相关部门人员应到现场，消防车、救护车处于防备状态。

（5）必要时停止一切检修作业，无关人员不准进入开车现场。

（6）开车过程中要加强有关岗位之间的联络，严格按开车方案中的步骤进行，严格遵守升（降）温、升（降）压和加（减）负荷的幅度（速率）要求。

（7）开车过程要严密注意工艺状况的变化和设备运行情况，发现异常现象应及时处理，情况紧急时应终止开车，严禁强行开车。

（三）化工企业停车安全管理要求

（1）正常停车必须编制停车方案，严格按停车方案中的步骤进行。

（2）系统降压、降温必须按要求的幅度（速率）并按先高压后低压的顺序进行。凡需保温、保压的设备（容器），停车后要按时记录压力、温度的变化。

（3）大型传动设备的停车，必须先停主机，后停辅机。

（4）设备（容器）卸压时，应对周围环境进行检查确认，要注意易燃易爆、易中毒等危险化学品的排放和扩散，防止造成事故。

（5）冬季停车后，要采取防冻保温措施，注意低位、死角及水、蒸汽的管线、阀门、疏水器和保温伴管等情况，防止管道、设施损坏。

（四）化工企业紧急处理安全管理要求

（1）发现或发生紧急情况，必须先尽最大努力妥善处理，防止事态扩大，避免人员伤亡，并及时向有关方面报告。必要时，可先处理后报告。

（2）工艺及机电、设备等发生异常情况时，应迅速采取措施，并通知有关岗位协调处理。必要时，按步骤紧急停车。

（3）发生停电、停水、停气（汽）时，必须采取措施，防止系统超温、超压、跑料及机电设备的损坏。

（4）发生爆炸、着火、大量泄漏等事故时；应首先切断气（物料）源，同时迅速通知相关岗位采取措施，并立即向上级报告。

（5）应根据本单位生产特点，编制重大事故应急预案，并定期组织演练，提高处置突发事件的能力。

（五）生产危险要害区域（岗位）安全管理要求

（1）凡符合国家标准《建筑设计防火规范》（2018年版，GB 50016—2014）产生的火灾危险性甲类物质和国家标准《职业性接触毒物危害程度分级》（GBZ/T 230—2010）中极度危害和高度危害毒物的装置、仓库、罐区、岗位等，以及公司供配电、供水等生产区域，为生产危险要害区域（岗位）范围。

（2）危险要害区域（岗位）由各单位安技、保卫、生产等部门共同认定，经厂长（经理）签署意见，报公司审批。

（3）要害岗位人员必须经过严格的安全培训，掌握相关的安全知识，具备较高的安全意识和较好技术素质，并由人事、保卫部门与车间共同审定。

（4）要害岗位施工、检修时必须编制严密的安全防范措施，并报保卫、安技部门备案。施工、检修现场要设监护人，做好安全保卫工作，并认真做好详细记录。

（5）各单位应在危险要害区域界区周围设置统一的明显标志。

（6）建立健全严格的危险要害区域（岗位）的管理制度，凡外来人员必须经厂主管部门审批，并在专人陪同下，经登记后方可进入危险要害区域（岗位）。岗位人员对无手续或手续不全者应制止其进入。

（7）应编制修订危险要害区域（岗位）重大事故应急预案，定期组织有关人员演练，提高处置突发事故的能力。

二、设备检修的安全管理

（一）设备检修作业前的安全管理要求

（1）加强检修工作的组织领导，做到安全组织、安全任务、安全责任、安全措施"四落实"。根据设备检修项目要求，制定设备的检修方案，落实检修人员、安全措施。

（2）一切检修项目均应在检修前办理《检修任务书》和《设备检修安全作业证》。

（3）检修项目负责人对检修安全工作负全面责任，对检修工作实行统一指挥调度，确保检修过程的安全。

（4）必须对参加检修作业的人员进行安全教育，特种作业人员必须持证上岗，应对检修过程中可能存在和出现的不安全因素进行分析，提前采取预防措施。

（5）检修项目负责人，必须按《检修任务书》和《设备检修安全作业证》要求，亲自组织有关技术人员到现场向检修人员交底。

（6）专业特种设备检修必须由具备相应检修资质的单位进行。

（二）设备检修中的安全管理要求

（1）根据《检修任务书》和《设备检修安全作业证》的要求，生产单位要对检修的设备管道进行工艺处理。工艺处理要有严格的步骤，有专人负责，分析数据合格。

（2）检修的设备、管道与生产区域的设施、管道有连通时，中间必须有效隔离。

（3）检修单位与生产单位共同对工艺处理等情况检查确认后办理交接手续，不经生产负责人同意不得任意拆卸设备管道。

（4）对检修使用的工具、设备应进行详细检查，保证安全可靠。

（5）检修传动设备或传动设备上的电气设备，必须切断电源（拔掉电源熔断器），并经两次起动复查证明无误后，在电源开关处挂上禁止启动牌或上安全锁卡。使用的移动式电气工器具，应配备漏电保护装置。

（6）检修单位在检修过程中应执行企业安全作业管理制度；根据检修内容办理相关票证，并检查审批内容和安全措施的落实情况。

（7）检修单位应检查检修中需用防护器具、消防器材的准备情况。

（8）检修现场的坑、井、洼、沟、陡坡等应填平或铺设与地面平齐的盖板，也可设置围栏和警告标志，夜间悬挂警示红灯。检查、清理检修现场的消防通道、行车通道，保证畅通无阻。需夜间检修的作业场所，应设有足够亮度的照明装置。

（9）应对检修现场的爬梯、栏杆、平台、盖板等进行检查，保证安全可靠。

（10）检修人员必须按施工方案及作业证指定的范围、方法、步骤进行施工，不得任意更改。

（11）检修人员在检修施工中应严格遵守各种安全操作规程及相关规章制度，听从现场指挥人员和安技人员的指导。

（12）每次检修作业前，要检查作业现场及周围环境有无改变，邻近的生产装置有无异常。

（13）凡距坠落高度基准面2 m及其以上，有可能坠落的高处进行的作业，要遵守高处作业操作规程要求。

（14）一切检修应严格执行企业检修安全技术规程，检修人员要认真遵守本工种安全技术操作规程的各项规定。

（15）在生产车间临时检修时，遇有易燃易爆物料的设备，要使用防爆器械或采取其他防爆措施，严防产生火花。

（16）在检修区域内，对各种机动车辆要进行严格管理。

（17）在危险化学品的生产场所检修，要经常与生产岗位联系，当化工生产发生故障、出现突然排放危险物或紧急停车等情况时，应停止作业，迅速撤离现场。

（18）进入化工生产区域内的各类塔、球、釜、槽、罐、炉膛、烟道、管路、容器，以及地下室、阴井、地坑、下水道或其他封闭场所内进行的作业，必须提前做好防护措施。

（三）设备检修后的安全管理要求

（1）检修完毕后必须做到：①一切安全设施恢复正常状态；②根据生产工艺要求抽加盲板，检查设备管道内有无异物及封闭情况，按规定进行水压或气密性试验，并做好记录备案；③检修任务书归档保存；④检修所用的工器具应搬走，脚手架、临时电源、临时照明设备等应及时拆除，保持现场整洁。

（2）检修单位会同设备所属单位及有关部门，对检修的设备进行单机和联动试车，验收后办理交接手续。

（3）投料开车前，岗位操作人员认真检查确认维修部位和安全部件，保证其安全可靠，仪表管线畅通。

（4）生产岗位交接班时，操作人员必须将检修中变动的设备管道、阀门、电气、仪表等情况相互交接清楚。

三、生产装置的安全管理

（一）生产装置的安排布置

（1）工艺设备及建筑物的防火间距，不应小于有关规定要求。

（2）化工及石化装置的设备宜露天或半露天布置。受工艺条件和自然条件限制及运转机械、设备（如压缩机、泵、真空过滤机等），可布置在室内。

（3）设备、建筑物、构筑物宜布置在同一地平面上，当受地形限制时，应将控制室、变配电所、化验室、生活间等布置在较高的地平面上；中间储罐宜布置在较低的平面上，以防止可燃气体泄漏时溢进上述建筑物中引起火灾。在可能散发比空气重的可燃气体的装置内，控制室、变电所、化验室的地面应比室外地面高0.6 m以上。

（4）控制室或化验室内不得安装可燃气体、液化烃、可燃液体的在线分析一次仪表。

（5）明火加热设备宜集中布置在装置边缘，也可以用非燃烧材料的实体墙与之相隔，其防火间距不应小于15 m，防火墙高不宜低于3 m，以防止可燃气体窜入炉体。

（6）操作压力超过3.5 MPa的压力设备，宜布置在装置的一端或一侧。高压、超高压、有爆炸危险的反应设备，宜布置在防爆构筑物内。

（7）装置内的储存、装卸甲类化学危险品的设施，应布置在装置的边缘。可燃气体、助燃气体钢瓶，应存放在位于装置边缘的敞棚内，并应远离明火及操作温度等于或高于自燃点的设备。

（二）化工企业的通风措施

化工企业生产厂房内的通风，其目的是排除或稀释火灾爆炸性气体、粉尘及有毒有害气体，防止火灾爆炸事故及保持良好的生产环境，保护劳动者的身体健康。

通风分为全面通风和局部通风。全面通风是向整个房间输送符合人体卫生和生产工艺要求的空气，更换原有的空气。局部通风包括局部吸气和局部送风。局部吸气是在有毒有害及火灾危险气体发生源附近，把有害物质随同空气一起吸走，以防止有害气体向周围空间散布；局部送风即送入新鲜空气，以稀释室内有毒有害气体的浓度。

采暖通风和空调设计应符合国家标准《建筑设计防火规范》（2018 年版，GB 50016—2014）和《工业建筑供暖通风与空气调节设计规范》的规定。散发爆炸危险性粉尘或有可燃纤维的场所，应采取防止粉尘、纤维扩散和飞扬的措施。散发比空气重的甲类气体、有爆炸危险性粉尘或可燃纤维的厂房的地面不宜设地坑或地沟，应有防止气体积聚的措施，如设局部风口或局部机械排风。

散发比空气轻的可燃气的厂房，可采用开设天窗等自然通风；在事故状态下，可用强制机械通风。为了防止有毒有害及火灾爆炸气体渗透到某些电气、仪表、精密仪器的场所，应采用正压通风。正压通风设备的取风口，宜位于上风方向，并应高出地面 9 m 以上，或者高于爆炸危险区的 1.5 m 以上。

任务三　现场安全管理

一、现场安全管理方法

（一）安全巡检"挂牌制"

"巡检挂牌制"是指在生产装置现场和重点部位，要实行巡检时的"挂牌制"。操作工定期到现场按一定巡检路线进行安全检查时，一定要在现场进行挂牌警示，这对于防止他人可能造成的误操作引发事故，具有重要作用。

（二）检修"ABC"管理法

检修"ABC"管理法是指：在企业定期大、小检修时，由于检修期间人员多、杂、检修项目多、交叉作业多等情况给检修安全带来较大的难度。为确保安全检修。利用检修"ABC"法，把公司控制的大修项目列为 A 类（重点管理项目），厂控项目列为 B 类（一般管理项目），车间控制项目列为 C 类（次要管理项目），实行三级管理控制。A 类要制定出每个项目的安全对策表，由项目负责人、安全负责人、公司安全执法队"三把关"；B 类要制定出每个项目的安全检查表，由厂安全执法队把关；C 类要制定出每个项目的安全承包确认书，由车间执法队把关。

（三）现场岗位人为差错预防

（1）双岗制。在民航空管、航天指挥等人为控制的重要岗位，为了避免人为差错，保证施令的准确，设置一岗双人制度。

（2）岗前报告制。对管理、指挥的对象采取提前报告、超前警示、报告重复（回复）的措施。

（3）交接班重叠制度。岗位交接班之间执行"接岗提前准备、离岗接续辅助"的办法，以减少交接班差错率。

（四）无隐患管理法

隐患管理法的立论是建立在现代事故金字塔认识基础之上的，即任何事故都是在隐患基础上发展起来的，要控制和消除事故，必须从隐患入手。推行无隐患管理方法，要解决隐患辨识、隐患分类、隐患分级、隐患检验与检测、隐患档案与报表、隐患统计分析、隐患控制等技术问题。

（五）行为抽样技术

安全行为抽样技术的目的是对人的行为失误进行研究和控制，主要是应用概率统计、正态分布、大数法则、随机原则的理论和方法，进行行为的抽样研究，从而达到控制人的失误或差错，最终避免人为事故发生的目的。

（六）防电气误操作"五步操作法"

防电气误操作"五步操作法"是指：周密检查、认真填票、实行双监、模拟操作、口令操作。不仅层层把关，堵塞漏洞，消除思想上的误差，而且开动机器，优势互补，消除行为上的误动。

（七）电气操作工作票制度

电气操作工作票是准许在电气设备或线路上工作的书面命令，也是执行保证电气安全操作安全技术措施的书面依据。在电气设备或线路附近工作。一般分为全部停电工作、部分停电工作和带电工作等。

第一种工作票的使用情况是在高压设备上工作，需要全部停电或部分停电，以及在高压室内的二次回路和照明等回路上工作，须将高压设备停电或采用相应安全措施的工作。

第二种工作票的使用情况是在带电作业和在带电设备外壳上工作，在控制盘和低压配电盘、配电箱、电源干线上工作，以及在无须高压设备停电的二次接线回路上工作等情况下进行的工作。

在从事电气操作工作时需办理电气操作票，见表 10-1。

表 10-1　电气操作票

年　月　日

　　　　　　　　　　　　　　　　　　　　　　　　　　　　　　　编号：

发令人：	下令时间：　年　月　日　时　分
受令人：	操作开始时间：　年　月　日　时　分
终了时间：　年　月　日　时　分	
操作任务：	
操作人：	监护人：
备注：	

工作票应预先编号，一式两份，一份必须保存在工作地点，由工作负责人收执，另一

份值班员（工作许可人）收执、按班移交。

工作票签发人应由电气负责人、生产领导人，以及有实践经验的、负责技术的人员被指派担任。签发工作票时，签发人应注意检查工作的必要性；工作的安全性；工作票上所填写的安全措施是否得当；工作票划定的停电范围是否正确，有无电源反送电的可能；工作票上指定的工作负责人和工作人员的技术水平能否满足工作的需要，能否在规定的停电时间内完成工作任务；工作票上填写的工作所需的、工具材料及安全用具是否齐全等内容。在执行工作监护制度时现场监护人的职责是保证工作人员在工作中的安全，其监护内容是：①部分停电时，监护所有工作人员的活动范围，符合带电设备保持规定的安全距离；②带电作业时，监护所有工作人员的活动范围，使其与接地部分保持安全距离；③监护所有工作人员的工具使用是否正确，工作位置是否安全，以及操作方法是否正确等；④监护人员因故离开工作现场时，必须另行指定监护人，使其监护不间断；⑤监护人发现工作人员有不正确的动作或违反规程的做法时，应及时纠正。

（八）高处作业工作票制度

为减少高处作业过程中坠落、物体打击等事故的发生，确保职工生命安全，在进行高处作业时，必须严格执行高处作业票制度。高处作业是指在坠落高度基准面 2 m 以上（含 2 m），有坠落可能的位置进行的作业。高处作业分为四级：①高度在 2~5 m，称为一级高处作业；②高度在 5~15 m，称为二级高处作业；③高度在 15~30 m，称为三级高处作业；④高度在 30 m 以上，称为特级高处作业。

进行三级、特级高处作业时，必须办理高处作业票。高处作业票由作业负责人负责填写，现场主管安全领导或工程技术负责人负责审批，安全管理人员进行监督检查。未办理作业票的，严禁进行三级、特级高处作业。凡患高血压、心脏病、贫血病、癫痫病及其他不适于高处作业的人员，不得从事高处作业。高处作业人员必须系好安全带、戴好安全帽，衣着灵便，并且禁止穿硬底和带钉易滑的鞋。

在邻近地区设有排放有毒、有害气体及粉尘超出允许浓度的烟囱及设备等场合，严禁进行高处作业。如在允许浓度范围内，也应采取有效的防护措施。在六级风以上和雷电、暴雨、大雾等恶劣气候条件下影响施工安全时，禁止进行露天高处作业。高处作业要与架空电线保持规定的安全距离。高处作业严禁上下投掷工具、材料和杂物等，所用材料要堆放平稳，必要时要设安全警戒区，并设专人监护。工具应放入工具套（袋）内，有防止坠落的措施。在同一坠落平面上，一般不得进行上下交叉高处作业，如需进行交叉作业，中间应有隔离措施。

在从事高处作业时，需办理高处作业票，见表 10-2。

表 10-2 高处作业票

工程名称：		基层审批人：	
施工单位：			
施工地点：			年　月　日
施工时间：　　年　月　日至　　年　月　日		有效期：　　　天	
高处作业级别：		特殊高处作业审批	
作业负责人姓名：		主管领导：	
职务：		安全部门：	

表 10-2（续）

内　　容	确认人
1. 作业人员身体条件符合要求	
2. 作业人员符合工作要求	
3. 作业人员佩戴安全带	
4. 作业人员携带工具袋	
5. 作业人员佩戴　A. 过滤呼吸器　B. 空气式呼吸器	
6. 现场搭设的脚手架、防护围栏符合安全规程	
7. 垂直分层作业中间有隔离设施	
8. 梯子或绳梯符合安全规程规定	
9. 在石棉瓦等不承重物上作业应搭设并站在固定承重板上	
10. 高处作业有充足照明，安装临时灯、防爆灯	
11. 高处作业配有通信工具	

注：1. 票最长有效期 7 天，一个施工点一票。

2. 作业负责人将本票向所有涉及作业人员解释，所有人员必须在本票上签名。

3. 此票一式三份，作业负责人随身携带一份，签发人、安全人员各一份，保留一年。

（九）动火工作

动火作业是指使用气焊、电焊、喷灯等焊割工具，在煤气、氧气的生产设施、输送管道、储罐、容器和危险化学品的包装物、容器、管道及易燃易爆危险区域内的设备上，能直接或间接产生明火的施工作业。

1. 动火许可证的主要内容

凡是在禁火区域内进行的动火作业，均须办理动火许可证。动火许可证应清楚地标明动火等级、动火有效期、申请办证单位、动火详细位置、工作内容、动火手段、安全防火措施和动火分析的取样时间、取样地点、分析结果、每次开始动火时间，以及各项责任人和各级审批人的签名及意见。

2. 动火许可证的有效期

动火许可证的有效期根据动火级别而确定。特级动火和一级动火的许可证有效期不应超过 1 天（24 h）；二级动火许可证的有效期可为 6 天（144 h）。时间均应从火灾危险性动火分析后不超过 30 min 的动火时算起。

3. 动火许可证的审批程序和终审权限

为严格对动火作业的管理，区分不同动火级别的责任，对动火许可证应按以下程序审批。

（1）特级动火。由动火部门（车间）申请，厂防火安全管理部门复查后报主管厂长或总工程师终审批准。

（2）一级动火。由动火部位的车间主任复查后，报厂防火安全管理部门终审批准。

（3）二级动火。由动火部位所属基层单位报主管车间主任终审批准。

（十）进入设备作业票制度

进入设备作业易于发生缺氧、中毒窒息和火灾爆炸事故。凡在生产区域内进入或探入炉、塔、釜、罐、槽车，以及管道、烟道、隧道、下水道、沟、坑、井、池、涵洞等封闭、半封闭设施及场所作业统称进入设备作业。凡进入设备作业，必须办理进入设备作业票。进入设备作业票由车间安全技术人员统一管理，车间领导或安全监督部门负责审批。未办理作业票的，严禁作业。

进入设备作业票办理程序如下。

（1）进入设备作业负责人向设备所属单位的车间提出申请。

（2）车间技术人员根据作业现场实际确定安全措施、安排对设备内的氧气、可燃气体、有毒有害气体的浓度进行分析；安排作业监护人，并与监护人一道对安全措施逐条检查、落实后向作业人员交底。在以上各种气体分析合格后，将分析报告单附在进入设备作业票存根上，同时签字。

（3）各领导在对上述各点全面复查无误后，批准作业。

（4）进入设备作业票第一联由监护人持有，第二联由作业负责人持有，第三联由车间安全技术人员留存备查。

（5）进入危险性较大的设备内作业时，应将安全措施报厂领导审批，厂安全监督部门派人到现场监督检查。

（十一）现场"三点控制"

现场"三点控制"，即对生产现场的"危险点、危害点、事故多发点"要进行强化的控制管理，以警示施工人员。

（十二）现场"物流"定置管理

为了保障安全生产，在车间或岗位现场，从平面空间到立体空间，其使用的工具、设备、材料、工件等的位置要规范，文明管理，要进行科学物流设计。

（十三）安全设施"三同时"管理

安全设施"三同时"是指生产经营单位新建、改建、扩建工程项目的安全设施必须与主体工程同时设计、同时施工、同时投入生产和使用。为确保建设项目（工程）符合国家规定购安全生产标准，保障劳动者在生产过程中的安全与健康，企业在搞新建、改建、扩建基本建设项目（工程）、技术改造项目（工程）和引进技术项目（工程）时，项目中的安全卫生设施必须与主体工程实施"三同时"。搞好"三同时"工作，从根本上采取防范措施，把事故和职业危害消灭在萌发状态，是最经济、最可行的生产建设之路。只有这样，才能保证职工的安全与健康，维护国家和人民的长远利益，保障社会生产力的顺利发展。

二、现场隐患管理

无隐患管理法是根据事故金字塔理论进行立论的，即隐患是事故发生的基础。如果有效地消除或减少了生产过程中的隐患，事故发生的概率就能大大降低。

（一）隐患的概念

隐患的概念分两种：①可导致事故发生的物的危险状态理上的缺陷；②隐患是人—机—环境系统安全品质的缺陷。

（二）隐患的分类

1. 按危害程度分类

一般隐患（危险性较低，事故影响或损失较小的隐患）、重大隐患（危险性较大，事故影响或损失较大的隐患）、特别重大隐患（危险性大，事故影响或损失大的隐患）。

2. 按危害类型分类

火灾隐患、爆炸隐患、危房隐患、坍塌和倒塌隐患、滑坡隐患、交通隐患、泄漏隐患、中毒隐患等。

3. 按表现形式分类

人的隐患（认识隐患、行为隐患）、机的状态隐患、环境隐患、管理隐患。

（三）隐患的成因

隐患成因有"三同时"执行不严、国家监察不力、监督未发挥作用、企业制度不健全、企业资金不落实等。

（四）隐患的管理形式

1. 政府管理

（1）一般隐患县市级劳动部门管理。

（2）重大隐患，由市地级劳动部门管理。

（3）特别重大隐患，省市级劳动部门管理。

2. 行业管理

（1）一般隐患，由厂级管理。

（2）重大隐患，由公司管理。

（3）特别重大隐患，由总公司管理。

3. 企业管理

进行分类、建档（台账）、班组报表、统计分析、实时动态监控。

三、危险源管理

危险源是事故发生的前提，是事故发生过程中能量与物质释放的主体。因此，有效地控制危险源，特别是重大危险源，对于确保职工在生产过程中的安全和健康，保证企业生产顺利进行具有十分重要的意义。

（一）危险源定义

危险源是指一个系统中具有潜在能量和物质释放危险的、在一定的触发因素作用下可转化为事故的部位、区域、场所、空间、岗位、设备及其位置。也就是说，危险源是能量、危险物质集中的核心，是能量从哪里传出来或爆发的地方。危险源存在于确定的系统中，不同的系统范围，危险源的区域也不同。例如，从全国范围来说，对于危险行业（如石油、化工等），具体的一个企业（如炼油厂）就是一个危险源。从一个企业系统来说，可能某个车间、仓库就是危险源，一个车间系统可能某台设备是危险源。

根据上述对危险源的定义，危险源应由三个要素构成，即潜在危险性、存在条件和触发因素。危险源的潜在危险性是指一旦触发事故，可能带来的危害程度或损失大小，或者说危险源可能释放的能量强度或危险物质量的大小。危险源的存在条件是指危险源所处的物理状态、化学状态和约束条件状态，如物质的压力、温度、化学稳定性，盛装容器的坚固性，周围环境障碍物等情况。触发因素虽然不属于危险源的固有属性，但它是危险源转化为事故的外因，而且每一类型的危险源都有相应的敏感触发因素，如易燃易爆物质。热能是其敏感的触发因素，压力容器压力升高是其敏感触发因素。因此，一定的危险源总是与相应的触发因素相关联。在触发因素的作用下，危险源转化为危险状态，继而转化为事故。

在生产、生活中，为了利用能量，让能量按照人们的意图在生产过程中流动、转换和做功，就必须采取屏蔽措施约束、限制能量，即必须控制危险源。约束、限制能量的屏蔽应该能够可靠地控制能量，防止能量意外地释放。然而，实际生产过程中绝对可靠的屏蔽措施并不存在。在许多因素的复杂作用下，约束、限制能量的屏蔽措施可能失效，甚至可能被破坏而发生事故。

（二）危险源控制途径

危险源的控制可从三方面进行，即技术控制、人行为控制和管理控制。

1. 技术控制

技术控制，即采用技术措施对固有危险源进行控制，主要技术有消除、控制、防护、隔离、监控、保留和转移等。技术控制的具体内容请参看第三章和第四章的有关内容。

2. 人行为控制

人行为控制，即控制人为失误，减少人不正确行为对危险源的触发作用。

人为失误的主要表现形式有：操作失误，指挥错误，不正确的判断或缺乏判断，粗心大意，厌烦，懒散，疲劳，紧张，疾病或管理缺陷，错误使用防护用品和防护装置等。人行为的控制首先是加强教育培训，做到人的安全化；其次应做到操作安全化。

3. 管理控制

可采取以下管理措施，对危陆源实行控制。

（1）建立健全危险源管理的规章制度。危险源确定后，在对危险源进行系统危险性分析的基础上建立健全各项规章制度，包括岗位安全生产责任制、危险源重点控制实施细则、安全操作规程、操作人员培训考核制度、日常管理制度、交接班制度、检查制度、信息反馈制度，危险作业审批制度、异常情况应急措施、考核奖惩制度等。

（2）明确责任、定期检查。应根据各危险源的等级，分别确定各级的负责人，并明确他们应负的具体责任。特别是要明确各级危险源的定期检查责任。除作业人员必须每天自查外，还要规定各级领导定期参加检查。对于重点危险源，应做到公司总经理（厂长、所长等）半年一查，分厂厂长月查，车间主任（室主任）周查，工段、班组长日查。对于低级别的危险源也应制订出详细的检查安排计划。专职安全技术人员要对各级人员实行检查的情况定期检查、监督并严格进行考评，以实现管理的封闭。

（3）加强危险源的日常管理。要严格要求作业人员贯彻执行有关危险源日常管理的规章制度。搞好安全值班、交接班，按安全操作规程进行操作，按安全检查表进行日常安全检查；危险作业经过审批等。所有活动均应按要求认真做好记录。领导和安全技术部门定期进行严格检查考核，发现问题，及时给予指导教育，根据检查考核情况进行奖惩。

（4）抓好信息反馈、及时整改隐患。多建立健全危险源信息反馈系统，制定信息反馈制度并严格贯彻实施。对检查发现的事故隐患，应根据其性质和严重程度，按照规定分级实行信息反馈和整改，作好记录，发现重大隐患应立即向安全技术部门和行政第一领导报告。信息反馈和整改的责任应落实到人。对信息反馈和隐患整改的情况各级领导和安全技术部门要进行定期考核和奖惩。安全技术部门要定期收集、处理信息，及时提供给各级领导研究决策，不断改进危险源的控制管理工作。

（5）搞好危险源控制管理的基础建设工作。危险源控制管理的基础工作除建立健全各项规章制度外，还应建立健全危险源的安全档案和设置安全标志牌。应按安全档案管理的相关内容要求建立危险源的档案，并指定专人保管，定期整理。应在危险源的显著位置悬挂安全标志牌，标明危险等级，注明负责人员，按照国家标准的安全标志说明主要危险，并扼要注明防范措施。

（6）搞好危险源控制管理的考核评价和奖惩。对危险源控制管理的各方面工作制定考核标准，并力求量化，划分等级。定期严格考核评价，给予奖惩，并与班组升级和评先进结合起来。逐步提高要求，促使危险源控制管理的水平不断提高。

四、消防安全管理

（一）消防工作性质

消防工作向来是全社会、全民性的工作，它涉及各行各业、千家万户，具有广泛的社会性和群众性，它是人类在同火灾作斗争的过程中，逐步形成和发展起来的一项专门工作。

消防工作是公安工作的一个组成部分，各级公安机关负责实施消防监督工作。因此，机关、企事业、团体的消防工作接受各级公安机关及其职能部门的业务指导和监督检查，并由本单位安全保卫部门具体组织本单位消防工作的实施。

企业的消防工作是保卫我国社会主义建设和人民生命财产安全的一项极其重要的工作。社会主义工业是国民经济的重要组成部分，现代科学技术的迅速发展及其在生产上的运用，对工业企业生产产生着深刻的影响，工业生产的连续化、高速化、自动化和新工艺、新设备、新材料的应用，既带来巨大的经济效益、效果，同时对防火安全提出了更高的要求。因为在一个细小的环节上的火灾都可能导致整个生产的中断，造成重大的经济损失和人员伤亡。因此，做好工厂企业的消防安全工作，对保证经济建设的顺利进行，具有极其重要的意义。总的来讲，企业的消防工作不仅对国民经济的发展至关重要，而且对维护社会安全稳定有着举足轻重的作用，做好工厂企业的消防安全工作，对保障国家财产和人民生命安全，保卫工厂生产经营成果，不断提高工厂经济效益有着十分重要的意义。

（二）消防工作方针

中华人民共和国成立初期，我国提出的消防工作方针是"预防为主，以消为辅"。这一方针在我国消防工作的实践中坚持了多少年。1984年颁布的《中华人民共和国消防条例》规定，我国的消防工作方针是"预防为主，防消结合"。它是同火灾作斗争的经验总结。这一方针是在原方针的继承和发展的基础上经过修改和充实后确定的。新的《消防法》保留了这一方针。

"预防为主"，就是指在处理"消"与"防"两者关系上，必须把预防火灾摆在首位，采取各种积极有效的手段和措施，掌握消防工作的主动权，防患于未然，以预防火灾的发生和发展，从根本上避免和减少火灾的发生。

"防消结合"，是指同火灾作斗争的两个基本手段——预防和扑救必须有机地结合起来，在做好预防工作的同时，从思想上、组织上、物质上时刻做好准备，一旦发生火警、火灾，能迅速有效地予以扑灭。将火灾的危害控制在最小范围，使火灾损失减少到最低限度。

"防"和"消"是不可分割的整体，二者是相辅相成，缺一不可，"预防为主，防消结合"的工作方针，科学而准确地反映了广大人民群众同火灾作斗争的客观规律，同时又体现了我国消防工作的特色。自《消防法》实施以来，这一消防工作方针已经在广大人民群众中深入人心，并且对我国的消防工作发挥了重要作用。所以，《消防法》保留了《中华人民共和国消防条例》规定的这一消防工作方针。《消防法》各部各章各条各款的规定都是贯彻落实这一方针的具体体现。只有坚决贯彻执行"预防为主，防消结合"的这一方针，才能真正做到防患于未然。

（三）消防重点单位和部位

确定消防重点单位及重点部位的依据是"四大""六个方面"。"四大"即火灾危险性大，发生火灾后损失大、伤亡大、影响大。"六个方面"即重要的厂矿企业，基建工地，交通枢纽；粮棉百货等物资集中的仓库、货栈；生产贮存化工、石油等易燃易爆物品的单位；首脑机关、外宾住地、重要的科研、事业单位；文物建筑、图书馆、档案馆等单位。易燃建筑密集区和经常集聚大量人员的重要场所。一般应将价值 50 万元以上的日用百货及其生产的资料仓库、货栈及较大的粮棉油加工厂和易燃易爆物品生产，运输贮存等单位列为重点单位。

重点部位确定包括：①容易发生火灾的部位；②发生火灾影响全局的部位；③物质财富集中的部位；④人员集中的部位。

（四）企业防火重点岗位的划分与管理

根据工业企业岗位的火灾危险程度和岗位的特点，通常分为一般岗位和重点岗位。重点岗位大致分为一、二、三级。一级岗位是在操作中不慎或违反操作规程极易引起火灾，爆炸事故的岗位，如焊接、焊割、烘烤、油清洗、喷、浸、油漆、液化气灌瓶和保管等。二级岗位是在操作中不慎或违反操作规程有可能引起火灾、爆炸事故的岗位，如电工、木工、热处理等。三级岗位是在其作业中只是在特殊情况下能够发生火灾、爆炸事故的岗位。

（五）消防安全检查的主要内容

根据不同季节不同单位有所侧重。一般地说，检查的主要内容有：领导和群众对不同消防工作的认识和重视程度，消防组织是否健全，在防火工作中能否发挥作用；各项防火制度订立和执行情况要害部位和重点工程人员是否有消防岗位责任制；火险隐患要整改情况；过去有无火灾及原因，现在改进情况；各种物资保管及贮存方法；有无爆炸、自燃起火的危险；电气设备使用情况，安装是否符合安全规程；是否有疏散人员和物资计划；用火装置或设备的安装使用及管理情况；消防器材装备的设置、管理和维修情况等。

（六）一般火灾的扑救方法

1. 火灾报警

人们在日常生活和生产中，如果因意外情况发生了火灾，首先应立即向消防部门报警，与此同时，应使用火场现有的灭火器材控制火灾蔓延和尽力扑救。

但是，由于火灾是突然发生的，这就容易使人惊慌失措，既不能及时报警，也未采取行之有效的灭火措施，结果小火变成大火，造成生命财产的巨大损失。因此，在火灾发生后，千万不要惊慌，应一边叫人迅速打电话报警，一边组织人力积极扑救。报告火警通常使用火警电话（全国统一规定的火警电话号码 119 或普通电话，也有用专线电话或无线电台报警，来人报警及火警瞭望台报警等）。

值得提醒的是，这里的"119"电话是专用来接受火警的，任何单位和个人不得随意拨打，违者要受到严肃处理。

2. 火灾的扑救方法

1）仓库火灾的扑救

扑救仓库火灾，要以保护物资为重点。根据仓库的建筑特点、储存物资的性质及火势等情况，加强第一批出动力量，灵活运用灭火战术。要搞好火情侦查，在只见烟雾不见火的情况下，不能盲目行为。必须迅速查明以下情况：①储存物资的性质、火源及火势蔓延的途径；②为了灭火和疏散物资是否需要破拆；③是否烟雾弥漫的必须采取排烟措施；④临近火源的物资是否已受到火势威胁，是否需要采取紧急疏散措施。⑤库房有无爆炸剧毒物品，火势对其威胁程度如何，是否需要采取保护、疏散措施等。

当爆炸、有毒物品或贵重物资受到火势威胁时，应采取重点突破的方法扑救。选择火势较弱或能进能退的有利地形，集中数支水枪，强行打开通道，掩护抢救人员，深入燃烧区将这些物品抢救出来，转移到安全地点。对无法疏散的爆炸物品应用水枪进行冷却保护。在烟雾弥漫或有毒气体妨碍灭火时，要进行排烟通风。义务消防队员和员工等扑救人员进入库房时，必须佩戴隔绝或消防呼吸器。排烟通风时，要做好出水准备，防止在通风情况下火势扩大。扑救爆炸物品时，力量要精干，速战速决。发现有爆炸征兆时，应迅速地将消防人员撤出来。

2）电气火灾的扑救

扑救电气火灾，一般首先切断火场的电源。如果断电后会严重影响生产，必须进行带电灭火时，一定要采取必要的措施，确保扑救人员的安全。①断电灭火。为了防止在救火时发生触电事故，应与电工等有关人员配合，尽快设法切断电源。当电压在 250 V 以下时，可穿绝缘靴，戴绝缘手套，用断电剪把电线剪断。切断电源的地点要适当。对于架空电线，应选在两个电线杆之间电源方向的电线杆附近，防止带电的导线掉落在地面上，造成接地短路。对三相线路的非同相电线和扭在一起的合股电线，应分别在不同的部位剪断，以免发生短路。用闸刀开关切断电源时，最好利用绝缘操作杆或干燥的木棍操作。如果需要切断动力线电源，应先把动力设备断电，然后再断开闸刀，避免带负荷操作，防止电弧伤人。②带电灭火。对初起的电气火灾，可以用二氧化碳、干粉或"1211""1301"灭火剂扑救。这些灭火剂都是不导电的，可用于带电灭火。为了保证消防人员和车辆的安全，应当使人体与带电体之间保持一定的距离。有些单位设有固定式或半固定式灭火装置，可以迅速启用，扑灭电气设备的火灾。当火势较大，用不导电的灭火剂难以扑救时，也可以用水流带电灭火，但必须配备相应的个人防护用具，采取可靠的接地措施，并在安全距离、水质和灭火方法等方面严格执行各项要求。在不能确保水枪手人身安全的情况下，不能进行带电灭火作业。

3）汽车火灾的扑救

汽车着火，当火焰在发动机或燃油箱等部位时，可用干粉、卤代烷或二氧化碳等灭火剂迅速将火扑灭。当火焰在燃油箱口呈火炬状燃烧时，可用湿衣服、湿棉纱等将燃油箱口完全捂住，迫使火焰窒息。当火灾已经发展到猛烈阶段，燃油箱还没有破裂或爆炸时，应用雾状水或泡沫灭火，同时不断冷却燃油箱，防止发生破裂或爆炸而造成伤亡。当载客车在行驶途中起火，车门打不开时，首先要设法抢救被困车内的人员。当汽车停在重要场所，如易燃易爆物品仓库，人员密集场所等，发生火灾时，要尽快设法将车辆驶离重要场所，防止造成严重后果。当汽车驾驶室已经起火无法驶离时，在迅速扑救汽车火灾的同时，要出水保护受火势威胁的建筑物或可燃物质，防止火势向这些部位蔓延。有些型号的汽车，其燃油箱分别设置在驾驶员座椅下和车厢板下，灭火时难以用水冷却，对此灭火人员要格外引起注意，并注意保护自己，防止因燃油箱爆炸而造成伤亡。

4）夜间火灾的扑救

从发生火灾的实际情况看，许多大火发生在夜间。这是因为夜间起火后，往往发现晚、报警迟，火势极易发展蔓延，而且人们都已入睡，一旦发生火灾，容易惊慌失措，甚至造成伤亡。夜间灭火时，能见度低，行动不便，起火单位关门上锁，不易迅速接近火源，扑救比较困难。

根据夜间火灾的特点，应该加强夜间值勤和检查。接到报警时，加强第一批出动力量，及时将火场所需的力量集中调往火场，同时应照明。在火场上要充分利用消防车的照明灯具及其他照明用具，必要时增配个人照明用具，以利于进行火情侦察、战斗展开、救人、疏散物资和供水等工作。特别是在建筑、设备有倒塌危险的地点、室内地沟、楼板孔洞等威胁消防人员安全的地方，要尽力搞好照明，设立明显的标志，围挡起来或设立岗哨，避免发生意外。但要注意，在有爆炸性气体的房间，不准用明火或无防爆设备的灯具照明，以免引起爆炸。

在夜间救人时，要搞好火场通信联络工作，加强前、后方及阵地之间的配合。在进攻、转移、铺设水带、架设消防梯、破拆建筑等战斗行动中，一定要谨慎行动，注意安全。当起火单位的大门上锁，影响灭火工作时，应进行破拆。

为了搞好夜间火灾的扑救，义务消防队平时应熟悉责任区有关情况，加强夜间操作训练，进行夜间战术演练，提高夜间灭火战斗能力。

（七）火场中逃生方法

一场火灾降临，能否从火中逃生，固然与火势大小、起火时间、楼层高度、建筑物内有无报警、排烟、灭火设施等因素有关。但也与受害者的自救与互救能力，以及是否掌握逃生办法等有直接关系。现简要介绍逃生步骤，以防万一。

1. 熟悉环境

住宅楼、办公楼、百货商店及各种娱乐场所都有发生火灾的可能，因此，住进宾馆和宿舍、走进百货商店、踏进公共场所等地方，首要一条就是要熟悉环境，留心地看一下太平门、安全出口的位置，避难间、报警器、灭火器的位置，以及有可能作为逃生器材的物品，养成这种习惯很有必要。

2. 防烟

一旦确认起火，不管附近有无烟雾，都应采取防烟措施，常见的防烟措施是用干、湿毛巾捂住口鼻。采取了防烟措施之后，就可以用灭火器或其他措施灭火了。如果火势较大或受灾者没有能力灭火，就一定要把未起火房间的门窗关好，运用各种办法报警。

3. 逃生

逃生时应注意的事项：①不要为穿衣或寻找贵重物品而浪费时间，没有任何东西值得以生命为冒险代价。②不要向狭窄的角落逃避。由于对烟火的恐惧，受灾者往往向狭窄角落逃避，如床下、墙角、桌底等角落。③不要乘坐电梯，因为电梯直通大楼各层，烟雾和热气流最易涌入。另外，在热的作用下会造成电梯变形，使电梯不能正常运行，同时容易受到烟雾毒气和烈火的威胁。④不要重返火场，受害者一经脱离危险区域，就必须留在安全区域，如有情况，应及时向救助人员反映。

火场逃生时，一定要稳定情绪，克服惊慌，冷静地选择逃生办法和途径。要充分利用建筑物本身的避难设施进行自救，如室内外疏散楼梯、消防电梯、救生滑梯、救生袋、缓降器等。在建筑物内无疏散楼梯又无可作救生器材的情况下，要利用建筑物本身及附近的自然条件自救，如阳台、窗台、屋顶等就近建筑物的物体。在无法突围的情况下，应设法向浴室、卫生间之类的室内既无可燃物又有水源的地方转移，进入后立即关闭门窗打开水龙头，并阻止烟雾的侵入。在非跳即死的情况下跳楼时，要抱一些棉被、沙发垫等松软的物品，选择往楼下的车棚、草地、水池或树上跳，以减冲击力。不到万不得已时，一定要坚持等待消防队的救援。

（八）灭火器与灭火方法

各种灭火器都是用于应急的轻便灭火工具，对扑灭初起之火，防止火灾扩大蔓延起着关键作用。下面以二氧化碳灭火器为例进行介绍。

二氧化碳灭火器主要由二氧化碳气瓶、喷嘴、喷管、压力表、阀门等部件组成，利用其内部充装的液态二氧化碳的蒸气压将二氧化碳喷出灭火。由于二氧化碳灭火剂具有灭火不留痕迹，并有一定的电绝缘性能等特点，因此更适宜于扑救 600 V 以下的带电电器、贵重物品、设备、图书资料、仪表仪器等场所的初起之火灾，以及一般可燃液体的火灾。

使用方法：灭火时只要将灭火器提到或扛到火场，在距离燃烧物 5 m 左右，放下灭火器，将灭火器的喷筒对准火源。

注意事项：不能扑救钾、钠、镁、铝等火灾。使用手轮式二氧化碳灭火器时，不能直接用手抓住喇叭筒外壁或金属连接管，防止冻伤。二氧化碳是窒息性气体，使用时要注意安全。

（九）灭火的基本方法

根据物质燃烧的原理，灭火的基本方法，就是为了破坏燃烧必须具备的基本条件和反应过程所采取的一些措施。

1. 隔离法

将火源处周围的可燃物质隔离或将可燃物质移走，没有可燃物，燃烧就会中止。运用隔离法灭火方式很多，比较常用的有：迅速将燃烧物移走；将火源附近的可燃、易燃易爆和助燃物品移走；关闭可燃气体、液体管路的阀门，以减少和阻止可燃物质进入燃烧区；设法阻拦疏散的液体，如采取泥土、黄沙、水泥筑堤等方法；及时拆除与火源毗连的易燃建筑物等。

2. 窒息法

阻止空气注入燃烧区或用不燃物质冲淡空气，使燃烧物得不到足够的氧气而熄灭。用这种方法扑灭火灾所用的灭火剂和器材有二氧化碳、氮气、水蒸气、泡沫、湿棉被等。用窒息法扑灭火灾的方法（式）有：用不燃或难燃的物件直接覆盖在燃烧的表面上，隔绝空气，使燃烧停止；将水蒸气或不燃气体灌进起火的建筑物内或容器、设备中，冲淡空气中的氧，以达到熄火程度；设法密闭起火建筑物或容器、设备的孔洞，使其内部氧气在燃烧反应中消耗，燃烧由于得不到氧气的供应而熄灭。

3. 冷却法

将灭火剂直接喷射到燃烧物上，使燃烧物的温度低于燃点，燃烧停止；或者将灭火剂，撒到火源附近的物体上，使其不受火焰辐射热的威胁，避免形成新的火点。冷却法是灭火的主要方法。常用水灭火，就是因水的热容大，气化所需的热量大，而且能迅速在燃烧物表面上散开和渗入内部。水接触燃烧物时，大部分流散而使物体受到冷却，部分水蒸发变成蒸汽也吸收大量热，所以能将燃烧物的温度降到燃点以下。泡沫和二氧化碳等灭火剂也起到一定的冷却作用，但在一定的条件下不如水的效能大。

4. 抑制灭火法

灭火剂参与燃烧的连锁反应，使燃烧过程中产生的游离基消失，形成稳分子或低活性的游离基，从而使燃烧反应停止。采用这种方法一定要有足够数量的灭火剂准确地喷射在燃烧区内，使灭火剂参与和中断燃烧反应；否则，将起不到抑制燃烧反应的作用，达不到灭火的目的；同时要采取必要的冷却降温措施，以防复燃。

（十）防火、防爆十大禁令

要做好企业的消防工作，必须遵守如下十大禁令。

（1）严禁在厂内吸烟及携带火种和易燃、易爆、有毒、易腐蚀物品入厂。

（2）严禁未按规定办理用火手续，在厂内进行施工用火或生活用火。

（3）严禁穿易产生静电的服装进入油气区工作。

（4）严禁穿戴铁钉的鞋进入油气区及易燃、易爆装置。

（5）严禁用汽油、易挥发溶剂揩洗设备、衣物、工具及地面等。

（6）严禁未经批准的各种机动车辆进入生产装置、罐区及易燃场所。

（7）严禁就地排放易燃、易爆物料及化学危险品。

（8）严禁在油气区用黑色金属或易产生火花的工具敲打、撞击和作业。

（9）严禁堵塞消防通道及随意挪用或损坏消防设施。

（10）严禁损坏厂内各类防爆设施。

五、交通安全管理

企业厂区范围内及附近行驶、作业的机动车辆，车辆的装备、安全防护装置应齐全有效。车辆的整车技术状况、污染物排放、噪声等符合有关标准和规定。企业应建立、健全厂内机动车辆安全管理规章制度。车辆应逐台建立安全技术管理档案。

厂内机动车辆应在当地劳动行政部门办理登记手续，建立车辆档案，经劳动行政部门对车辆进行安全技术检验，合格后核发牌照，并逐年进行年度检验。车辆驾驶人员需参加劳动行政部门组织的考核，取得《厂矿企业内机动车辆驾驶证》。企业厂内机动车辆管理制度，应符合《厂内机动车辆安全管理规定》，车辆应符合规定的安全技术要求。

任务四　现　场　急　救

一、心肺复苏

（一）人工呼吸的操作方法

当呼吸停止、心脏仍然跳动或刚停止跳动时，用人工的方法使空气进出肺部，供给人体组织所需要的氧气，称为人工呼吸法。采用人工的方法来代替肺的呼吸活动，可及时而有效地使气体有节律地进入和排出肺脏，维持通气功能，促使呼吸中枢尽早恢复功能，使处于"假死"的伤员尽快脱离缺氧状态，恢复人体自动呼吸。因此，人工呼吸是复苏伤员的一种重要的急救措施。

人工呼吸法主要有两种，一种是口对口人工呼吸法，即让伤员仰面平躺，头部尽量后仰。抢救者跪在伤员一侧，一手捏紧伤员的鼻孔（避免漏气），并将手掌外缘压住额部，另一只手掰开伤员的嘴并将其下颚托起。抢救者深呼吸后，紧贴伤员的口，用力将气吹入。同时，仔细观察伤员的胸部是否扩张隆起，以确定吹气是否有效和吹气是否适度。当伤员的前胸壁扩张后，停止吹气，立即放松捏鼻子的手，并迅速移开紧贴的口，让伤员胸廓自行弹回呼出空气。此时，应注意胸部复原情况，倾听呼气声。重复上述动作，并保持一定的节奏，每分钟均匀地做 16~20 次。

另一种是口对鼻吹气法。如果伤员牙关紧闭不能撬开或口腔严重受伤时，可用口对鼻吹气法。用一手闭住伤员的口，以口对鼻吹气。

（二）胸外心脏按压的操作方法

若感觉不到伤员脉搏，说明心跳已经停止，须立即进行胸外心脏按压。具体做法是：让伤员仰卧在地上，头部后仰偏；抢救者跪在伤员身旁或跨跪在伤员腰的两旁，用一手掌根部放在伤员胸骨下 1/3~1/2 处，另一手重叠于前一手的手背上；两肘伸直，借自身体重和臂、肩部肌肉的力量，急促向下压迫胸骨，使其下陷 3~4 cm；挤压后迅速放松（注意掌根不能离开胸壁），依靠胸廓的弹性，使胸骨复位。此时心脏舒张，大静脉的血液就回流到心脏。反复地有节律地进行挤压和放松，每分钟 60~80 次。在挤压的同时，要随时观察伤员的情况。如能摸到颈动脉和股动脉等搏动，而且瞳孔逐渐缩小，面有红润，说明心脏按压已有效，即可停止。

（三）进行心肺复苏时要注意的问题

（1）实施人工呼吸前，要解开伤员领扣、领带、腰带及紧身衣服，必要时可用剪刀剪开，不可强撕强扯。清除伤员口腔内的异物，如黏液、血块等；如果舌头后缩，应将舌头拉出口外，以防堵塞喉咙，妨碍呼吸。

（2）口对口吹气的压力要掌握好，开始可略大些，频率也可稍快些，经过一二十次人工吹气后逐渐降低压力，只要维持胸部轻度升起即可。

（3）进行胸外心脏按压抢救时，抢救者掌根的定位必须准确，用力要垂直适当，要有节奏地反复进行，防止因用力过猛而造成继发性组织器官的损伤或肋骨骨折。

（4）挤压频率要控制好，有时为了提高效果，可加大频率，达到每分钟 100 次左右。抢救工作要持续进行，除非断定伤员已复苏，否则在伤员没有送达医院之前，抢救不能停止。

一般来说，心脏跳动和呼吸过程是相互联系的，心脏跳动停止了，呼吸也将停止；呼吸停止了，心脏跳动也持续不了多久。因此，通常在做胸外心脏按压的同时，进行口对口人工呼吸，以保证氧气的供给。一般每吹气一次，挤压胸骨 3~4 次；如果现场仅一人抢救，两种方法应交替进行：每吹气 2~3 次，就挤压 10~15 次，也可将频率适当提高一些，以保证抢救效果。

二、止血和包扎

人体在突发事故中引起的创伤，常伴有不同程度的软组织和血管的损伤，造成出血征象。一般来说，一个人的全身血量在 4500 mL 左右。出血量少时，一般不影响伤员的血压、脉搏变化；出血量中等时，伤员就有乏力、头昏、胸闷、心悸等不适，有轻度的脉搏加快和血压轻度的降低；若出血量超过 1000 mL，血压就会明显降低，肌肉抽搐，甚至意识不清，呈休克状态，若不迅速采取止血措施，就会有生命危险。

（一）常用止血方法及适用部位

常用的止血方法主要是压迫止血法、止血带止血法、加压包扎止血法和加垫屈肢止血法等。

1. 压迫止血法

压迫止血法是一种最常用、最有效的止血方法，适用于头、颈、四肢动脉大血管出血的临时止血。当一个人负伤流血以后，只要立刻用手指或手掌用力压紧伤口附近靠近心脏一端的动脉跳动处，并把血管压紧在骨头上，就能很快起到临时止血的效果。

若头部前面出血时，可在耳前对着下颌关节点压迫颞动脉；头部后面出血时，应压迫枕动脉止血，压迫点在耳后乳突附近的搏动处。颈部动脉出血时，要压迫颈总动脉，此时可用手指揿在一侧颈根部，向中间的颈椎横突压迫，但绝对禁止同时压迫两侧的颈动脉，以免引起大脑缺氧而昏迷。上臂动脉出血时，压迫锁骨上方，胸锁乳突肌外缘，用手指向后方第一肋骨压迫。前臂动脉出血时，压迫肱动脉，用四个手指掐住上臂肌肉并压向臂骨。大腿动脉出血时，压迫股动脉，压迫点在腹股沟皱纹中点搏动处，用手掌向下方的股骨面压迫。

2. 止血带止血法

止血带止血法适用于四肢大出血。用止血带（一般用橡皮管或橡皮带）绕肢体绑扎打结固定。上肢受伤可扎在上臂上部 1/3 处；下肢扎于大腿的中部。若现场没有止血带，也可以用纱布、毛巾、布带等环绕肢体打结，在结内穿一根短棍，转动此棍使带绞紧，直到不流血为止。在绑扎和绞止血带时，不要过紧或过松。过紧造成皮肤或神经损伤；过松则起不到止血的作用。

3. 加压包扎止血法

加压包扎止血法适用于小血管和毛细血管的止血。先用消毒纱布或干净毛巾敷在伤口上，再垫上棉花，然后用绷带紧紧包扎，以达到止血的目的。若伤肢有骨折，还要另加夹板固定。

4. 加垫屈肢止血法

加垫屈肢止血法多用于小臂和小腿的止血，利用肘关节或膝关节的弯曲功能，压迫血管达到止血目的。在肘窝或口窝内放入棉垫或布垫，然后使关节弯曲到最大限度，再用绷带把前臂与上臂（或小腿与大腿）固定。

（二）常用包扎法及适用部位

有外伤的伤员经过止血后，就要立即用急救包、纱布、绷带或毛巾等包扎起来。及时、正确的包扎，既可以起到止血的作用，又可保持伤口清洁、防止污物进入，避免细菌感染。当伤员有骨折或脱臼时，包扎还可以起到固定敷料和夹板的作用，以减轻伤员的痛苦，并为安全转送医院救治打下良好的基础。

1. 绷带包扎

绷带包扎法主要有：

（1）环形包扎法。适用于颈部、腕部和额部等处，绷带每圈须完全或大部分重叠，末端用胶布固定，或将绷带尾部撕开打一活结固定。

（2）螺旋包扎法。多用于前臂和手指包扎，先用环形法固定起始端，把绷带渐渐斜旋上缠或下缠，每圈压前圈的一半或1/3，呈螺旋形，尾端在原位缠二圈予以固定。

（3）"8"字包扎法。多用于肘、膝、腕和踝等关节处，包扎是以关节为中心，从中心向两边缠，一圈向上、一圈向下地包扎。

（4）回转包扎法。用于头部的包扎，自右耳上开始，经额、左耳上、枕外粗隆下，然后回到右耳上始点，缠绕两圈后到额中时，将带反折，用左手拇指、食指按住，绷带经过头顶中央到枕外粗隆下面，由伤员或助手按住此点，绷带在中间绷带的两侧回返，直到包盖住全头部，然后缠绕两圈加以固定。

2. 三角巾包扎

三角巾包扎法主要有：

（1）头部包扎法。将三角巾底边折叠成两指宽，中央放于前额并与眼眉平齐，顶尖拉向脑后，两底角拉紧，经两耳的上方绕到头的后枕部打结。如三角巾有剩余，在此交叉再绕回前额结扎。

（2）面部包扎法。先在三角巾顶角打一结，套在下颌处，罩于头面部，形似面具。底边拉向后脑枕部，左右角拉紧，交叉压住底边，再绕至前额打结。包扎后，可根据情况，在眼、口处剪开小洞。

（3）上肢包扎法。上臂受伤时，可把三角巾一底角打结后套在受伤的那只手臂的手指上，把另一底角拉到对侧肩上，用顶角缠绕伤臂并用顶角上的小布带结扎，然后把受伤的前臂弯曲到胸前，成近直角形，最后把两底角打结。

（4）下肢包扎法。膝关节受伤时，应根据伤肢的受伤情况，把三角巾折成适当宽度，使之成为带状；然后把它的中段斜放在膝的伤处，两端拉向膝后交叉，再缠绕到膝前外侧打结固定。

（三）止血和包扎时要注意的问题

（1）采用压迫止血法时，应根据不同的受伤部位，正确选择指压点；采用止血带止血时，注意止血带不能直接和皮肤接触，必须先用纱布、棉花或衣服垫好。每隔 1 h 松解止血带 2~3 min，然后在另一稍高的部位扎紧，以暂时恢复血液循环。

（2）扎止血带的部位不要离出血点太远，以免使更多的肌肉组织缺血、缺氧。严重挤压的肢体或伤口远端肢体严重缺血时，禁止使用止血带。

（3）包扎时要做到快、准、轻、牢。"快"就是包扎动作要迅速、敏捷、熟练；"准"就是包扎部位要准确；"轻"就是包扎动作要轻柔，不能触碰伤口，打结也要避开伤口；"牢"就是要牢靠，不能过紧或过松，过紧会妨碍血液流动，影响血液循环；过松容易造成绷带脱落或移动。

（4）头部外伤和四肢外伤一般采用三角巾包扎和绷带包扎。如果抢救现场没有三角巾或绷带，可利用衣服、毛巾等物代替。

（5）在急救中，如果伤员出现大出血或休克情况，则必须先进行止血和人工呼吸，不要因为忙于包扎而耽误了抢救时间。

三、断肢（指）与骨折处理

（一）断肢（指）处理

发生断肢（指）后，除做必要的急救外，还应注意保存断肢（指），以求进行再植。保存的方法是：将断肢（指）用清洁纱布包好，放在塑料袋里。不要用水冲洗断肢（指），也不要用各种溶液浸泡。若有条件，可将包好的断肢（指）置于冰块中，冰块不能直接接触断肢（指）。随后将断肢（指）随伤员一同送往医院，进行修复手术。

（二）骨折的固定方法

对于骨折的伤员，不要进行现场复位，但在送往医院前，需对伤肢进行固定。

（1）上肢肱骨骨折可用夹板（或木板、竹片、硬纸夹等），放在上臂内外两侧，用绷带或布带缠绕固定，然后把前臂屈曲固定于胸前。也可用一块夹板放在骨折部位的外侧，中间垫上棉花或毛巾，再用绷带或三角巾固定。

（2）前臂骨折的固定。用长度与前臂相当的夹板，夹住受伤的前臂，再用绷带或布带自肘关节至手掌进行缠绕固定，然后用三角巾将前臂吊在胸前。

（3）股骨骨折的固定。用两块一定长度的夹板，其中一块的长度与腋窝至足跟的长度相当，另一块的长度与伤员的腹股沟到足跟的长度相当。长的一块放在伤肢外侧腋窝下并和下肢平行，短的一块放在两腿之间，用棉花或毛巾垫好肢体，再用三角巾或绷带分段扎牢固定。

（4）小腿骨折的固定。取长度相当于由大腿中部到足跟那样长的两块夹板，分别放在受伤的小腿内外两侧，用棉花或毛巾垫好，再用三角巾或绷带分段固定。也可用绷带或三角巾将受伤的小腿和另一条没有受伤的腿固定在一起。

（5）脊椎骨折的固定。由于伤情较重，在转送前必须妥善固定。取一块平肩宽长木板垫在背后，左右腋下各置一块稍低于身厚约2/3的木板，然后分别在小腿膝部、臀部、腹部、胸部，用宽带予以固定。颈椎骨折者应在头部两侧置沙袋固定头部，使其不能左右摆动。

（三）骨折临时固定时要注意的问题

（1）骨折部位如有伤口出血，应先止血，并包扎伤口，然后再进行骨折的临时固定；如有休克，应先进行人工呼吸。

（2）对于有明显外伤畸形的伤肢，只要进行临时固定，大体纠正即可，而不需要按原形完全复位，也不必把露出的断骨送回伤口，否则会给伤员增加不必要的痛苦，或因处理不当使伤情加重。要注意防止伤口感染和断骨刺伤血管、神经，以免给以后的救治造成困难。

（3）对于四肢和脊柱的骨折，要尽可能就地固定。在固定前，不要无故移动伤员和伤肢。为了尽快找到伤口，又不增加伤员的痛苦，可剪开伤员的衣服和裤子。固定时不可过紧或过松。四肢骨折应先固定骨折上端，再固定下端，并露出手指或趾尖，以便观察血液循环情况。如发现指（趾）尖苍白发冷并呈青紫色，说明包扎过紧，要放松后重新固定。

（4）临时固定用的夹板和其他可用作固定的材料，其长度和宽度要与受伤的肢体相称，夹板应能托住整个伤肢。除把骨折的上下两端固定好外，如遇关节处，要同时把关节固定好。

（5）夹板不能同皮肤直接接触，要用棉花或毛巾、布单等柔软物品垫好，尤其在夹板的两端，骨头突出的地方和空隙的部位，都必须垫好。

四、伤员的搬运

经过急救以后，就要把伤员迅速地送往医院。搬运伤员也是救护的一个非常重要的环节。如果搬运不当，可使伤情加重，严重时还可能造成神经、血管损伤，甚至瘫痪，难以治疗。因此，对伤员的搬运应十分小心。

（一）单人搬运法

如果伤员伤势不重，可采用扶、掮、背、抱的方法将伤员运走。单人搬运法有三种方式：

（1）单人扶着行走，即左手拉着伤员的手，右手扶住伤员的腰部，慢慢行走。此法适于伤员伤势不重，意识清醒时使用。

（2）肩膝手抱法，若伤员不能行走，但上肢还有力量，可让伤员钩在搬运者颈上。此法禁用于脊柱骨折的伤员。

（3）背驮法，先将伤员支起，然后背着走。

（二）双人搬运法

双人搬运法有三种方式：

（1）平抱着走，即两个搬运者站在同侧，并排同时抱起伤员。

（2）膝肩抱着走，即一人在前面提起伤员的双腿，另一人从伤员的腋下将其抱起。

（3）用靠椅抬着走，即让伤员坐在椅子上一人在后面抬着靠背部，另一人在前抬椅腿。

（三）严重伤情的搬运法

1）颅脑伤昏迷者搬运

（1）首先要清除伤员身上的泥土、堆盖物、解开衣襟。

（2）搬运时要重点保护头部，伤员在担架上应采取半俯卧位，头部侧向一边，以免呕吐时呕吐物阻塞气道而窒息，若有暴露的脑组织应保护。

（3）抬运应两人以上，抬运前头部给以软枕，膝部、肘部要用衣物垫好，头颈部两侧垫衣物使颈部固定。

2）脊柱骨折搬运

（1）对于脊柱骨折的伤员，一定要用木板做的硬担架抬运。

（2）应由2~4人，使伤员成一线起落，步调一致，切忌一人抬胸，一人抬腿。

（3）伤员放到担架上以后，要让他平卧，腰部垫一个衣服垫，然后用3~4根布带把伤员固定在木板上，以免在搬运中滚动或跌落，造成脊柱移位或扭转，刺激血管和神经，使下肢瘫痪。

3）颈椎骨折搬运

搬运颈椎骨折伤员时，应由一人稳定头部，其他人以协调力量平直抬在担架上，头部左右两侧用衣物、软枕加以固定，防止左右摆动。

（四）搬运伤员时要注意的问题

（1）在搬运转送之前，要先做好对伤员的检查和完成初步的急救处理，以保证转运途中的安全。

（2）要根据受伤的部位和伤情的轻重，选择适当的搬运方法。

（3）搬运行进中，动作要轻，脚步要稳，步调要一致，避免摇晃和震动。

（4）用担架抬运伤员时，要使伤员脚朝前、头在后，以使后面的抬送人员能及时看到伤员的面部表情。

复习思考题

1. 矿山企业安全管理的内容有哪些？
2. 矿山企业安全管理的常用方法有哪些？
3. 化工企业开车、停车安全管理要求是什么？
4. 消防工作性质是什么？
5. 消防安全检查的主要内容有哪些？
6. 解释动火作业和安全设施"三同时"。
7. 简述现场急救的方法。
8. 进行心肺复苏时要注意哪些问题？
9. 止血和包扎时要注意哪些问题？

参 考 文 献

[1] 周波，谭芳敏．安全管理 [M]．北京：国防工业出版社，2015．

[2] 谢正文，周波，李微．安全管理基础 [M]．北京：国防工业出版社，2010．

[3] 刘景良．安全管理 [M]．4版．北京：化学工业出版社，2021．

[4] 周波．安全评价技术 [M]．北京：国防工业出版社，2012．

[5] 周波，肖家平，骆大勇．安全评价技术 [M]．徐州：中国矿业大学出版社，2018．

[6] 伍爱友，彭新，周波，等．防火与防爆技术 [M]．北京：国防工业出版社，2014．

[7] 周波．城市重大危险源管理系统研究 [D]．安徽理工大学，2006．

[8] 吴穹．安全管理学 [M]．北京：煤炭工业出版社，2016．

[9] 田水承，景国勋．安全管理学 [M]．2版．北京：机械工业出版社，2016．

[10] 罗云，许铭．现代安全管理 [M]．3版．北京：化学工业出版社，2016．

[11] 教育部高等学校安全工程学科教学指导委员会编．安全管理学 [M]．中国劳动社会保障出版社，2012．

[12] 王凯全．安全管理学 [M]．北京：化学工业出版社，2011．

[13] 袁昌明，唐云安，王增良．安全管理 [M]．北京：中国计量出版社，2009．

[14] 林柏泉，张景林．安全系统工程 [M]．北京：中国劳动社会保障出版社，2007．

[15] 何光裕，王凯全，黄勇．危险化学品事故处理与应急预案 [M]．北京：中国石化出版社，2010．

[16] 陈建宏，杨立兵．现代应急管理理论与技术 [M]．长沙：中南大学出版社，2013．

[17] 国家安全生产监督管理总局宣传教育中心．安全生产应急管理人员培训教材 [M]．北京：团结出版社，2012．

[18] 张顺堂，高德华，吴昌友，等．职业健康与安全工程 [M]．北京：冶金工业出版社，2013．

[19] 何学秋．安全工程学 [M]．徐州：中国矿业大学出版社，2004．

[20] 周波，李薇，骆大勇．大学生安全教育指南 [M]．北京：中国社会出版社，2022．

[21] 金龙哲，宋存义．安全科学原理 [M]．北京：化学工业出版社，2004．

[22] 周世宁，林柏泉，沈裴敏．安全科学与工程导论 [M]．徐州：中国矿业大学出版社，2005．

[23] 徐德蜀，邱成．安全文化通论 [M]．北京：化学工业出版社，2004．

[24] 全国注册安全工程师执业资格考试辅导教材编审委员会．安全生产技术 [M]．北京：煤炭工业出版社，2005．

[25] 张仕廉．建筑安全管理 [M]．北京：中国建筑工业出版社，2005．

[26] 宋琦．职业安全与卫生 [M]．银川：宁夏人民出版社，2008．

[27] 王淑．企业安全文化概论 [M]．徐州：中国矿业大学出版社，2008．

[28] 王生平，卫玉玺．安全管理简单讲 [M]．广州：广东经济出版社，2005．

[29] 罗云．注册安全工程师手册 [M]．北京：化学工业出版社，2004．

[30] 崔政斌，徐德蜀，邱成．安全生产基础新编 [M]．北京：化学工业出版社，2004．

[31] 秦江涛，陈婧．安全管理学 [M]．北京：应急管理出版社，2019．

图书在版编目（CIP）数据

安全管理／周波，刘晓帆，李薇主编．--北京：
应急管理出版社，2024
煤炭职业教育"十四五"规划教材　校企双元合作开
发职业教育规划教材
ISBN 978-7-5237-0119-5

Ⅰ.①安… Ⅱ.①周… ②刘… ③李… Ⅲ.①煤矿—
矿山安全—安全管理—研究—中国—职业教育—教材
Ⅳ.①TD7

中国国家版本馆 CIP 数据核字（2023）第 221355 号

安全管理

（煤炭职业教育"十四五"规划教材）

（校企双元合作开发职业教育规划教材）

主　　编	周　波　刘晓帆　李　薇
责任编辑	闫　非
编　　辑	田小琴
责任校对	张艳蕾
封面设计	之　舟

出版发行　应急管理出版社（北京市朝阳区芍药居 35 号　100029）
电　　话　010-84657898（总编室）　　010-84657880（读者服务部）
网　　址　www.cciph.com.cn
印　　刷　河北鹏远艺兴科技有限公司
经　　销　全国新华书店

开　　本　787mm×1092mm$\frac{1}{16}$　印张　14$\frac{1}{4}$　字数　332 千字
版　　次　2024 年 2 月第 1 版　2024 年 2 月第 1 次印刷
社内编号　20231076　　　　　　定价　48.00 元